本书案例图

5.1 节案例——仪表盘图

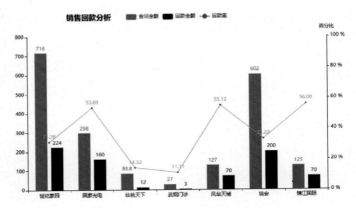

5.2 节案例——柱形折线组合图

产品销售额占比图

5.3 节案例——圆饼图（突出显示）

产品销量占比分析图

5.4 节案例——圆环图

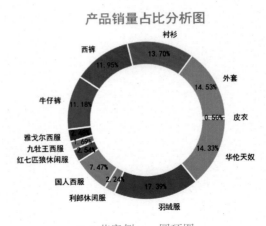

5.5 节案例——玫瑰圆环图

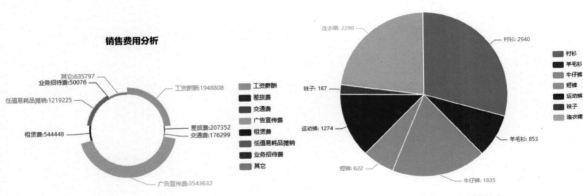

5.6 节案例——圆饼图

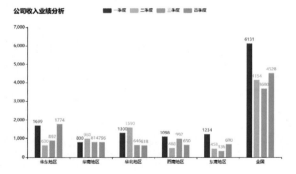

6.1 节案例——多柱形图

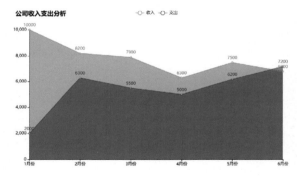

6.2 节案例——面积图

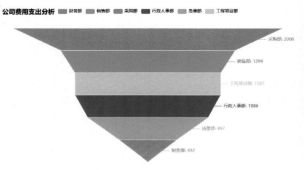

6.3 节案例——漏斗图

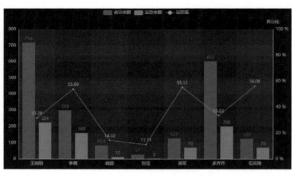

6.4 节案例——柱形折线组合图

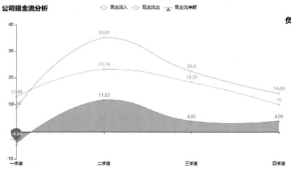

6.5 节案例——折线面积组合图

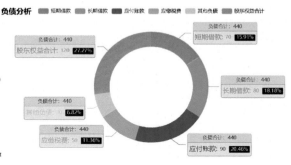

6.6 节案例——带提示框圆环图

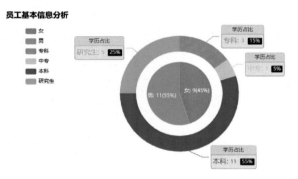

7.1 节案例——圆环和圆饼组合图

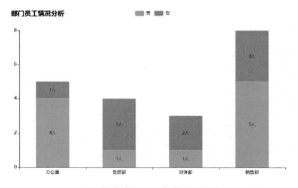

7.2 节案例——多段柱形图

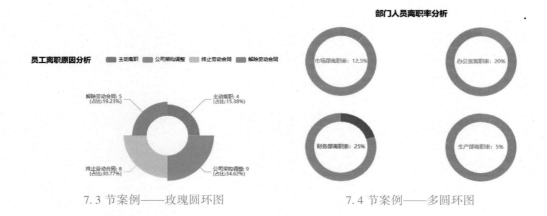

7.3 节案例——玫瑰圆环图   7.4 节案例——多圆环图

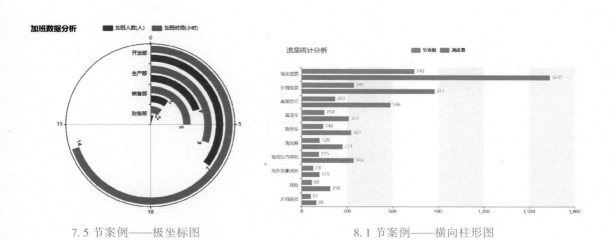

7.5 节案例——极坐标图   8.1 节案例——横向柱形图

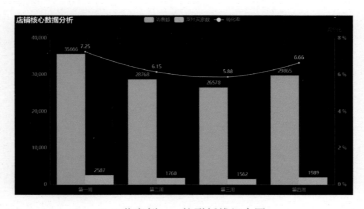

8.3 节案例——柱形折线组合图

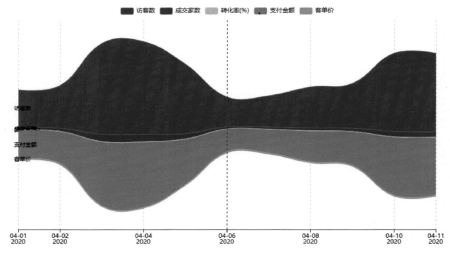

8.4 节案例——河流图

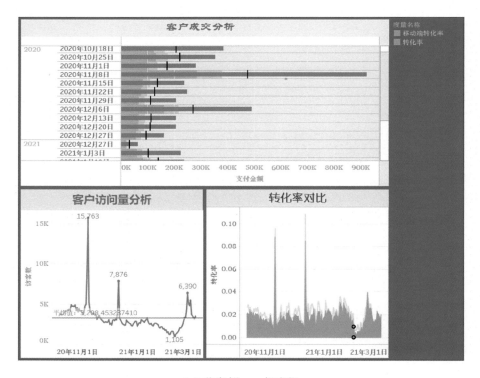

8.5 节案例——仪表板

9.1 节案例——多水球图

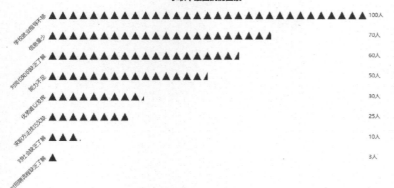

9.2 节案例——象形柱图

9.3 节案例——多瓣玫瑰图

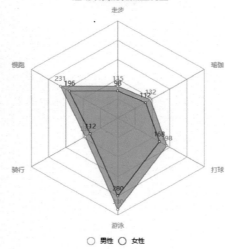

9.4 节案例——雷达图

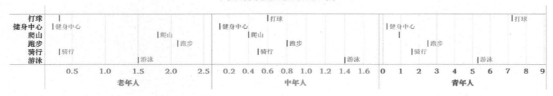

9.5 节案例——甘特图

拓展案例图（可下载代码）

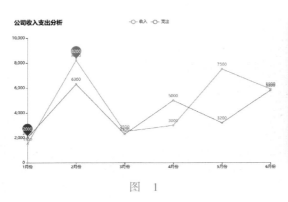

图 1

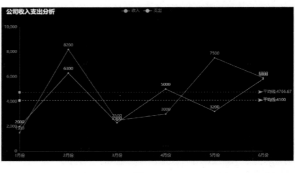

图 2

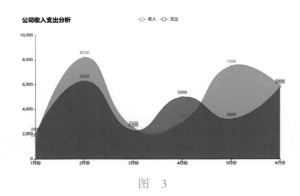

图 3

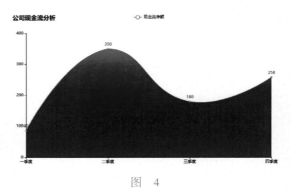

图 4

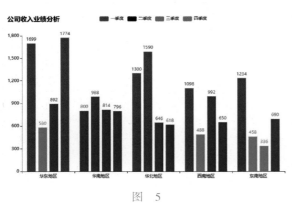

图 5

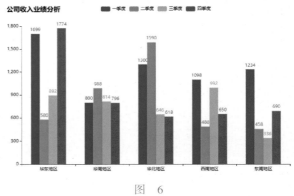

图 6

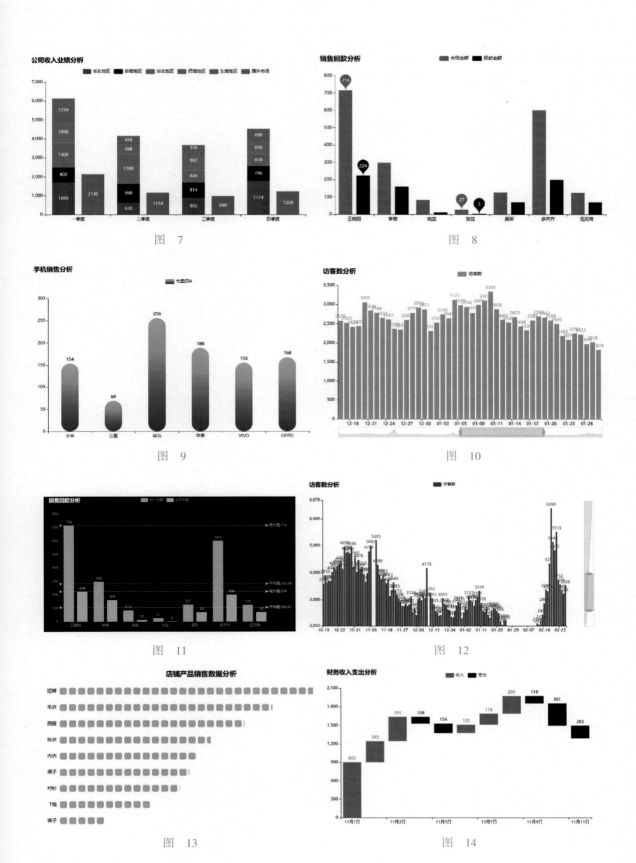

图 7

图 8

图 9

图 10

图 11

图 12

图 13

图 14

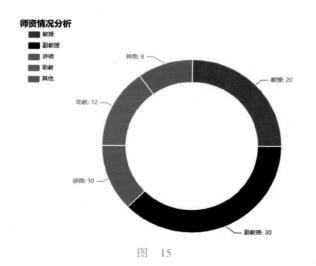

图　15

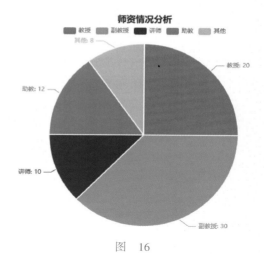

图　16

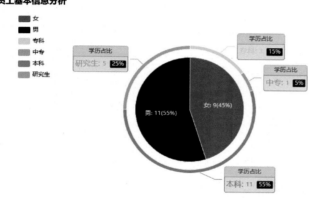

图　17

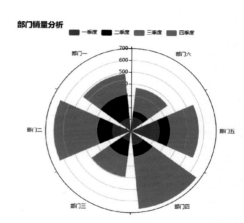

图　18

图　19

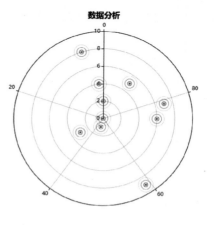

图　20

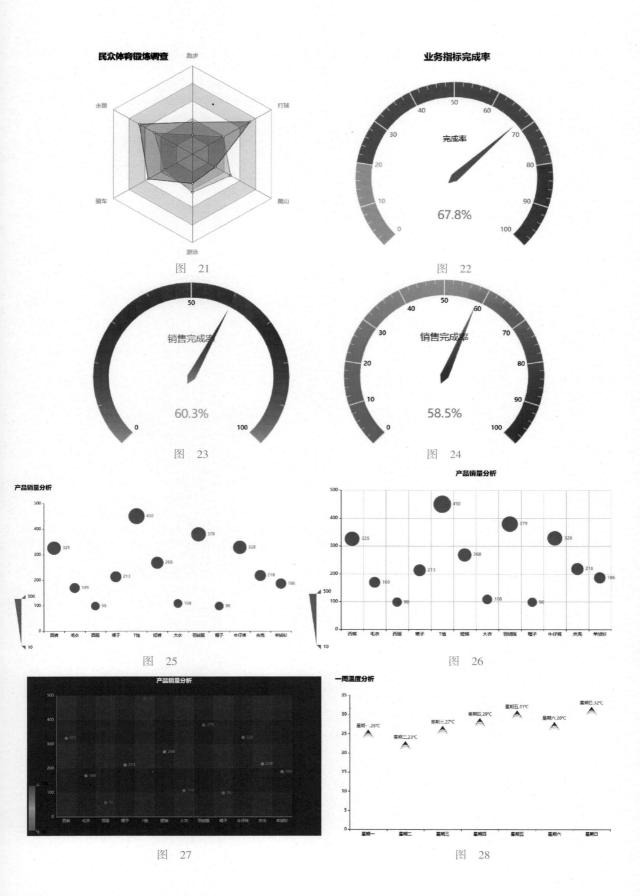

图 21

图 22

图 23

图 24

图 25

图 26

图 27

图 28

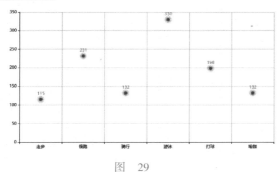

图 29

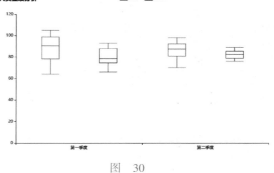

图 30

图 31

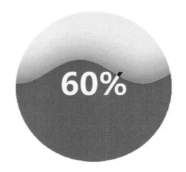

图 32

图 33

图 34

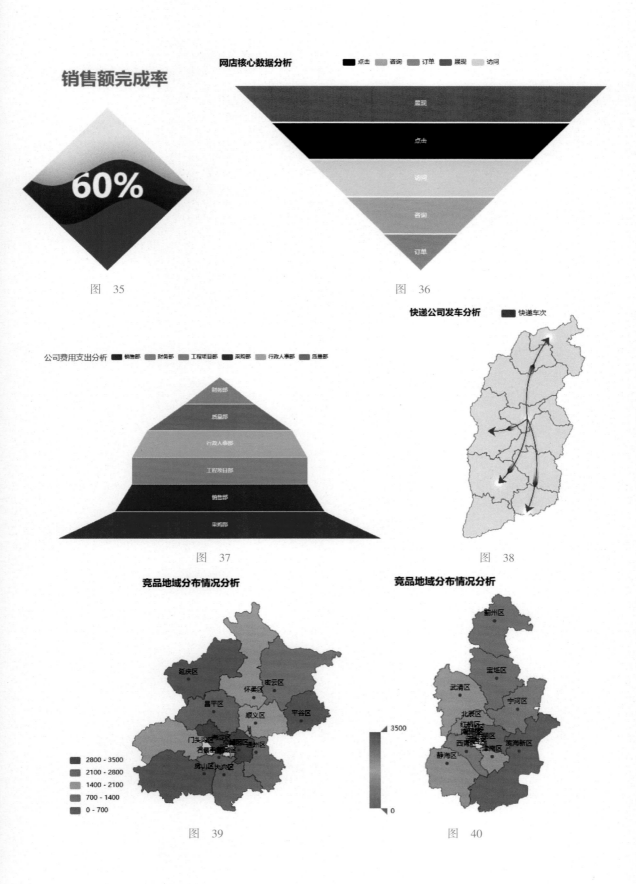

销售额完成率

60%

图　35

网店核心数据分析　　点击　咨询　订单　展现　访问

展现
点击
访问
咨询
订单

图　36

公司费用支出分析　销售部　财务部　工程项目部　采购部　行政人事部　质量部

财务部
质量部
行政人事部
工程项目部
销售部
采购部

图　37

快递公司发车分析　　快递车次

图　38

竞品地域分布情况分析

延庆区
昌平区
怀柔区
密云区
顺义区
平谷区
门头沟区　海淀区　朝阳区　通州区
石景山区　东城区
房山区　大兴区

2800 - 3500
2100 - 2800
1400 - 2100
700 - 1400
0 - 700

图　39

竞品地域分布情况分析

蓟州区
宝坻区
武清区
宁河区
北辰区
红桥区
南开区
西青区　津南区　滨海新区
静海区

3500

0

图　40

天津竞品分布情况分析

图 41

产品销量分析   销量 ● 热销地区

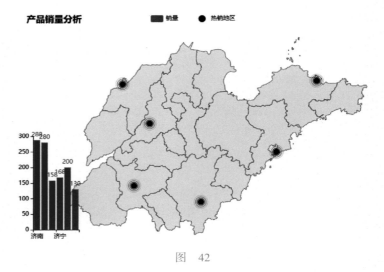

图 42

关系图

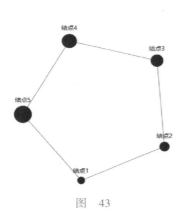

图 43

关系图

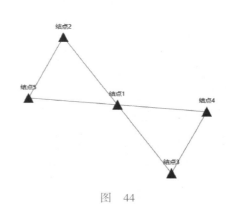

图 44

Python
and Tableau

Data Visualization

王红明　　张鸿斌 / 编著

Python + Tableau
数据可视化之美

机械工业出版社
CHINA MACHINE PRESS

职场商业活动中数据可视化图表应用得非常多,一般的图表可以使用Excel来实现,而要绘制出更漂亮、更专业的图表及仪表板,则需要利用Python、Tableau等软件来实现。

本书采用方法 + 实战案例的编写方式,首先讲解 Python 和 Tableau 的基本编程和使用方法,然后再结合销售数据分析、财务数据分析、HR 数据分析、企业运营数据分析、统计调查报告等大量实战案例,讲解实际工作中各种职场人士常用的专业、漂亮图表的制作方法。

书中提供了大量图表制作的原创代码,并详细讲解了如何套用这些代码制作自己实际工作中所需的图表,让普通人也可以轻松制作出行业文案报告需要的各种专业、漂亮的图表。

本书适合职场商务人士、数据分析人士及数据可视化从业人士阅读学习,也可供 Python 编程爱好者等学习参考。

图书在版编目(CIP)数据

Python + Tableau 数据可视化之美/王红明,张鸿斌编著 .—北京:机械工业出版社,2021.7(2024.1 重印)

ISBN 978-7-111-68671-2

Ⅰ.①P… Ⅱ.①王… ②张… Ⅲ.①软件工具 – 程序设计②可视化软件 Ⅳ.①TP311. 561②TP31

中国版本图书馆 CIP 数据核字(2021)第 136804 号

机械工业出版社(北京市百万庄大街 22 号 邮政编码 100037)

策划编辑:张淑谦 责任编辑:张淑谦

责任校对:徐红语 责任印制:单爱军

北京虎彩文化传播有限公司印刷

2024 年 1 月第 1 版第 3 次印刷

184mm × 260mm・15. 25 印张・6 插页・415 千字

标准书号:ISBN 978-7-111-68671-2

定价:99. 00 元

电话服务	网络服务
客服电话:010-88361066	机 工 官 网:www. cmpbook. com
010-88379833	机 工 官 博:weibo. com/cmp1952
010-68326294	金 书 网:www. golden-book. com
封底无防伪标均为盗版	机工教育服务网:www. cmpedu. com

前　言

一、为什么写这本书

互联网时代，各行各业每时每刻都在产生大量的数据，这些数据看似繁杂无章，但如果通过科学的方法对它们进行分析整理，并以漂亮的图表或仪表板形式呈现出来，就可以让决策者洞察数据背后的真相，让大家理解数据的含义，帮助人们做出决策。

其实在日常工作和生活中，数据图表的应用非常广泛，在各种业务报告会、产品分析会、财务总结会、营销策划会等报告会议中，经常能看到业界精英等用各种专业、漂亮的图表来分析、说明自己的想法和方案。

不过要想做出专业、漂亮的数据图表并非易事，它需要利用 Python、Tableau 等很多专业程序软件来实现。很多人听到要用 Python 编程来做，就可能已经开始打退堂鼓了。编程确实相对有难度，不过本书会给大家提供各种图表制作的案例，在讲解方法的同时，也教会大家如何套用这些代码来轻松制作满足实际工作需求的图表，这也是编者写这本书的目的，即让读者轻松制作出专业的漂亮图表。

二、全书写了什么

本书主要分为两个部分：第一部分为 Python 和 Tableau 基础篇，共包括 4 章内容（第 1 ~ 4 章），主要讲解 Python 的安装方法、基本语法、Pandas 模块用法、Pyecharts 模块图表制作方法及案例等；第二部分为案例篇，主要包括几大行业数据分析报告常用图表制作案例（第 5 ~ 9 章）。第 5 章为销售数据分析图表制作案例，第 6 章为财务数据分析图表制作案例，第 7 章为 HR 数据分析图表制作案例，第 8 章为企业运营数据分析图表制作案例，第 9 章为统计调查报告图表制作案例。

三、本书适合谁

本书适合职场商务人士、数据分析人士及数据可视化从业人士阅读学习，也可供 Python 编程爱好者学习参考。

四、本书作者团队

参加本书编写的人员有王红明和张鸿斌。由于作者水平有限，书中难免有疏漏和不足之处，恳请读者朋友提出宝贵意见。

五、致谢

一本书从选题到出版，要经历很多环节，在此感谢机械工业出版社以及负责本书的张淑谦编辑和其他素未谋面的编辑为本书顺利出版所做的大量工作。

编 者

2021 年 5 月

目　录

第1章 Python 和 Tableau 快速上手

Python 是一种跨平台、开源的、免费的解释型高级编程语言，在大数据分析、数据可视化等方面有非常广泛的应用。

Tableau 是用于可视分析数据的商业智能工具。用户可以用 Tableau 创建漂亮的图表，创建和分发交互式和可共享的仪表板，以图形和图表的形式描绘数据的趋势、变化和密度。

本章主要介绍 Python 的下载与安装、模块安装、使用 IDLE 编写 Python 程序、Tableau 的下载与安装、Tableau 基本用法等。

1.1 下载与安装 Python

1.1.1 下载 Python

Python 可以从其官网下载。Python 官网为 www. python. org（以 Windows 操作系统为例）。

1）首先查看计算机操作系统的类型。在桌面右键单击"此计算机"图标。在打开的"系统"窗口中，可以看到操作系统的类型。这里显示为 32 位操作系统，如图 1-1 所示。

2）在浏览器的地址栏输入"www. python. org"并按〈Enter〉键，如图 1-2 所示。

图 1-1 查看操作系统   图 1-2 输入网址

3）如果计算机的操作系统是 Windows 32 位系统，那么在打开的网页中单击"Downloads"按钮，然后从弹出的菜单中，单击"Python3. 9. 1"按钮，如图 1-3 所示。

4）如果计算机的操作系统是 Windows 64 位系统，则单击"Downloads"菜单中的"Windows"选项按钮。然后在图 1-4 所示的页面中单击"Download Windows x86-64 executable installer"选项按钮开始下载。注意：如果使用的是苹果计算机，操作系统是 mac OS 系统，则单击"Downloads"菜单中的"Mac OS X"选项按钮下载。

5）接下来会打开下载对话框，如图 1-5 所示。单击"浏览"按钮可以设置下载文件保存的位置。设置好之后，单击"下载"按钮开始下载。

1

6）下载完成后的安装文件如图 1-6 所示。

图 1-3　下载 Python

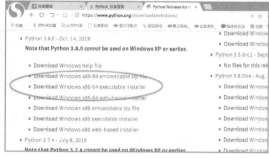

图 1-4　下载程序

图 1-5　下载对话框

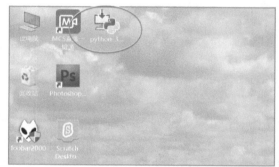

图 1-6　下载完的文件

1.1.2　安装 Python

找到已经下载的 Python 安装文件并双击它，开始安装 Python 程序（以 Windows10 操作系统为例）。

1）首先双击 Python 安装文件。此时会弹出"你要允许此应用对你的设备进行更改吗？"对话框，单击"是"按钮即可。接着在打开的图 1-7 所示的对话框中勾选"Add Python 3.9 to PATH"复选框，然后单击"Install Now"选项按钮开始安装。

2）接着安装程序开始复制程序文件。最后单击"Close"按钮完成安装，如图 1-8 所示。

图 1-7　开始安装

图 1-8　安装完成

1.1.3 模块的安装

Python 最大的魅力是有很多很有特色的模块，用户在编程时，可以直接调用这些模块来实现某一个特定功能。比如 Pandas 模块有很强的数据分析功能，调用此模块可以轻松实现对数据的分析；再比如，xlwings 模块有很强的 Excel 数据处理能力，通过调用此模块，可以快速处理 Excel 数据。

不过有些模块在调用之前需要先下载安装。下面来讲解接下来要用到的几个模块的安装方法。

1. pandas 模块的安装

在 Python 中，安装模块的简单方法是用 pip 命令，其安装方法如下。

1）首先打开"命令提示符"窗口。方法是按键盘的〈Win + R〉组合键，打开"运行"对话框，输入"cmd"，然后单击"确定"按钮，如图 1-9 所示。提示：也可以单击"开始"菜单，再单击"Windows 系统"下的"命令提示符"来打开。

2）打开"命令提示符"窗口后，输入"pip install pandas"命令后按〈Enter〉键。接着开始自动安装 Pandas 模块，安装完成会提示"Successfully installed"，说明安装成功。图 1-10 所示为安装成功后的画面。

图 1-9　在"运行"对话框输入"cmd"

图 1-10　安装 Pandas 模块

2. pyecharts 模块的安装

pyecharts 模块的安装方法与 Pandas 模块的安装方法类似，首先打开"命令提示符"窗口，然后直接输入"pip install pyecharts"并按〈Enter〉键，开始安装 pyecharts 模块。安装完成后同样会提示"Successfully installed"，如图 1-11 所示。

图 1-11　安装 pyecharts 模块

3. matplotlib 模块的安装

安装 matplotlib 模块同样在"命令提示符"窗口中进行。直接输入"pip install matplotlib"并按〈Enter〉键，开始安装 matplotlib 模块，如图 1-12 所示。

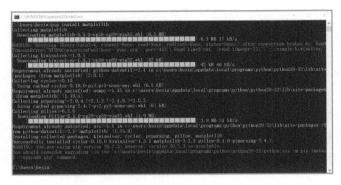

图 1-12　安装 matplotlib 模块

4. openpyxl 模块的安装

安装 openpyxl 模块同样在"命令提示符"窗口中进行。直接输入"pip install openpyxl"并按〈Enter〉键，开始安装 openpyxl 模块，如图 1-13 所示。

图 1-13　安装 openpyxl 模块

5. xlwings 模块的安装

安装 xlwings 模块时，打开"命令提示符"窗口，直接输入"pip install xlwings"后按〈Enter〉键即可。

1.2　Python 快速入门

安装好 Python 程序后，接下来可以运行 Python 程序，并开始编写程序了。

1.2.1　使用 IDLE 运行 Python 程序

IDLE（集成开发环境）被打包为 Python 包装的可选部分，当安装好 Python 以后，IDLE 就自动安装好了，不需要另外去安装。

　　1）首先单击"开始"按钮，从打开的菜单中，单击"IDLE（Python 3.9 32-bit）"选项，如图 1-14 所示。

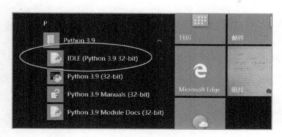

图 1-14　打开 IDLE 开发环境

　　2）之后会打开 IDLE 开发环境。此开发环境是一个基于命令行的环境，它的名字叫"Python 3.9.1 Shell"。Shell 是一个窗口或界面，它允许用户输入命令或代码行，如图 1-15 所示。

在此窗口上面一行为菜单栏，单击"Options"菜单下面的"Configure IDLE"命令可以设置显示字体等。

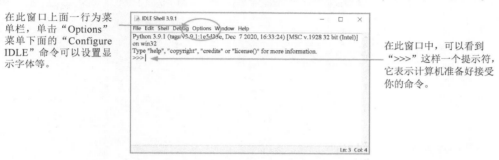

在此窗口中，可以看到">>>"这样一个提示符，它表示计算机准备好接受你的命令。

图 1-15　IDLE Shell 开发环境

1.2.2　案例 1：用 IDLE 编写 Python 程序

　　接下来尝试用 IDLE 开发环境编写第一个 Python 程序，如图 1-16 所示，首先运行 IDLE 开发环境。

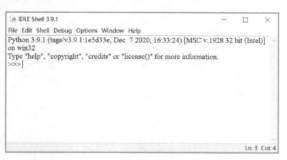

图 1-16　运行 IDLE 开发环境

　　然后在 >>> 符号右侧输入"print（'你好，Python'）"，按〈Enter〉键后，会执行 print 命令，输出"你好，Python"，如下所示。提示：只有 Python 3.x 版本才能直接输出中文。

```
>>> print('你好,Python')
你好,Python
```

代码中的"print()"为函数，是打印输出的意思，它会直接输出引号中的内容，这里的引号可以是单引号，也可以是双引号。在输入的时候要注意，括号和引号都必须是半角输入（在英文输入法输入的默认为半角）。如果使用全角输入，就会出错。

1.2.3　案例 2：编写第一个交互程序

下面编写一个稍微复杂一点的程序。使用 input() 函数编写一个请用户输入名字的程序。

提示：input() 函数可以让用户输入字符串，并存放到一个变量里。然后可以使用 print() 函数输出变量的值。

首先打开 IDLE 开发环境，然后选择"File"菜单下面的"New File"命令，新建一个新的编辑文件，如图 1-17 所示。

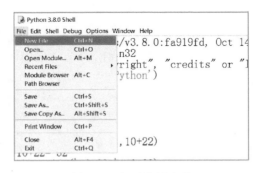

图 1-17　新建编辑文件

接下来开始输入如下所示的代码。

```
name = input('请输入您的名字:')
print(name,',欢迎您使用 Python')
```

代码中的"name"为一个变量，用来保存用户输入的名字。变量可以自己定义，比如将 name 换成 n；input() 为输入函数，= 表示赋予。print() 函数中的函数 name 用来调用变量 name 的值，即用户名字。

写好代码后，按〈Ctrl + S〉组合键保存文件（也可以单击"File"文件下的"保存"命令来保存）。然后会打开"另存为"对话框，如图 1-18 所示。选择文件保存的位置，并在"文件名"文本框中输入文件的名字，最后单击"保存"按钮，将文件保存。

保存之后就可以运行此代码了，选择"Run"菜单下的"Run Module"命令（或直接按〈F5〉键），运行程序。接着会自动打开 IDLE Shell 文件，并显示代码运行后的输出结果，如下所示。

图 1-18　保存文件

```
========= RESTART: E:/python 编程/练习 50. py =========
请输入您的名字:
```

接着在"请输入您的名字"右侧输入"编程者",然后按〈Enter〉键,会输出如下所示结果。

```
请输入您的名字:编程者
编程者,欢迎您使用 Python
```

1.3 下载与安装 Tableau

Tableau 可以生动地分析数据,快速生成美观的图表、坐标图、仪表盘与报告。Tableau 的操作界面是拖放式界面,非常简便易学。

1.3.1 认识 Tableau

Tableau 可以连接到文件、关系数据源和大数据源来获取和处理数据。该软件允许数据混合和实时协作来进行数据分析,并制作图表。使用 Tableau 不需要懂技术,也不需要写代码,只要简单地拖曳或双击分析字段,就可以自动生成分析图表,总之 Tableau 是一款非常好用的图表制作软件。

1.3.2 下载安装合适的 Tableau

可以从 Tableau 官网（www. tableau. com）下载 Tableau Desktop 安装文件。注意:如果计算机操作系统是 32 位系统,只能安装 10.5 以下的版本。

另外,Tableau Desktop 提供了 Windows 版和 Mac 版的安装文件,下载时根据计算机操作系统类型来选择不同版本即可。具体下载方法如下。

1）首先在浏览器中的地址栏输入"www. tableau. com",并按〈Enter〉键,如图 1-19 所示。

2）打开 Tableau 网站后,将页面拖到最下面,然后单击左下角的语言栏,再选择弹出列表中的"简体中文"选项,如图 1-20 所示。

图 1-19　输入网址

图 1-20　选择简体中文

3）接下来从打开的 Tableau 中文页面中,单击右侧的"立即试用"按钮,然后在打开的页面中,先输入邮箱,再单击"下载免费试用版"按钮,就会弹出下载对话框,可以开始下载软件,如图 1-21 所示。

4）下载完成后双击下载的 Tableau 文件，接着会进入安装界面。如图 1-22 所示，在安装界面勾选"我已阅读并接受本许可协议中的条款（A）"复选框，然后单击"安装"按钮开始安装。

图 1-21　开始下载软件　　　　　　　　　图 1-22　安装 Tableau 程序

1.4　Tableau 快速入门

Tableau 的操作相对比较容易，只需用鼠标拖曳，就可以将各种类型的数据以多种图表形式反映出来，然后将其嵌入到 PPT 等文档或者网页中。接下来讲解 Tableau 的基本用法。

1.4.1　Tableau 工作界面

在学习使用 Tableau 之前，首先来认识一下 Tableau 的工作界面。图 1-23 所示为 Tableau Desktop 的工作界面，其由三部分组成。

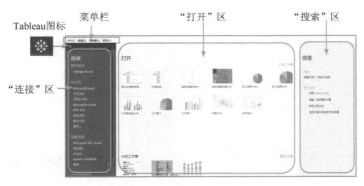

图 1-23　Tableau Desktop 的工作界面

1）Tableau 图标。单击任何页面左上角的 可以在开始页面和制作工作区之间切换。

2）"菜单栏"主要包括"文件"菜单、"数据"菜单、"服务器"菜单、"窗口"菜单、"帮助"菜单等，主要用于设置文件、数据和服务器、状态栏等。

3）"连接"区用来连接数据文件或服务器，在"已保存数据源"栏中提供了 3 个示例数据源。

4）"打开"区上方用于打开计算机中的工作簿，下方用于打开示例工作簿。

5）"搜索"区主要为一些培训视频、产品、活动咨询，以及 Tableau Public 每周推荐的可视化作品。

在左侧单击"连接"区域中的"Microsoft Excel"选项按钮后，会打开"打开"对话框（见图 1-24），选择要制作图表的工作簿数据文件，并单击"打开"按钮后，会进入制作数据源操作窗口（见图 1-25）。提示：如果没有数据文件，则可以单击"连接"区下面的"示例-超市"选项按钮，直接用软件提供的实例数据查看。

图 1-24 "打开"对话框

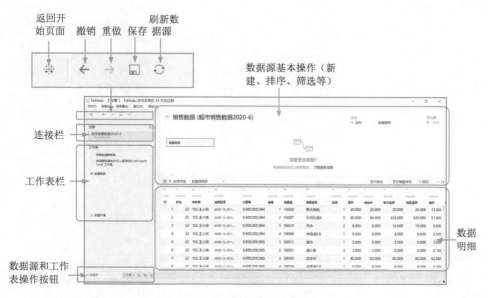

图 1-25 数据源操作窗口

接下来单击上图中左下角的"工作表 1"按钮，打开图表制作窗口，如图 1-26 所示。

（1）数据和分析窗格

数据和分析窗格显示作为维度或度量的数据源的名称。在工作表中，数据源中的列显示为数据和分析窗格中左侧的字段，其包含按表组织的各种字段。对于数据源中的每个表或文件夹，维度字段显示在灰色线上方，度量字段显示在灰色线下方。维度字段通常包含分类数据（如产品类型和日期），而度量字段包含数值数据（如销售额和利润）。

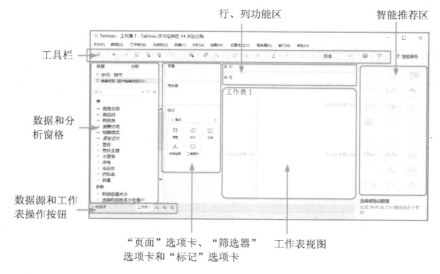

图 1-26　图表制作窗口

（2）行、列功能区

行功能区用于创建行，列功能区用于创建列。行、列功能区主要用来将制作图表所需的字段放到行和列，如图 1-27 所示。放置在功能区中的字段，因外形类似胶囊，所以被称为"胶囊"。行、列功能区中可以放多个"胶囊"。

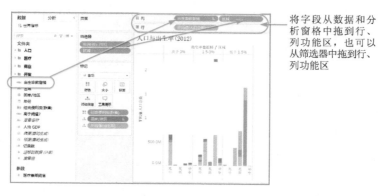

图 1-27　在行列功能区中添加字段

（3）"标记"选项卡

"标记"选项卡控制视图中的标记属性，包括一个标记类型选择器，可以在其中指定标记类型，例如条、线、区域等。它还包括颜色、大小、文本、详细信息、工具提示、形状、路径和角度等控件，如图 1-28 所示为"标记"选项卡。

（4）"筛选器"选项卡

"筛选器"选项卡可指定要包含和排除的数据。可以分别使用度量、维度来筛选数据，也可以同时使用这两者筛选数据。筛选数据可以将数据字段从数据窗格拖到筛选器选项卡中，拖动时会弹出图 1-29 所示的"筛选器"对话框。

图 1-28 "标记"选项卡

图 1-29 筛选数据时打开的"筛选器"对话框

（5）"页面"选项卡

将一个字段拖到"页面"选项卡中，会形成一个页面播放器。基于某个维度的成员或某个度量的值，可以把一个工作表拆分成多个工作表，并通过播放实现类似 GIF 动画的效果。

（6）智能推荐

将字段放置在功能区中，然后单击"智能推荐"，则 Tableau 会自动评估选定的字段，在下方突出显示与数据最相符的可视化图表类型，如图 1-30 所示。

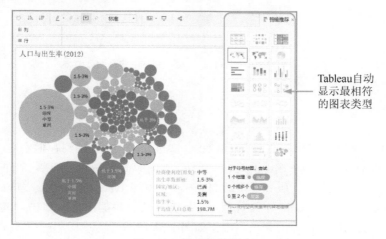

图 1-30 智能推荐图表

1.4.2 几个重要术语

1. 聚合

聚合是指汇总到更高类别的行级别数据，如销售总额或总利润。Tableau 会自动执行此操作，可以将数据细分成想要使用的详细级别。

2. 维度和度量

维度是定性数据，例如名称或日期。默认情况下，Tableau 会自动将包含定性信息或分类信息的数据归类为维度，例如任何具有文本或日期值的字段。这些字段通常显示为数据行的列标题（如"客户名称"或"订单日期"），并且还定义视图中显示的粒度级别。

度量是定量数值数据。默认情况下，Tableau 会将任何包含这种数据的字段视为度量，例如销售交易或利润。归类为度量的数据可以根据给定维度进行聚合，例如按区域（维度）聚合总销售额（度量）。

3. 连续与离散

连续意味着形成一个完整的、连续的整体。例如数字 7 后跟 8，然后是 9。在 Tableau Desktop 中，连续值作为轴进入视图。X 连续字段可以包含无数个值。这可以是一个值范围（如特定日期范围内的销售额或数量）。在 Tableau 中，连续字段显示为绿色。

离散的意思是单独分开或不同。离散字段包含有限数目的值，例如国家/地区、省/市/自治区或客户名称。在 Tableau 中，离散字段显示为蓝色。

4. 字段

数据表中的每个列数据作为数据窗格中的字段进入 Tableau Desktop，该字段将显示在"数据"窗格中。如图 1-31 所示的数据窗格中，"产品""利润（级）""发货日期""客户名称"等为字段。

图 1-31　字段

1.5　制作第一个 Tableau 图表

经过前面的学习，读者已经对 Tableau 有了一个基本了解，接下来将动手制作一个图表，了解制作一个 Tableau 图表的步骤。

1.5.1　第一步：连接到数据

制作图表的第一步是将 Tableau 连接到数据，Tableau 支持连接到存储在各个地方的各种数据，如个人计算机中的 Microsoft Excel、文本文件、Microsoft Access、JSON 文件、PDF 文件、空间文件、统计文件、其他文件，服务器中的 Microsoft SQL Server、MonetDB、MongoDB BI 连接器、MySQL、OData、OneDrive、Oracle 等数据库，以及连接到云数据库源。单击"更多"选项按钮，可以查看可以使用的数据连接器的完整列表，如图 1-32 所示。

1.5.2　第二步：设置数据源

以软件中的数据源为例来讲解。单击"示例-超市"选项，连接到超市数据。接着使用"数据源"页面来设置数据源并准备要分析的数据，如图 1-33 所示。

在"数据源"页面可以对数据进行合并，通过将值（行）从一个表附加到另一个表来合并两个或更多表。可以对数据进行筛选、修改数据字段等。下面筛选出 2020 年的超市销售数据。

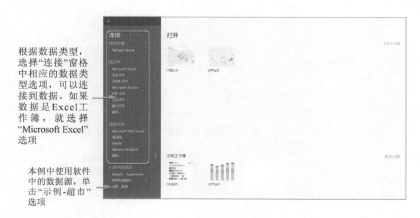

根据数据类型，选择"连接"窗格中相应的数据类型选项，可以连接到数据。如果数据是Excel工作簿，就选择"Microsoft Excel"选项

本例中使用软件中的数据源，单击"示例-超市"选项

图 1-32　连接到数据

如果没有打开"数据源"页面，单击此处"数据源"按钮

图 1-33　"数据源"页面

1）首先在"数据源"页面中单击右上角"筛选器"下面的"添加"按钮，打开"编辑数据源筛选器"对话框，如图1-34所示。

单击"添加"按钮

图 1-34　打开"编辑数据源筛选器"对话框

2）接着单击"编辑数据源筛选器"对话框中的"添加"按钮，打开"添加筛选器"对话框，如图1-35所示。然后在打开的"添加筛选器"对话框中单击"订单日期"选项，并单击"确定"按钮。

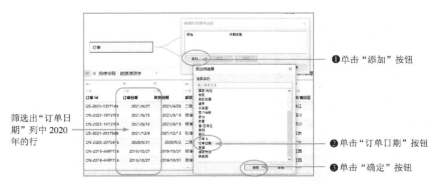

筛选出"订单日期"列中 2020 年的行

图 1-35　添加筛选选项

❶单击"添加"按钮

❷单击"订单日期"按钮

❸单击"确定"按钮

3）单击"确定"按钮后打开"筛选器字段［筛选器字段［订单日期］］"对话框，在此对话框中，单击"年"选项（即按年来筛选），然后单击"下一步"按钮，如图 1-36 所示。

4）接着会打开"筛选器［订单日期 年］"对话框，如图 1-37 所示。在此对话框中，勾选"2020"复选框，然后单击"确定"按钮。

图 1-36　设置按"年"筛选　　图 1-37　"筛选器［订单日期 年］"对话框

5）之后会返回到"编辑数据源筛选器"对话框，在此对话框中单击"确定"按钮，如图 1-38 所示。这时可以看到数据源预览中显示的是筛选后的 2020 年销售数据。

单击"确定"按钮

筛选出2020年数据

图 1-38　完成数据筛选

提示：如果想对数据进行多个条件筛选，可以按上面的步骤继续添加筛选条件。

1.5.3 第三步：构建图表

接下来制作第一个图表，在 Tableau 中构建图表，可以通过将"数据"窗格中的字段拖到功能区上来实现，也可以通过将字段拖到视图中来实现。

1）首先在"数据源"页面左下角单击"工作表1"按钮，进入制作图表的页面，如图1-39所示。

单击"工作表 1"按钮

图 1-39 打开"工作表 1"页面

2）接下来制作一个产品销量图表。在"数据"窗格中单击"产品"字段左侧的三角，打开"产品"字段下面的子字段，然后将"类别"字段拖到"列"功能区，如图1-40所示。

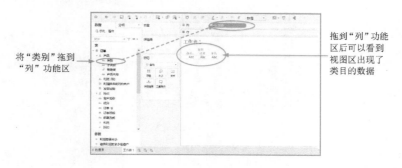

将"类别"拖到"列"功能区

拖到"列"功能区后可以看到视图区出现了类目的数据

图 1-40 拖动字段

3）接下来再将"数量"字段拖到"行"功能区，如图1-41所示，自动制作出一个销售数量的柱状图。

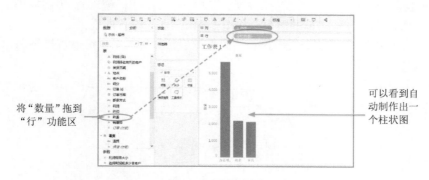

将"数量"拖到"行"功能区

可以看到自动制作出一个柱状图

图 1-41 制作图表

4）制作出来的图表是按大类别来统计的，如果想进一步制作每种大类别（如图中的"办公用品"类）下各种子类别的销量情况图表，可以按照下面方法来做，即将"产品"字段下面的"子类别"字段拖到"列"功能区，如图1-42所示。

如果想删除行列功能区中的字段，可以在字段的"胶囊"上单击右键，选择"移除"命令，将添加的字段删除，如图1-43所示。

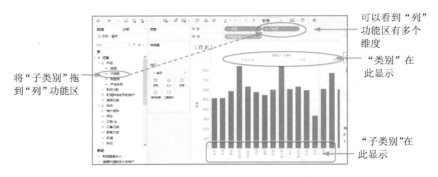

图 1-42　继续添加字段

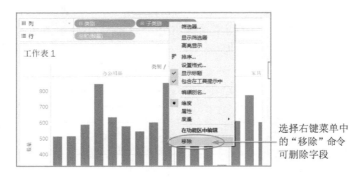

图 1-43　删除字段

1.5.4　第四步：美化图表

在制作好基本图表后，可以对图表进行美化，如更换图表类型（如换成饼图等）、对图表的颜色、大小等进行设置。

1）设置图表类型。在上一节制作好的柱状图基础上，在"标记"选项卡中单击"自动"栏右侧的下三角，可以选择其他类型的图表，如图 1-44 所示。

也可以在"智能推荐"区单击突出显示的图表类型，如气泡图，可以直接将制作好的柱状图变为气泡图，如图 1-45 所示。

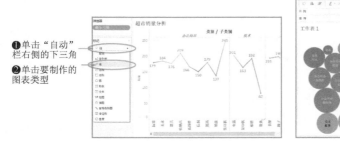

图 1-44　设置图表类型

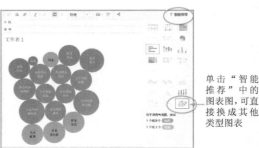

图 1-45　选择智能推荐图表

2）设置图表颜色及边框。对之前制作好的柱状图设置颜色，单击"标记"选项卡中的"颜色"按钮，从弹出的颜色列表中选择一种颜色，即可直接更改图表的颜色，如图 1-46 所示。

❶单击"颜色"按钮

❷单击一种颜色块

❸调整透明度及边界（设置边框）

将"子类别"字段拖到"标记"选项卡中"颜色"按钮上，可以设置各子类图形颜色

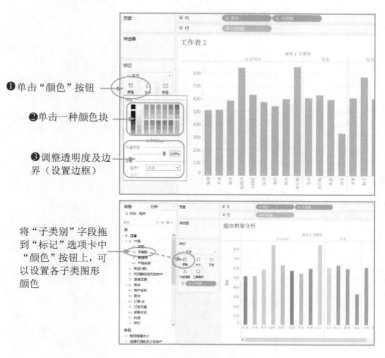

图 1-46 设置颜色及边框

3）设置图形大小。单击"标记"选项卡中的"大小"按钮，然后拖动滑块调整柱状图粗细，如图 1-47 所示。

单击"大小"按钮，拖动滑块

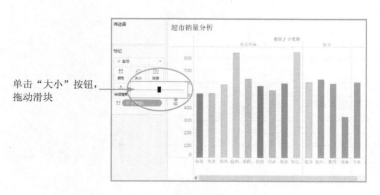

图 1-47 调整图形大小

4）设置图表的标签格式。要想在每个柱图上显示销售数量，首先将"数据"窗格中的"数量"字段拖到"标记"选项卡中的"标签"按钮上；再单击"标签"按钮，在弹出的对话框中单击"字体"下拉列表，并设置标签文本的字体类型、字体大小、字体颜色、透明度等格式，如图 1-48 所示。

5）设置图表标题的格式。在视图区图表中的副标题文字或字段文字上单击右键，再选择右键菜单中的"设置格式"命令。然后在右侧的"设置类别格式"窗格中进行设置，如图 1-49 所示。

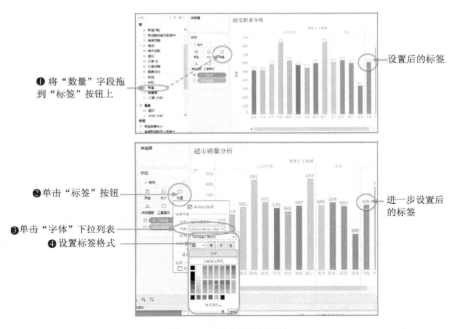

❶ 将"数量"字段拖到"标签"按钮上

设置后的标签

❷ 单击"标签"按钮

进一步设置后的标签

❸ 单击"字体"下拉列表

❹ 设置标签格式

图 1-48　设置图表标签

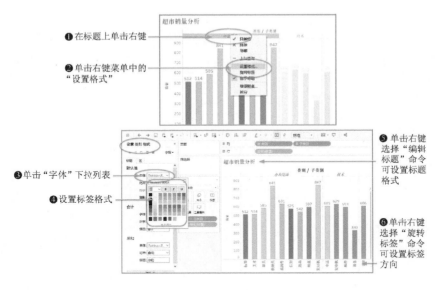

❶ 在标题上单击右键

❷ 单击右键菜单中的"设置格式"

❸ 单击"字体"下拉列表

❹ 设置标签格式

❺ 单击右键选择"编辑标题"命令可设置标题格式

❻ 单击右键选择"旋转标签"命令可设置标签方向

图 1-49　设置图表标题的格式

1.5.5　第五步：筛选数据生成新的图表

通过"筛选器"选项卡可以对数据进行分析筛选，然后生成新的图表。接下来筛选超市数据中公司客户的销量，制作公司客户销量图表，具体操作如下。

1）将"数据"窗格中的"细分"字段拖到"筛选器"选项卡，如图1-50所示。

2）接着打开"筛选器［细分］"对话框，在此对话框中勾选"公司"复选框（即筛选出公司客户），然后单击"确定"按钮，如图1-51所示。

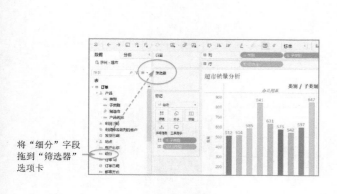

将"细分"字段拖到"筛选器"选项卡

图 1-50 筛选数据

勾选"公司"复选框

图 1-51 "筛选器［细分］"对话框

3）接下来再将"数据"窗格中的"细分"字段拖到"列"功能区，可以对图表数据进行分析，制作出新的图表，如图 1-52 所示。

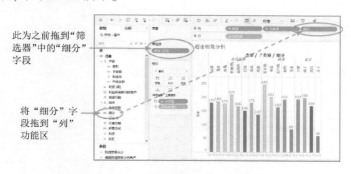

此为之前拖到"筛选器"中的"细分"字段

将"细分"字段拖到"列"功能区

图 1-52 用筛选的数据处理图表

1.5.6 第六步：添加参考线

Tableau 允许在图表中的任何连续轴添加参考线、参考区间、参考分布等，下面来添加一条"平均值"参考线，添加方法如下。

1）首先单击"分析"按钮，打开"分析"窗格，然后将"自定义"中的"参考线"选项拖到视图区的图表上面，如图 1-53 所示。

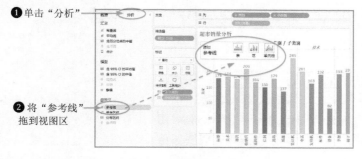

❶单击"分析"

❷将"参考线"拖到视图区

图 1-53 添加参考线

2）接着会打开"编辑参考线、参考区间或框"对话框，在此对话框中，单击"平均值"右侧的下拉按钮，可以设置参考线的种类。单击"总和（数量）"下拉按钮，可以选择数据种类。设置好后，单击"确定"按钮，如图 1-54 所示。

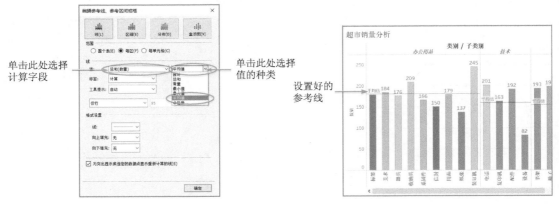

图 1-54　设置参考线

1.5.7　第七步：将图表导出为图像文件

若要创建可以重用的图像文件，可以导出视图，具体方法如下。

1）首先单击菜单栏中的"工作表"菜单，然后选择"导出"子菜单下的"图像"命令，打开"导出图像"对话框，如图 1-55 所示。

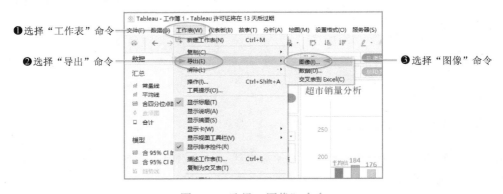

图 1-55　选择"图像"命令

2）在打开的"导出图像"对话框中，根据需要选择"显示"的内容，再单击选择"图像选项"中的图像模板，最后单击"保存"按钮，如图 1-56 所示。

3）单击"保存"按钮后，会打开"保存图像"对话框，在"文件名"文本框输入图表名称，单击"保存类型"下拉列表选择图像文件类型（一般采用 PNG 格式即可），之后单击"保存"按钮完成图像保存，如图 1-57 所示。

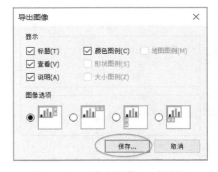

图 1-56　"导出图像"对话框

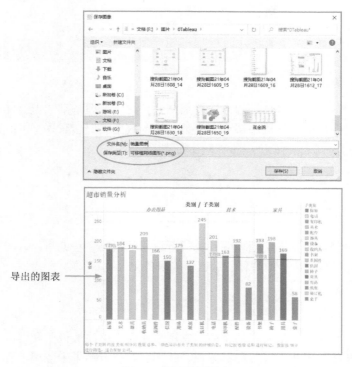

导出的图表

图 1-57　导出的图表

1.5.8　第八步：保存工作簿文件

之前制作图表的工作簿可以保存为 Tableau 文件，保存后，下次可以继续对之前制作的图表工作簿进行修改编辑。

保存工作簿的方法为：

1）选择"文件"菜单中的"另存为"命令，打开"另存为"对话框。

2）在打开的"另存为"对话框中，选择好文件保存的位置，然后在"文件名"文本框中输入工作簿的名称，然后单击"保存"按钮即可，如图 1-58 所示。

3）下次要继续编辑保存的工作簿时，选择"文件"菜单中的"打开"命令，然后选择保存的工作簿文件，即可打开之前保存的工作簿，并进行修改。

图 1-58　保存工作簿

第2章 Python 基本语法知识

要想熟练掌握 Python 编程，最好的方法就是充分了解、掌握基础知识，并多编写代码，熟能生巧。本章将详细介绍 Python 的语法特点、变量、基本数据类型、运算符、if 条件语句、for 循环语句、while 循环语句、列表、元组、字典、函数等基本知识。

2.1 Python 语法特点

为了让 Python 解释器能够准确地理解和执行所编写的代码，在编写代码时需要了解 Python 的语法特点，遵守一些基本规范，如注释、缩进、引号等。

2.1.1 注释

在 Python 中，注释是一项很有用的功能。它用来在程序中添加说明和解释，让用户可以轻松读懂程序。注释的内容将被 Python 解释器忽视，并不会在执行结果中体现处理。

1. 单行注释

在 Python 中，注释用井号（#）标识，在程序运行时，注释的内容不会被运行，而会被忽略。如下为两种注释。

```
#让用户输入名字
Name = input('请输入您的名字:')
print(Name,',欢迎您使用 Python')        #输出用户名字
```

从上面可以看出，注释可以在代码的上面，也可以在一行代码的行末。

2. 多行注释

在 Python 中，将包含在一对三引号（形式为'''……'''或"""……"""）之间，并且不属于任何语句的内容都可以视为注释，这样的代码将被解释器忽略，如下所示。

```
'''
Name = input('请输入您的名字:')
print(Name,',欢迎您使用 Python')        #输出用户名字
'''
```

2.1.2 代码缩进

Python 不像其他编程语言（如 C 语言）采用大括号（{}）分隔代码块，而是采用代码缩进和冒号（:）来控制类、函数以及其他逻辑判断。

在 Python 中，行尾的冒号和下一行的缩进表示一个代码块的开始，而缩进结束则表示一个代码块的结束，所有代码块语句必须包含相同的缩进空白数量，如下所示。

```
if True:
    print ("True")
else:
    print ("False")
```

2.1.3　引号

Python 可以使用单引号（ ' ）、双引号（ " ）、三引号（ ''' 或 """ ）来表示字符串，开始与结束的引号必须是相同类型的，如下所示。其中三引号也被当作注释的符号。

```
word = '你好'
print(word, ",欢迎您使用 Python ")
```

2.2　变量

2.2.1　理解 Python 中的变量

变量来源于数学，在编程中通常使用变量来存放计算结果或值。如下所示的"name"就是一个变量。

```
name ='小明'
print(name)
```

简单地说，可以把变量看作是个盒子，可以将钥匙、手机、饮料等物品存放在这个盒子中，也可以随时更换想存放的新物品。并且可以根据盒子的名称（变量名）快速查找到存放物品的信息。

在数学课上也会学到变量，比如解方程的时候 x，y 就是变量，用字母代替。在程序里，需要给变量起名字，比如"name"。变量取名字的时候一定要清楚地说明其用途。因为一个大的程序里面的变量有成百上千个，如果名字不能清楚地表达用途，别人就无法看懂程序，甚至引起混乱。

2.2.2　变量的定义与使用

在 Python 中，不需要先声明变量名及其类型，直接赋值即可创建各种类型的变量。

每个变量在使用前都必须赋值，变量赋值以后该变量才会被创建。等号（ = ）用来给变量赋值。等号（ = ）运算符左边是一个变量名，右边是存储在变量中的值。如下所示的"这是一个句子"就是变量 sentence 的值。

```
sentence ='这是一个句子'
print(sentence)
```

但变量的命名并不是任意的，在 Python 中使用变量时，需要遵守一些规则，否则会引发错误。主要的规则包括如下。

1）变量名只能包含字母、数字和下画线，不能用数字开头。例如变量名 Name_1 是正确的，变量名 1_Name 是错误的。

2）变量名不能包含空格，但可使用下画线来分隔其中的单词。如变量名 my_name 是正确的，变量名 my name 是错误的。

3）不要将 Python 关键字和函数名作为变量名，如将 print 作为变量名就是错误的。

4）变量名应既简单有具有描述性。如 student_name 就比 s_n 更容易让人理解其用途。

5）慎用小写字母 l 和大写字母 O，因为它们可能被人错看成数字 1 和 0。

2.3 基本数据类型

Python 中提供的基本数据类型包括数字类型、字符串类型、布尔类型等。

2.3.1 数字类型

在 Python 中，数字类型主要包括整数和浮点数。

1. 整数

Python 可以处理任意大小的整数，包括正整数、负整数和 0，并且它们的位数是任意的。整数在程序中的表示方法和数学上的写法一模一样，例如 2，0，−20。

2. 浮点数

浮点数也就是小数，之所以称为浮点数，是因为按照科学计数法表示时，一个浮点数的小数点位置是可变的，比如，1.23×10^6 和 12.3×10^5 是完全相等的。

对于很大或很小的浮点数，必须用科学计数法表示，把 10 用 e 替代，如 1.23×10^9 表示为 1.23e9 或 12.3e8。0.000012 可以表示为 1.2e-5。

 注意：

浮点数运算时会四舍五入，因此计算机保存的浮点数计算值会有误差。

2.3.2 字符串

字符串就是一系列字符，组成字符串的字符可以是数字、字母、符号、汉字等。

在 Python 中，字符串属于不可变序列，通常用单引号（' '）、双引号（" "）或三引号（""" """）括起来。也就是说用引号括起的都属于字符串类型，比如' abc33 '，" this is my sister "等。注意，引号必须是半角的。

这种灵活的表达方式让用户可以在字符串中包含引号和撇号，比如" I'm OK "，"我看着她说："这是我妹妹"。"。

如果字符串中同时包含单引号和双引号，则可以用转义字符\来标识，比如：字符串 I'm "ok"!，可以这样写代码' I\'m \"ok\"！'。

转义字符\可以转义很多字符，比如\n 表示换行，\t 表示制表符，字符\本身也要转义，所以\\表示的字符就是\。如下所示。

```
>>> print(' languages:\n \tPython \n \tC ++')
languages:
    Python
    C ++
```

上面代码里 \n 表示换行，\t 表示制表位，可以增加空白。从输出的结果中可以看到 "Python" 换了一行，前面增加了空白。同样 "C++" 也换行了，前面也增加了空白。

案例1：输出唐诗《春晓》

在 IDEL 中创建一个名为"唐诗.py"的文件，然后在该文件中输出一首唐诗的字符串，由于该唐诗有多行，所以需要使用三引号作为字符串的定界符，代码如下。

```
print('''
     春晓
     唐.孟浩然
     春眠不觉晓，
     处处闻啼鸟。
     夜来风雨声，
     花落知多少。
''')
```

代码运行结果如下所示。

```
     春晓
     唐.孟浩然

     春眠不觉晓，
     处处闻啼鸟。
     夜来风雨声，
     花落知多少。
```

2.3.3 布尔类型

布尔类型主要用来表示真值或假值。在 Python 中，标识符 True 和 False 被解释为布尔值。Python 中的布尔值可以转化为数值，True 表示 1，False 表示 0。

2.3.4 数据类型转换

数据类型转换就是将数据从一种类型转换为另一种类型，比如从整数转换为字符串，或从字符串转换为浮点数。在 Python 中，如果数据类型和代码要求的类型不符，就会提示出错（比如进行数学计算式，计算的数字不能是字符串类型）。

表 2-1 为 Python 中常用类型转换函数。

表 2-1　常用类型转换函数

函　　数	功　　能
int(x)	将 x 转换成整数类型
float(x)	将 x 转换成浮点数类型
complex(real[,imag])	创建一个复数
str(x)	将 x 转换成字符串类型
repr(x)	将 x 转换成表达式类型

（续）

函　　数	功　　能
eval(str)	计算在字符串中的有效 Python 表达式,并返回一个对象
chr(x)	将整数 x 转换为一个字符
ord(x)	将一个字符 x 转换为它对应的整数值
hex(x)	将一个整数 x 转换为一个十六进制的字符串
oct(x)	将一个字符 x 转换为一个八进制的字符串

案例 2：计算人民币兑换多少美元

在 IDLE 中创建一个名为"汇率.py"的文件，然后在文件中定义两个变量，一个用于记录用户输入的金额，另一个用于记录美元金额。根据公式：人民币/6.5 = 美元。代码如下。

```
money = input('请输入你要兑换的人民币金额:')
amount = float(money)/6.5
print('你输入的金额可以兑换成:' + str(amount) +'美元')
```

说明：上面代码中 input() 函数用于实现键盘的输入，函数运行时从键盘等待用户的输入，用户输入的任何内容 Python 都认为是一个字符串。运行结果如下（提示输入金额时，用键盘输入金额数）。

```
请输入你要兑换的人民币金额:650
你输入的金额可以兑换成:100.0 美元
```

2.4　运算符

运算符是一些特殊的符号，主要用于数学计算、比较大小和逻辑运算等。Python 的运算符主要包括算术运算符、赋值运算符、比较运算符、逻辑运算符和位运算符等。使用运算符将不用的数据按照一定的规则连接起来的式子，称为表达式；使用算术运算符连接起来的式子称为算术表达式。

2.4.1　算术运算符

算术运算符是处理四则运算的符号，在数字的处理中应用得最多。Python 支持所有的基本算术运算符，见表 2-2。

表 2-2　Python 常用算术运算符

运　算　符	说　　明	实　　例	结　　果
+	加	3. 45 + 15	18. 45
−	减	5. 56 − 0. 2	5. 36
*	乘	4 * 6	24
/	除	7/2	3. 5

（续）

运 算 符	说　　　明	实　　　例	结　　　果
%	取余，即返回除法的余数	3 % 2	1
//	整除，返回商的整数部分	5 // 2	2
**	幂，即返回 x 的 y 次方	3 ** 2	9，即 3^2

如下为几种算术运算。

```
>>>3.45 +15
18.45
>>>5.53 -0.2
5.33
>>>4 * 6
24
>>>7/2
3.5
>>>3%2
1
>>>5//2
2
>>>3 * *2
9
```

案例3：计算学生平均分数

在 IDLE 中创建一个名为"分数 .py"的文件，然后在文件中定义三个变量，分别用于记录学生的数学、语文、英语分数，然后根据公式：平均分数 = （数学分数 + 语文分数 + 英语分数）/3。代码如下。

```
score_s = 93
score_y = 87
score_e = 99
score_average = (score_s + score_y + score_e)/3
print('3 门课的平均分:' + str(score_average) + '分')
```

运行结果如下。

```
3 门课的平均分:93.0 分
```

2.4.2　比较运算符

比较运算符，也称为关系运算符，用于对常量、变量或表达式的结果进行大小、真假等比较，如果比较结果为真，则返回 True（真）；反之，则返回 False（假）。比较运算符通常用在条件语句中作为判断的依据。Python 支持的比较运算符见表 2-3。

表2-3　Python 比较运算符

比较运算符	功　　能
>	大于，如果运算符前面的值大于后面的值，则返回 True；否则返回 False
> =	大于或等于，如果运算符前面的值大于或等于后面的值，则返回 True；否则返回 False
<	小于，如果运算符前面的值小于后面的值，则返回 True；否则返回 False
< =	小于或等于，如果运算符前面的值小于或等于后面的值，则返回 True；否则返回 False
==	等于，如果运算符前面的值等于后面的值，则返回 True；否则返回 False
!=	不等于，如果运算符前面的值不等于后面的值，则返回 True；否则返回 False
is	判断两个变量所引用的对象是否相同，如果相同则返回 True
is not	判断两个变量所引用的对象是否不相同，如果不相同则返回 True

如下为比较运算符的用法

```
>>>3 >4
False
>>>3 >2
True
>>>5 < =6
True
>>>2 == 2
True
>>>2 ==3
False
>>>2 !=3
True
```

案例 4：判断成绩是否优异

在 IDLE 中创建一个名为"成绩 . py"的文件，然后在文件中定义一个变量，用于记录学生成绩，然后用 if 语句判断成绩是否优异。代码如下。

```
score = float(input('请输入你的分数:'))
if score <60:
    print('您的成绩未及格')
else :
    print('您的成绩为优异')
```

运行结果如下。

```
请输入你的分数:71.2
您的成绩为优异
```

2.4.3　逻辑运算符

逻辑运算符是对真和假两种布尔值进行运算（操作 bool 类型的变量、常量或表达式），逻辑运算的返回值也是 bool 类型值。

Python 中的逻辑运算符主要包括 and（逻辑与）、or（逻辑或）以及 not（逻辑非），它们的具体用法和功能见表 2-4。

表 2-4　Python 逻辑运算符及功能

逻辑运算符	含　义	基本格式	功　　能
and	逻辑与（简称"与"）	a and b	有 2 个操作数 a 和 b，只有它们都是 True 时，才返回 True，否则返回 False
or	逻辑或（简称"或"）	a or b	有 2 个操作数 a 和 b，只有它们都是 False 时，才返回 False，否则返回 True
not	逻辑非（简称"非"）	not a	只需要 1 个操作数 a，如果 a 的值为 True，则返回 False；反之，如果 a 的值为 False，则返回 True

2.4.4　赋值运算符

赋值运算符主要用来为变量（或常量）赋值，在使用时，既可以直接用基本赋值运算符"="将右侧的值赋给左侧的变量，也可以在进行某些运算后将右侧的值再赋给左侧的变量。

"="赋值运算符还可与其他运算符（算术运算符、位运算符等）结合，成为功能更强大的赋值运算符，见表 2-5。

表 2-5　Python 常用赋值运算符

运　算　符	说　　明	举　　例	展　开　形　式
=	最基本的赋值运算	x = y	x = y
+=	加赋值	x += y	x = x + y
− =	减赋值	x − = y	x = x − y
* =	乘赋值	x * = y	x = x * y
/ =	除赋值	x/ = y	x = x/y
% =	取余数赋值	x % = y	x = x % y
* * =	幂赋值	x * * = y	x = x * * y
// =	取整数赋值	x// = y	x = x//y
& =	按位与赋值	x & = y	x = x & y
| =	按位或赋值	x | = y	x = x | y
^=	按位异或赋值	x ^ = y	x = x ^ y
< < =	左移赋值	x < < = y	x = x < < y，这里的 y 指的是左移的位数
>> =	右移赋值	x >> = y	x = x >> y，这里的 y 指的是右移的位数

2.4.5　运算符的优先级

所谓运算符的优先级，是指在应用中哪一个运算符先计算，哪一个后计算。Python 中运算符的运算规则是：优先级高的运算先执行，优先级低的运算后执行，统一优先级的操作按从左到右的顺序进行。表 2-6 按从高到低的顺序列出了运算符的优先级。

表 2-6　运算符的优先级

运　算　符	描　　述
＊＊	指数（最高优先级）
～ ＋ －	按位翻转，一元加号和减号（最后两个的方法名为 ＋@ 和 －@）
＊ / % //	乘、除、取模和取整除
＋ －	加法减法
>> <<	右移、左移运算符
&	位 'AND'
^ |	位运算符
< = < > > =	比较运算符
< > == !=	等于运算符
= % = / = // = － = += ＊ = ＊＊ =	赋值运算符
is is not	身份运算符
in not in	成员运算符
not and or	逻辑运算符

2.5　基本输入和输出

基本输入和输出指从键盘上输入字符，然后在屏幕上显示。下面本节主要讲解两个基本的输入和输出函数。

2.5.1　使用 input() 函数输入

在 Python 中，使用内置函数 input() 可以接收用户的键盘输入。如下为 input() 函数的基本用法。

```
money = input('请输入你要兑换的人民币金额：')
```

其中，money 为一个变量（变量名可以根据需要来命名），用于保存输入的结果，引号内的文字用于提示要输入的内容。

通过 input() 函数输入的不论是数字还是字符，都被作为字符串读取。如果想要接收数值，需要对接收到的字符串进行类型转换。将输入的内容转换为整型，代码如下所示。

```
money = int(input('请输入你要兑换的人民币金额：'))
```

案例 5：判断体温是否异常

在 IDLE 中创建一个名为"体温 . py"的文件，然后在文件中定义一个变量，用于记录用户用键盘输入的温度，然后用 if 语句判断温度是否正常。代码如下。

```
temperature = float(input('请输入你测量的体温：'))
if temperature < =37:
    print('您的体温正常')
else:
    print('您的体温异常')
```

运行结果如下。

```
请输入你测量的体温:36.6
您的体温正常
```

2.5.2 使用 print() 函数输出

在 Python 中，使用内置函数 print() 可以将结果输出到 IDLE 或控制台上。如下为 print() 函数的基本用法。

```
print(输出内容)
```

输出的内容可以是数字和字符串，字符串需要使用引号括起来，此类内容将直接输出，也可以包含运算符的表达式，此类内容将输出计算结果，如下所示。

```
money = 60
rate = 3.5
print(10)
print(money* rate)
print('换算结果为:' + str(money* rate))
```

2.6 流程控制语句

Python 的流程控制语句分为条件语句和循环语句。条件语句是指 if 语句，循环语句是指 for 循环语句和 while 循环语句。本节将分别讲解这几种控制语句的使用方法。

2.6.1 if 条件语句

1. 简单的 if 语句

if 语句允许仅当某些条件成立时才运行某个区块的语句（即运行 if 语句中缩进部分的语句），否则，这个区块中的语句会被忽略，然后执行区块后的语句。

Python 在执行 if 语句时，会去检测 if 语句中的条件是真还是假。如果条件为真，则执行冒号下面缩进部分的语句；如果条件为假，则忽略缩进部分的语句，执行下一行未缩进的语句。

案例6：判断是否能坐过山车

如下所示为用于判断是否能坐过山车的简单 if 语句。

```
age = int(input('请输入您的年龄:'))
if age > =16:
    print('您可以坐过山车')
```

上述语句第一条语句的含义是：新建一个变量"age"，然后在屏幕上打印"请输入您的年龄:"等待用户输入，当用户输入后，将用户输入的内容转换为整型，赋给变量"age"。语句中"age"为新定义的变量；int() 函数用来将字符串或数字定义为整数；input() 为输入函数，将用户输入的内容赋给变量"age"。

第二和第三条语句为 if 语句。它包括 if、冒号（:）及下面的缩进部分的语句。其中 if 与冒号之间的部分为条件（即 age > = 16 为条件）。程序执行时，Python 会判断条件为真还是假；如果条件为真（即条件成立），则接着执行下面缩进部分的语句；如果条件为假（即不成立），则忽略缩进部分的语句。

用键盘输入 18 时，上述代码运行结果如下。

```
请输入您的年龄:18
您可以坐过山车
```

上述 if 语句是如何执行的呢？

1）首先在屏幕上打印"请输入您的年龄:"，然后等待。

2）当用户输入"18"后，将"18"转换为整型，然后赋给变量"age"，这时变量的值为 18。

3）接着执行 if 语句，先检测"age > = 16"是真是假。由于 18 > 16，因此条件为真。Python 开始执行下一行缩进部分的语句，打印输出"您可以坐过山车"，结束程序。

如果用户输入的是"15"，由于条件语句的条件不成立，因此直接忽略 if 语句中缩进部分的语句，执行下面未缩进部分的语句。

2. if-else 语句

有时需要让程序这样执行：如果一个条件为真，做一件事；如果条件为假，做另一件事情。对于这样的情况，可以使用 if-else 语句。if-else 语句与前面讲的 if 语句类似，但其中的 else 语句能够指定条件为假时，要执行的语句。即如果 if 语句条件判断是真，就执行下一行缩进部分的语句，同时忽略后面的 else 部分语句；如果 if 语句条件判断是假，则忽略下一行缩进部分的语句，去执行 else 语句及 else 下一行缩进部分的语句。

案例 7：判断是否能坐过山车（改进版）

如下所示为用 if-else 语句判断是否能坐过山车。

```
01  age = int(input('请输入您的年龄:'))
02  if age > =16:
03          print('您可以坐过山车')
04  else:
05          print('您太小了,还不能坐过山车')
```

上述代码中第 01 行代码的作用是新建一个变量"age"，并将用户输入的值赋给变量"age"。

第 02 ~ 05 行代码的作用是创建 if-else 语句。程序执行时，Python 会判断 if 语句中的条件（即 age > = 16）为真还是假；如果条件为真（即条件成立），则接着执行下一行缩进部分的语句，并忽略 else 语句及 else 下面的缩进部分语句；如果条件为假（即不成立），则忽略下一行缩进部分的语句，执行 else 语句及 else 下一行缩进部分的语句。

用键盘输入"15"时，上述代码运行结果如下。

```
请输入您的年龄:15
您太小了,还不能坐过山车
```

用键盘输入"19"时，上述代码运行结果如下。

请输入您的年龄:19
您能坐过山车

上述 if-else 程序是如何执行的呢?

1)首先在屏幕上打印"请输入您的年龄:",然后等待。

2)当用户输入"15"后,将"15"转换为整型,然后赋给变量"age",这时变量的值为15。

3)接着执行 if 语句,先检测"age > =16"是真是假。由于15 < 16,因此条件为假。Python 忽略下一行缩进部分的语句,然后执行 else 语句。

4)接着执行 else 语句下一行缩进部分的语句,打印输出"您太小了,还不能坐过山车",结束程序。

5)再次运行程序,在屏幕上打印"请输入您的年龄:",然后等待。

6)当用户输入"19"后,将"19"转换为整型,然后赋给变量"age",这时变量的值为19。

7)接着执行 if 语句,先检测"age > =16"是真是假。由于19 > 16,因此条件为真。Python 开始执行下一行缩进部分的语句,打印输出"您可以坐过山车"。

8)忽略 else 语句及 else 下面缩进部分的语句,结束程序。

3. if-elif-else 语句

在编写程序时,如果需要检查超过两个条件的情况,可以使用 if-elif-else 语句。在使用 if-elif-else 语句时,会先判断 if 语句中条件的真假;如果条件为真就执行 if 语句下一行缩进部分的语句;如果条件为假,则忽略 if 语句下一行缩进部分的语句,去执行 elif 语句。接着会判断 elif 语句中的条件真假,如果条件为真,就执行 elif 语句下一行缩进部分的语句;如果条件为假,则忽略 elif 语句下一行缩进部分的语句,去执行 else 语句及下一行缩进部分的语句。

案例8:哪些人能走老年通道

如下所示为用 if-elif-else 语句判断是否能走老年通道。

```
01  age = int(input('请输入您的年龄:'))
02  if age > =60:
03      print('请您走老年人通道')
04  elif 60 > age > =18:
05      print('请您走成人通道')
06  elif 18 > age > =7:
07      print('请您走青少年通道')
08  else:
09      print('您太小了,请和家长一起进入')
```

上述代码中第01行代码的作用是新建一个变量"age",并将用户输入的值赋给变量"age"。

第02 ~ 05行代码的作用是创建 if-elif-else 语句。程序执行时,Python 会按照先后顺序进行判断,若当前条件(if 的条件或者是 elif 的条件)为真时,执行对应缩进部分的代码,并且后面还未执行的条件判断都跳过,不再执行。若当前条件为假,则跳到下一个条件进行判断。

用键盘输入"61"时,上述代码运行结果如下。

```
请输入您的年龄:61
请您走老年人通道
```

用键盘输入"12"时，上述代码运行结果如下。

```
请输入您的年龄:12
请您走青少年通道
```

上述 if-elif-else 程序是如何执行的呢？

1）首先在屏幕上打印"请输入您的年龄:"，然后等待。

2）当用户输入"61"后，将"61"转换为整型，然后赋给变量"age"，这时变量的值为 61。

3）接着执行 if 语句，先检测"age > = 60"是真是假。由于 61 > 60，因此条件为真。Python 开始执行下一行缩进部分的语句，打印输出"请您走老年人通道"。

4）忽略所有 elif 语句及 else 语句，结束程序。

5）再次运行程序，在屏幕上打印"请输入您的年龄:"，然后等待。

6）当用户输入"12"后，将"12"转换为整型，然后赋给变量"age"，这时变量的值为 12。

7）接着执行 if 语句，先检测"age > = 60"是真是假。由于 12 < 60，因此条件为假。Python 忽略下一行缩进部分的语句，然后执行第一个 elif 语句。

8）接着检测"60 > age > = 18"是真是假。由于 12 < 18，因此条件为假。Python 忽略下一行缩进部分的语句，然后执行第二个 elif 语句。

9）接着检测"18 > age > = 7"是真是假。由于 18 > 12 > 7，因此条件为真。Python 开始执行下一行缩进部分的语句，打印输出"请您走青少年通道"，并忽略 else 语句，结束程序。

 注意：

if-elif-else 语句中只要有一个 if 语句的条件成立，就会跳过检测其他的 elif 语句。因此只适合只有一个选项的情况。

4. if 语句的嵌套

前面介绍了 3 种形式的 if 条件语句，这 3 种形式的条件语句之间都可以相互嵌套。在最简单的 if 语句中嵌套 if-else 语句，形式如下。

```
if 表达式1：
    if 表达式2：
      语句块1
    else：
      语句块2
```

在 if-else 语句中嵌套 if-else 语句，形式如下。

```
if 表达式1：
    if 表达式2：
      语句块1
    else：
      语句块2
```

```
      else:
if 表达式 3:
        语句块 3
    else:
        语句块 4
```

2.6.2　for 循环

1. for 循环

for 循环简单来说是使用一个变量来遍历列表中的每一个元素，就好比让一个小朋友依次走过列表中的元素一样。

for 循环可以遍历任何序列的项目，如一个列表或者一个字符串。它常用于遍历字符串、列表、元组、字典、集合等序列类型，逐个获取序列中的各个元素，并存储在变量中。

在使用 for 循环遍历列表和元组时，列表或元组有几个元素，for 循环的循环体就执行几次，针对每个元素执行一次，迭代变量会依次被赋值为元素的值。

for 循环中包括 for in 和冒号（:），其用法如下所示。

```
names = ['小明','小白','小丽','小花']
for name in names:
    print(name)
```

上述代码中，names 为一个列表（列表的相关知识参考下一节内容），第二、三行代码为一个 for 循环语句，name 为一个新建的变量，开始循环时，从列表 names 中取出一个元素，并存储在变量 name 中，然后 print 语句将元素打印出来。接着第二次循环，再从列表 names 中取出第二个元素，存储在变量 name 中，并打印出来；这样一直重复执行，直列表中的元素全部被到打印。

代码运行结果如下所示。

```
小明
小白
小丽
小花
```

 注意：

代码中的冒号（:）不能丢。另外，"print（name）"语句必须缩进 4 个字节才会进行参数循环。如果忘记缩进，在运行程序时，将会出错，Python 将会提醒进行缩进。

2. for 循环的好搭档——range() 函数

range() 函数是 Python 内置的函数，用于生成一系列连续的整数，多与 for 循环配合使用。如下所示为 range() 函数的用法。

```
for N in range(1,6):
    print(N)
```

上述代码中，range（1，6）函数参数中的第一个数字 1 为起始数，第二个数字为结束数（不包括此数），因此就生成了从 1 到 5 的数字。

代码运行结果如下。

```
1
2
3
4
5
```

如下所示为修改 range( ) 函数参数后的程序。

```
for N in range(1,6,2):
    print(N)
```

上述代码中，range (1，6，2) 函数参数中的第一个数字 1 为起始数，第二个数字为结束数 (不包括此数)，第三个数为步长，即两个数之间的间隔。因此就生成了 1，3，5 的奇数。

代码运行结果如下。

```
1
3
5
```

如下所示为 range( ) 函数只有一个参数的程序。

```
for N in range(10):
    print(N)
```

上述代码中，range (10) 函数参数中，如果只有一个数，表示指定的是结束数，第一个数默认从 0 开始，因此就生成了 0 到 9 数。

3. 遍历字符串

使用 for 循环除了可以循环数值、列表外，还可以逐个遍历字符串，如下所示为 for 循环遍历字符串。

```
string = '归于平淡'
for x in sting:
    print(x)
```

上述代码运行后结果如下所示。

```
归
于
平
淡
```

案例 9：用 for 循环画螺旋线

在 IDLE 中创建一个名为 "螺旋线 . py" 的文件，然后在文件中导入 turtle 模块，接着用 for 遍历 range 生成的整数列表，在每次循环时，让画笔画线段并旋转画笔，即可实现画螺旋线。代码如下。

```
import turtle                          #导入 turtle 模块
t = turtle. Pen()
```

```
angle = 72
for x in range(100):
    t. forward(x)                          #画线条
    t. right(angle)                        #画笔旋转
```

运行结果如图 2-1 所示。

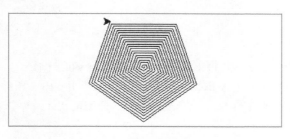

图 2-1　螺旋线

2. 6. 3　while 循环

for 循环主要针对集合中的每个元素（即遍历），while 循环则是只要指定的条件满足，就不断地循环，直到指定的条件不满足为止。

while 循环中包括 while、条件表达式和冒号（:）。条件表达式是循环执行的条件，每次循环执行前，都要执行条件表达式，对条件进行判断。如果条件成立（即条件为真时）就执行循环体（循环体为冒号后面缩进的语句），否则退出循环；如果条件表达式在循环开始时就不成立（即条件为假），则不执行循环语句，直接退出循环。

while 循环的用法如下所示。

```
n = 1
while n < 10:
    print(n)
    n = n + 1
print('结束')
```

第 01 行代码中的 n 为新建的变量，并将 1 赋给 n。第 02 ~ 04 行代码为 while 循环语句，语句中 "while" 与 ":" 之间的部分为循环中的条件表达式（即这里的 "n < 10" 为条件表达式）。当程序执行时，Python 会不断地判断 while 循环中的条件表达式是否成立（即是否为真）。如果条件表达式成立，就会执行下面缩进部分的代码（即打印 n，然后将 n 加 1）。之后再重复以上执行 while 循环，重新判断条件表达式是否成立。就这样一直循环，直到条件表达式不成立时，停止循环，开始执行 while 循环下面的代码 "print（'结束'）" 代码。

 注意：

While 及下面缩进部分语句都为 while 循环的组成部分。注意，冒号不能丢掉。

代码运行结果如下。

```
1
2
3
```

```
4
5
6
7
8
9
结束
```

上面的程序是如何执行的呢？

首先 Python 新建一个变量 n，并将 1 赋给 n，接着执行 while 循环。

第 1 次循环：先判断条件表达式 n < 10 是否成立。由于 1 < 10，条件表达式成立，因此执行冒号下面缩进部分的代码，即先执行 print（n）语句，打印输出 1，再执行 n = n + 1（即 n = 1 + 1），这时 n 的值就变成了 2。

第 2 次循环：接下来重复执行 while 循环，判断条件表达式 n < 10 是否成立。由于 2 < 10，条件表达式成立，接着执行循环体中缩进部分的代码：先执行 print（n）语句，打印输出 2，再执行 n = n + 1（即 n = 2 + 1），这时 n 的值就变成了 3。

第 10 次循环：就这样一直循环，直到第 10 次循环时，n 的值为 10，条件表达式变成了 10 < 10，条件表达式不成立。这时 Python 停止执行循环部分的代码，开始执行下面的代码，即执行"print（'结束'）"代码，打印输出"结束"，程序运行结束。

提示：如果 while 循环中的条件表达式是"True"（第一个字母必须大写），那么 while 循环将会一直循环。

案例 10：输入登录密码

在 IDLE 中创建一个名为"输密码.py"的文件，然后在文件中定义两个变量，并赋值 0 和 True，然后用 while 循环让用户循环输入密码，指定输入正确的密码结束输入，代码如下。

```
number = 0                              #计数变量
none = True                             #将变量赋值为是
while none:                             #while 循环
    password = int(input('请输入密码:'))   #让用户输入密码
    number += 1                         #计数加 1
    if password == 266668:             #判断输入的密码是否正确
        none = False                    #将变量的值赋值为否
    else:
        print('密码错误,请重新输入')       #输出提示
```

运行结果如下。

```
请输入密码:123456
密码错误,请重新输入
请输入密码:266668
```

2.6.4 break 语句

如果想从 while 循环或 for 循环中立即退出，不再运行循环中余下的代码，也不管条件表达式

是否成立，可以使用 break 语句。break 语句用于控制程序的流程，可使用它来控制哪些代码将执行，哪些代码不执行，从而让 Python 执行想要的代码。

break 语句的用法如下所示。

```
n = 1
while n < 10:
    if n > 5:
        break
    print(n)
    n = n + 1
print('结束')
```

代码中 while 及下面缩进部分语句都为 while 循环语句。while 循环中嵌套了 if 条件语句。这两句为 if 条件语句来检测 n 是否大于 5，如果 n 大于 5 就执行 break 语句，退出循环。

代码运行结果如下。

```
1
2
3
4
5
结束
```

上面程序是如何执行的呢？首先 Python 新建一个变量 n，并将 1 赋给 n，接着执行 while 循环。

第 1 次循环：先判断条件表达式 n < 10 是否成立。由于 1 < 10，条件表达式成立，因此执行冒号下面缩进部分的代码，先执行"if n > 5"语句，判断 n > 5 是真还是假，由于"1 > 5"不成立，因此 if 条件测试的值为假，Python 程序会忽略 if 语句中缩进部分的语句（即忽略 break 语句）。接着执行 print（n）语句，打印输出 1，再执行 n = n + 1（即 n = 1 + 1），这时 n 的值就变成了 2。

第 2 次循环：接下来重复执行 while 循环，判断条件表达式 n < 10 是否成立。由于 2 < 10，条件表达式成立，接着执行循环体中缩进部分的代码，先执行"if n > 5"语句，由于"2 > 5"不成立，因此 if 条件测试的值为假，Python 程序会忽略 break 语句。接着执行 print（n）语句，打印输出 2，再执行 n = n + 1（即 n = 2 + 1），这时 n 的值就变成了 3。

第 6 次循环：就这样一直循环，直到第 6 次循环时，n 的值为 6，while 循环中的条件表达式变成了 6 < 10，条件表达式成立。接着执行循环体中"if n > 5"语句，由于"6 > 5"成立，因此 if 条件测试的值为真，之后 Python 程序执行 break 语句，退出 while 循环。执行下面的代码，即执行"print（'结束'）"代码，打印输出"结束"。程序运行结束。

 注意：

在任何 Python 循环中都可以使用 break 语句来退出循环。

案例 11：输入登录密码（break 版）

在 IDLE 中创建一个名为"输密码.py"的文件，然后在文件中定义两个变量，并赋值 0 和

True，然后用 while 循环让用户循环输入密码，指定输入正确的密码结束输入，代码如下。

```
number = 0                                    #计数变量
none = True                                   #将变量赋值为是
while none:                                   #while 循环
    password = int(input('请输入密码:'))        #让用户输入密码
    number += 1                               #计数加 1
    if password == 266668:                    #判断输入的密码是否正确
        break                                 #中止循环
    else:
        print('密码错误,请重新输入')             #输出提示
```

运行结果如下。

```
请输入密码:123456
密码错误,请重新输入
请输入密码:266668
```

2.6.5　continue 语句

在循环过程中，也可以通过 continue 语句跳过当前的这次循环，直接开始下一次循环。即 continue 语句可以返回到循环开头，重新执行循环，进行条件测试。

continue 语句的使用方法如下所示。

```
n = 1
while n < 10:
    n = n + 1
    if n % 2 == 0:
        continue
print(n)
```

代码中 while 及下面缩进部分语句都为 while 循环语句。循环中嵌套了 if 条件语句。这两句为 if 条件语句，来检测 n 除以 2 的余数是否等于 0（即判断是否为偶数）如果求余的结果等于 0，就执行 continue 语句，跳到 while 循环开头，开始下一次循环。

代码运行结果如下。

```
1
3
5
7
9
```

上面程序是如何执行的呢？首先 Python 新建一个变量 n，并将 0 赋给 n，接着执行 while 循环。

第 1 次循环：先判断条件表达式 n < 10 是否成立。由于 0 < 10，条件表达式成立，因此执行冒号下面缩进部分的代码，先执行 "n = n + 1" 语句，n 就变成了 1；接着执行 "if n % 2 == 0" 语句，判断 n 除以 2 的余数是否等于 0（即判断 n 是否是偶数）。由于这时 n 的值变成了 1，而 1 除以 2 的余数为 1，if 条件测试的值为假，Python 程序会忽略 if 语句中缩进部分的语句（即忽略

continue 语句）。接着执行 print（n）语句，打印输出 1。

　　第 2 次循环：接下来重复执行 while 循环，判断条件表达式 n < 10 是否成立。由于 1 < 10，条件表达式成立，接着执行循环体中缩进部分的代码，先执行 "n = n + 1" 语句，n 的值为 1 + 1 = 2；接着执行 "if n%2 = = 0" 语句，判断 n 除以 2 的余数是否等于 0。由于 2 除以 2 的余数为 0，if 条件测试的值为真，Python 程序执行 continue 语句，返回到 while 循环开头，重新开始循环。

　　第 3 次循环：判断条件表达式 n < 10 是否成立。由于 2 < 10，条件表达式成立，因此执行冒号下面缩进部分的代码，先执行 "n = n + 1" 语句，n 的值为 2 + 1 = 3；接着执行 "if n%2 = = 0" 语句，判断 n 除以 2 的余数是否等于 0。由于 3 除以 2 的余数为 1，if 条件测试的值为假，Python 程序会忽略 if 语句中缩进部分的语句（即忽略 continue 语句）。接着执行 print（n）语句，打印输出 3。

　　第 11 次循环：就这样一直循环，直到第 11 次循环时，n 的值为 10，条件表达式变成了 10 < 10，条件表达式不成立了。这时 Python 停止执行循环部分的代码，程序运行结束。

案例 12：10086 查询系统

　　在 IDLE 中创建一个名为 "10086 查询 . py" 的文件，然后在文件中定义 none 变量，并赋值 True，然后用 while 循环实现无限循环，让用户输入要查询的代码，之后判断用户输入的代码，并输出相应的值，代码如下。

```
'''----------------10086 查询功能--------------------
查询余额请输入 1,并按〈Enter〉键
查询套餐请输入 2,并按〈Enter〉键 '''
none = True
while none:                                    #while 循环
    number = int (input('请输入要查询的项的代码:'))   #输入查询代码
    if number == 1:                            #判断是否输入 1
        print('当前余额为:88 元')
    elif number == 2:                          #判断是否输入 2
        print('当前套餐剩余流量 1GB')
    else:
        continue                               #跳过当次循环进入下一次循环
```

　　运行结果如下。

```
请输入要查询的项的代码:1
当前余额为:88 元
请输入要查询的项的代码:2
当前套餐剩余流量 1GB
请输入要查询的项的代码:5
请输入要查询的项的代码:
```

2.7　列表

　　列表（List）是 Python 中使用最频繁的数据类型。它由一系列按特定顺序排列的元素组成。

它的元素可以是字符、数字、字符串，还可以包含列表（即嵌套）。在 Python 中，用方括号（[]）来表示列表，并用逗号（,）来分隔其中的元素。

2.7.1 列表的创建和删除

1. 使用赋值运算符直接创建列表

同 Python 的变量一样，创建列表时，可以使用赋值运算符"="直接将一个列表赋值给变量，如下所示。

```
classmates = ['Michael', 'Bob', 'Tracy']
```

代码中，classmates 就是一个列表。列表的名称通常用各自复数的名称。另外，Python 对列表中的元素和个数没有限制，如下所示也是一个合法的列表。

```
untitle = ['Michael',26,'列表元素',['Bob', 'Tracy']]
```

另外，一个列表的元素还可以包含另一个列表，如下所示。

```
classmates1 = ['小明', '小花', '小白']
classmates = ['Michael','Bob',classmates1,'Tracy']
```

2. 创建空列表

在 Python 中，也可以创建空列表，如下所示的 students 即为一个空列表。

```
students = []
```

3. 创建数值列表

在 Python 中，数值列表很常用。可以使用 list()函数直接将 range()函数循环出来的结果转换为列表，如下所示。

```
list(range(8))
```

上面代码运行后的结果如下。

```
[0,1,2,3,4,5,6,7]
```

4. 删除列表

对于已经创建的列表，可以使用 del 语句将其删除，如下所示删除之前创建的 classmates 列表。

```
del classmates
```

2.7.2 访问列表元素

1. 通过指定索引访问元素

列表中的元素是从 0 开始索引的，即第 1 个元素的索引为 0，第 2 个元素的索引为 1。如下所示为访问列表的第一个元素。

```
classmates = ['Michael', 'Bob', 'Tracy']
print(classmates[0])
```

上述代码中 classmates［0］表示第 1 个元素，如果要访问列表第 2 个元素，应该将程序第 2 句修改为"print（classmates［1］）"。注意列表的索引从 0 开始，所以第 2 个元素的索引就是 1，而不是 2。如果要访问列表最后一个元素，可以使用特殊语法"print（classmates［-1］）"来实现。上述代码的输出结果如下。

```
Michael
```

可以看到输出了列表的第 1 个元素，并且不包括方括号和引号。这就是访问列表元素的方法。

2. 通过指定两个索引访问元素

如下所示为指定两个索引作为边界来访问元素。

```
letters =['A', 'B', 'C', 'D', 'E', 'F']
print(letters[0:3 ])
```

［0：3］说明指定了第 1 个索引为列表的第 1 个元素；第 2 个索引为列表的第 4 个元素，但第 2 个索引不包含在切片内，所以输出了列表的第 1~3 个元素。

3. 只指定第 1 个索引来访问元素

如下所示只指定第一个索引作为边界来访问元素。

```
letters =['A', 'B', 'C', 'D', 'E', 'F']
print(letters[2: ])
```

［2：］说明指定了第 1 个索引为列表的第 3 个元素；没有指定第 2 个索引，那么 Python 会一直提取到列表末尾的元素，所以输出了列表的第 3~6 个元素。

4. 只指定第 2 个索引来访问元素

如下所示只指定第 2 个索引作为边界来访问元素。

```
letters =['A', 'B', 'C', 'D', 'E', 'F']
print(letters[:4 ])
```

［：4］说明没有指定第 1 个索引，那么 Python 会从头开始提取；第 2 个索引是列表的第 5 个元素（不包含在切片内），所以输出了列表的第 1~4 个元素。

5. 指定列表倒数元素索引来访问元素

如下所示只指定列表倒数元素的索引作为边界来访问元素。

```
letters =['A', 'B', 'C', 'D', 'E', 'F']
print(letters[-3: ])
```

［-3：］说明指定了第 1 个索引是列表的倒数第 3 个元素；没有指定第 2 个索引，那么 Python 会一直提取到列表末尾的元素，所以输出了列表的最后三个元素。

案例 13：画五彩圆环

在 IDLE 中创建一个名为"圆环.py"的文件，然后在文件中导入 turtle 模块，创建一个颜色的列表，之后遍历 range() 生成的一个整数序列，然后每次循环时分别设定画笔颜色、圆的半径和画笔旋转角度，即可画出很多圆环，代码如下。

```
import turtle                                    #导入 turtle 模块
t = turtle. Pen()                               #设置 t 为画笔
colors = ['red','yellow','blue','green']        #创建颜色列表
for x in range(100):
    t.pencolor(colors[x%4])                     #设置画笔颜色
    t.circle(x)                                 #设置圆环半径
    t.right(90)                                 #画笔旋转
```

代码中"colors [x%4]"的意思是从 colors 列表中取一个元素（比如 red）作为参数。x%4中的%是求余数的符号，x%4 的意思是用 x 除以 4 得到的余数。如果 x 的值为 5，则求得的余数为 1。然后执行 colors [1]，从列表 colors 中取第 2 个元素"yellow"作为画笔颜色的参数。

运行结果如图 2-2 所示。

图 2-2　五彩圆环

2.7.3　添加、修改和删除列表元素

1. 添加列表元素

向列表中添加元素可以使用 append() 函数来实现，如下所示。

```
classmates = ['Michael', 'Bob', 'Tracy']
classmates.append('Mack')
print(classmates)
```

输出结果如下所示。

```
['Michael', 'Bob', 'Tracy', 'Mack']
```

从输出结果可以看出，使用 append() 可以将元素"Mack"添加到列表的末尾。

还可以使用 insert() 函数向列表中插入元素，如下所示。

```
classmates = ['Michael', 'Bob', 'Tracy']
classmates.insert(1, 'Mack')
print(classmates)
```

上述代码中"insert()"函数参数中的 1 表示插到列表的第 2 个元素，"'Mack'"表示要插入的元素。

另外，还可以使用 extend() 函数将一个列表添加到另一个列表中，如下所示。

```
classmates = ['Michael', 'Bob', 'Tracy']
classmates2 = [1,2,3,4]
classmates.extend(classmates2)
```

2. 修改元素

要修改列表中的元素，只需通过索引获得该元素，然后再为其重新赋值即可。如下所示为将列表中的第 2 个元素修改为 "Mack"。

```
classmates = ['Michael', 'Bob', 'Tracy']
classmates[1] = 'Mack'
```

3. 删除元素

删除元素主要有两种方法：一种根据索引删除元素，另一种是根据元素值进行删除。如下所示为根据索引删除列表元素。

```
cities = ['北京', '上海', '广州']
del cities[2]
```

上述代码通过 del 来删除列表元素，另外，还可以通过 pop() 函数来删除列表元素，如下所示。

```
classmates = ['Michael', 'Bob', 'Tracy']
classmates.pop(1)
```

如下所示为根据元素值删除列表元素。

```
cities = ['北京', '上海', '广州']
cities.remove['上海']
```

2.7.4 对列表进行统计和计算

Python 的列表提供了一些内置的函数来实现统计、计算功能。

1. 获取列表的长度

如下所示为通过 len() 函数来获得列表的长度（即列表中元素的个数）。

```
>>> classmates = ['Michael', 'Bob', 'Tracy']
>>> len(classmates)
3
```

len() 函数应用很广泛，比如统计网站注册用户数等。

2. 获取指定元素出现的次数

使用列表对象的 count() 函数可以获取指定元素在列表中出现的次数，如下所示。

```
>>> classmates = ['Michael', 'Bob', 'Tracy', 'Michael']
>>> classmates.count('Michael')
2
```

3. 获取指定元素首次出现的位置

使用列表对象的 index() 函数可以获取指定元素在列表中首次出现的位置（即索引）。如下所示。

```
>>> classmates = ['Michael', 'Bob', 'Tracy', 'Michael']
>>> classmates.index('Michael')
0
```

4. 统计数值列表的元素和

使用列表对象的 sum() 函数可以统计数值列表各元素的和，如下所示。

```
>>> scores = [12, 23, 33, 45]
>>> s = sum(scores)
```

2.7.5 列表的复制

要复制一个列表，可以创建一个包含整个列表的切片，方法是同时省略起始索引和终止索引，即 [:]，如下所示。

```
letters = ['A','B','C','D','E','F']
b = letters[:]
print(b)
```

上述代码中从列表 letters 中提取了一个切片，创建了一个列表的副本，再将该副本存储到变量 b 中。

注意，这里是创建了一个列表的副本，而不是将 letters 赋给 b（b = letters 是赋给）。它们是有区别的，如下所示为复制列表。

```
复制列表 letters 并存储到 b 变量中  ——→   letters = ['A','B','C','D','E','F']
                                        b = letters[:]
在列表 letters 末尾添加元素 G  ——→   letters.append('G')
       打印输出列表 letters  ——→   print(letters)
       打印输出变量 b  ——→   print(b)
```

上述代码运行的结果如下。

```
                                        ======
输出的列表 letters，多了 G  ——→   ['A','B','C','D','E','F','G']
   输出的变量 b  ——→   ['A','B','C','D','E','F']
                                        >>>
```

如下所示为将 letters 赋给 b 的情况。

```
                                        letters = ['A','B','C','D','E','F']
将列表 letters 赋给变量 b  ——→   b = letters
在列表 letters 末尾添加元素 G  ——→   letters.append('G')
       打印输出列表 letters  ——→   print(letters)
       打印输出变量 b  ——→   print(b)
```

上述代码运行的结果如下。

```
                                        ======
输出的列表 letters，多了 G  ——→   ['A','B','C','D','E','F','G']
输出的变量 b 与列表一模一样  ——→   ['A','B','C','D','E','F','G']
                                        >>>
```

2.7.6 遍历列表

遍历列表中的所有元素是一种常用操作，在遍历的过程中可以完成查询、处理等功能。

1. 使用 for 循环输出列表元素

可以使用 for 循环来遍历列表，依次输出列表的每个元素。如下所示为遍历列表。

```
classmates = ['Michael','Bob','Tracy','Michael']
for i in classmates:
    print(i)
```

上述代码运行后的结果如下所示。

```
Michael
Bob
Tracy
Michael
```

每循环一次输出一个列表中的元素。

2. 输出列表元素的索引值和元素

可以使用 for 循环和 enumerate()遍历列表，实现同时输出索引值和元素内容，如下所示为遍历 classmates 列表。

```
classmates = ['Michael', 'Bob', 'Tracy', 'Michael']
for index,x in enumerate(classmates):
    print(index,x)
```

上述代码运行后的结果如下所示。

```
0 Michael
1 Bob
2 Tracy
3 Michael
```

案例14：分离红球和蓝球

在 IDLE 中创建一个名为"分球.py"的文件，然后在文件中创建一个红球和蓝球的列表，再定义两个空列表，接着遍历红蓝球的列表，判断遍历时每个元素是否为红球，如果是则加入红球的列表，如果是蓝球则加入蓝球的列表，最后分别输出存放红球和蓝球的列表，代码如下。

```
ball = ['红球','蓝球','红球','蓝球','红球','蓝球','红球','红球','红球','蓝球']      #新建列表
red_ball = []                                           #新建空列表
blue_ball = []                                          #新建空列表
for i in ball:                                          #遍历 ball 列表
    if i == '红球':                                      #判断 i 中的元素是否为红球
        red_ball.append(i)                             #将 i 加入 red_ball 列表
```

```
    elif i =='蓝球':                      #判断 i 中的元素是否为蓝球
        blue_ball.append(i)              #将 i 加入 blue_ball 列表
print(red_ball)                          #输出 red_ball 列表
print(blue_ball)                         #输出 blue_ball 列表
```

运行结果如下。

```
['红球', '红球', '红球', '红球', '红球', '红球']
['蓝球', '蓝球', '蓝球', '蓝球']
```

2.8 元组

元组（tuple）是 Python 中另一个重要的序列结构，它与列表相似，也是由一系列元素组成，但它是不可变序列。因此元组元素不能修改（也称为不可变的列表）。元组所有元素都放在一对小括号"()"中，两个元素间使用逗号（,）分隔。通常情况下，元组用于保存程序中不可修改的内容。

2.8.1 元组的创建和删除

1. 使用赋值运算符直接创建元组

同 Python 的变量一样，创建元组时，可以使用赋值运算符"="直接将一个元组赋值给变量，如下所示。

```
tup = ('Michael', 'Bob', 'Tracy')
```

代码中，tup 就是一个元组。另外，Python 对元组中的元素和个数没有限制，如下所示也是一个合法的元组。

```
untitle = ('Michael',26,'列表元素',('Bob', 'Tracy'))
```

另外，一个元组的元素还可以包含另一个元组，如下所示。

```
verse1 = ['小明', '小花', '小白']
verse2 = ['Michael','Bob',verse1,'Tracy']
```

2. 创建空元组

在 Python 中，也可以创建空的元组，如下所示 empty 为一个空元组。

```
empty = ()
```

3. 创建数值元组

在 Python 中，数值元组很常用。可以使用 tuple() 函数直接将 range() 函数循环出来的结果转换为元组，如下所示。

```
tuple(range(2,14,2))
```

上面代码运行后的结果如下。

```
[2,4,6,8,10,12]
```

4. 删除元组

对于已经创建的元组，可以使用 del 语句将其删除，如下所示为删除之前创建的 tup 元组。

```
del tup
```

2.8.2 访问元组元素

1. 通过指定索引访问元组元素

与列表一样，元组中的元素是从 0 开始索引的，即第一个元素的索引为 0。如下所示为访问元组的第 1 个元素。

```
tup = ('Michael', 'Bob', 'Tracy')
print(tup([1])
```

上述代码中 tup［1］表示第 2 个元素，如果要访问元组第 3 个元素，应该将程序第 2 句修改为 "print（tup［2］）"。如果要访问元组最后一个元素，可以使用一个特殊语法 "print（tup［-1］）" 来实现。上述代码的输出结果如下。

```
Bob
```

可以看到输出了元组的第 2 个元素，并且不包括方括号和引号。这就是访问元组元素的方法。

2. 通过指定两个索引访问元素

如下所示为指定两个索引作为边界来访问元素。

```
coffee = ('蓝山', '卡布奇诺', '摩卡', '拿铁', '哥伦比亚', '曼特宁')
print(coffee [0:3 ])
```

［0：3］说明指定了第 1 个索引为元组的第 1 个元素；第 2 个索引为元组的第 4 个元素，但第 2 个索引不包含在切片内，所以输出了元组的第 1~3 个元素。

3. 只指定第 1 个索引来访问元素

如下所示为只指定第 1 个索引作为边界来访问元素。

```
coffee = ('蓝山', '卡布奇诺', '摩卡', '拿铁', '哥伦比亚', '曼特宁')
print(coffee [2: ])
```

［2：］说明指定了第 1 个索引为元组的第 3 个元素；没有指定第 2 个索引，那么 Python 会一直提取到元组末尾的元素，所以输出了元组的第 3~6 个元素。

4. 只指定第 2 个索引来访问元素

如下所示为只指定第 2 个索引作为边界来访问元素。

```
coffee = ('蓝山', '卡布奇诺', '摩卡', '拿铁', '哥伦比亚', '曼特宁')
print(coffee [:4 ])
```

［：4］说明没有指定第 1 个索引，那么 Python 会从头开始提取；第 2 个索引是元组的第 5 个元素（不包含在切片内），所以输出了元组的第 1~4 个元素。

5. 指定元组倒数元素索引来访问元素

如下所示为只指定元组倒数元素的索引作为边界来访问元素。

```
coffee = ('蓝山', '卡布奇诺', '摩卡', '拿铁', '哥伦比亚', '曼特宁')
print(coffee[ -3:])
```

[-3:] 说明指定了第 1 个索引为元组的倒数第 3 个元素；没有指定第 2 个索引，那么 Python 会一直提取到元组末尾的元素，所以输出了元组的最后三个元素。

案例 15：考试名次查询系统

在 IDLE 中创建一个名为 "查考试排名 . py" 的文件，然后在文件中创建一个学生总排名的元组，接着让用户用输入学生姓名，再获取学生姓名在元组中对应的索引，然后输出索引 +1，即为学生名次，代码如下。

```
ranking = ('王小五', '小李', '小米', '张兰', '李四', '王五', '韩阳', '紫玉', '吉阳', '李牧')  #创建学生考试排名
元组
print('*********考试名次查询系统*********')
while True:                                              #while 无限循环
    name = input('请输入学生姓名:')                        #输入学生姓名
    r = ranking.index(name)                             #获取学生在元组中的索引
    print(name + '同学的考试名次为:第' + str(r +1) + '名')   #输出考试名次
```

代码中 "ranking. index（name）" 的意思是获得元素在元组中的索引。name 为用户输入的学生姓名。由于元组索引是从 0 开始的，即第 1 个元素索引为 0，因此排名应该是索引 +1。

运行结果如下。

```
*********考试名次查询系统*********
请输入学生姓名:李牧
李牧同学的考试名次为:第 10 名
请输入学生姓名:
```

2.8.3　修改元组元素

1. 通过重新赋值来修改元组元素

元组是不可变序列，所以不能对它的元素进行修改，但是元组可以进行重新赋值，可以通过重新赋值来修改元组，如下所示。

```
coffee = ('蓝山', '卡布奇诺', '摩卡', '拿铁', '哥伦比亚', '曼特宁')
coffee = ('卡布奇诺', '摩卡', '拿铁')
print(coffee)
```

上述代码的输出结果如下。

```
('卡布奇诺', '摩卡', '拿铁')
```

2. 通过元组连接组合修改元组元素

虽然元组的元素不可修改，但可以通过对元组进行连接组合来实现修改元组，如下所示。

```
coffee = ('摩卡', '拿铁', '哥伦比亚', '曼特宁')
coffee2 = coffee + ('蓝山', '卡布奇诺')
print(coffee2)
```

上述代码的输出结果如下。

```
('蓝山', '卡布奇诺', '摩卡', '拿铁', '哥伦比亚', '曼特宁')
```

注意，如果连接的元组只有一个元素，别忘了在元素后面加逗号。

2.9 字典

在 Python 中，字典是一系列键-值对。每个键都与一个值相关联，可以使用键来访问与之相关联的值。与键相关联的值可以是数字、字符串、列表和字典。总之，字典可以存储任何类型对象。如下所示为一个学生分数的字典。

```
fractions = {'张三': 520, '李明':480, '王红': 548, '赵四':600, '刘前进': 425}
```

在 Python 中，字典用放在花括号 {} 中的一系列键-值对表示。每个键-值对之间用逗号（,）分隔。

 注意：

在字典中键是唯一的，不允许同一个键出现两次。创建时如果同一个键被赋值两次，后一个值会被记住。键必须是不可变的，所以可以用数字、字符串或元组充当，但用列表就不行。

2.9.1 字典的创建

1. 创建空元组

在 Python 中，可以直接创建空的字典，如下所示的 dictionary 为一个空字典。

```
dictionary = {}
```

也可以通过 dict() 函数来创建一个空字典，如下所示。

```
dictionary1 = dict()
```

2. 通过映射函数创建字典

通过映射函数创建字典的方法如下。

```
dictionary2 = dict(zip(list1,list2))
```

zip() 函数用于将多个列表或元组对应位置的元素组合为元组，并返回包含这些内容的 zip 对象。其中，list1 用于指定要生成字典的键，list2 用于指定要生成字典的值。如果 list1 和 list2 长度不同，则与最短的列表长度相同。如下所示为通过映射函数创建的字典。

```
name = ['小张', '小李', '小米', '小王']
score = [98,87,82,78]
dictionary = dict(zip(name,score))
```

程序执行后的输出结果如下。

```
{'小张': 98, '小李': 87, '小米': 82, '小王': 78}
```

可以看到创建了一个字典。

3. 通过给定的关键字参数创建字典

通过给定的关键字参数创建字典的语法如下。

```
dictionary = dict( key1 = value1, key2 = value2,…, keyn = valuen,)
```

key1、key2、keyn 等表示参数名，必须是唯一的。value1、value2、valuen 等表示参数值，可以是任何数据类型。

2.9.2 通过键值访问字典

要获取字典中与键相关联的值，可依次指定字典名和放在方括号内的键，如下所示。

```
fractions = {'张三': 520,'李明':480, '王红': 548,'赵四':600,'刘前进': 425}
fractions['李明']
```

上述程序运行后，会直接输出 480。

案例 16：中考成绩查询系统

在 IDLE 中创建一个名为"中考成绩查询.py"的文件，在文件中创建一个学生姓名与成绩的字典，然后让用户输入学生姓名，再获取字典中学生姓名对应的值，然后输出即可，代码如下。

```
result = {'王小五':520,'小李':545,'小米':575,'张兰':495,'李四':513,
          '王五':580,'韩阳':475,'紫玉':596,'吉阳':535,'李牧':556}   #创建成绩字典
print('-----------中考成绩查询系统----------')
while True:                                              #无限循环
    name = input('请输入学生姓名:')                        #输入学生姓名
    r = result[name]                                    #访问字典的值
    print('您的中考成绩为:' + str(r) +'分')                 #输出分数
```

运行结果如下。

```
-----------中考成绩查询系统-----------
请输入学生姓名:吉阳
您的中考成绩为:535 分
请输入学生姓名:
```

2.9.3 添加、修改和删除字典

1. 向字典中添加键-值对

要在字典运行随时在其中添加键-值对，添加键-值的方法如下所示。

```
fractions = {'张三': 520,'李明':480, '王红': 548,'赵四':600,'刘前进': 425}
fractions['韩非子'] = 565
```

指定字典名、键（注意使用方括号）和相关联的值（注意使用"="）。
上述程序运行后的结果如下所示。

```
{'张三': 520,'李明':480,'王红': 548,'赵四':600,'刘前进': 425,'韩非子' = 565}
```

2. 修改字典中的值

要修改字典中的值，可以依次指定字典名、用方括号括起的键以及与该键相关联的值。如下所示。

```
fractions = {'张三': 520, '李明':480, '王红': 548, '赵四':600, '刘前进': 425}
fractions['张三'] =565
```

运行程序，输出结果。字典中的张三的分数被修改成了 565，如下所示。

```
{'张三': 565, '李明':480, '王红': 548, '赵四':600, '刘前进': 425}
```

3. 删除字典中的键-值对

对于字典中不需要的元素，可以使用 del 语句来删除，如下所示。

```
fractions = {'张三': 520, '李明':480, '王红': 548, '赵四':600, '刘前进': 425}
del fractions['张三']
```

运行程序，输出的结果。字典中的张三和 520 被删除，如下所示。

```
{'李明':480, '王红': 548, '赵四':600, '刘前进': 425}
```

4. 删除整个字典

可以使用 del 命令删除整个字典，如下所示。

```
fractions = {'张三': 520, '李明':480, '王红': 548, '赵四':600, '刘前进': 425}
del fractions
```

5. 通过 clear() 删除字典的元素

如果想删除字典中的元素，可以使用 clear() 函数实现，如下所示。

```
fractions = {'张三': 520, '李明':480, '王红': 548, '赵四':600, '刘前进': 425}
fractions.clear()
```

2.9.4 遍历字典

字典是以键-值对的形式存储数据的，所以需要通过这些键-值对进行获取。Python 提供了遍历字典的方法，通过遍历可以获取字典中的全部键-值对。

使用字典对象的 items() 函数可以获取字典键-值对的元组列表，具体语法如下。

```
fractions.items()
```

1. 分别获取键和值

要想获得具体的键-值对，可以通过 for 循环遍历该元组列表。如下所示为遍历 fractions 字典，输出键和值。

```
fractions = {'张三': 520', '李明':480, '王红': 548, '赵四':600, '刘前进':425}
for x,y in fractions.items():
    print(x)
    print(y)
```

遍历字典中所有的键-值对时，需要定义两个变量（此例中定义了 x 和 y），用于存储键和值。

并使用字典名和 items()。上述代码运行后输出的结果如下所示。

```
张三
520
李明
480
王红
548
赵四
600
刘前进
425
```

2. 只获取键

只遍历字典中的所有键时，需要定义一个变量，并使用字典名和 keys()，如下所示。

```
fractions = {'张三': 520 ', '李明':480, '王红': 548, '赵四':600, '刘前进':425}
for x in fractions. keys():
    print(x)
```

上述代码运行后输出的结果如下所示。

```
张三
李明
王红
赵四
刘前进
```

3. 只获取值

只遍历字典中的所有值时，需要定义一个变量，并使用字典名和 values()，如下所示。

```
fractions = {'张三': 520 ', '李明':480, '王红': 548, '赵四':600, '刘前进':425}
for y in fractions. values():
    print(y)
```

上述代码运行后输出的结果如下所示。

```
520
480
548
600
425
```

案例 17：打印客户名称和电话

在 IDLE 中创建一个名为"客户资料 . py"的文件，在文件中创建一个客户资料的字典，然后遍历字典，输出客户名称和电话，代码如下。

```
client = {'百度':'010-11111 ','腾讯':'010-22222 ','小米':'010-33333 ',
        '华为':'010-55555 ','蒙牛':'010-77777 '}        #创建客户资料的字典
for key,value in client. items():                       #遍历字典
    print(key,'公司的联系电话是:' + value)               #输出元素的键和值
```

运行结果如下。

```
百度 公司的联系电话是:010-11111
腾讯 公司的联系电话是:010-22222
小米 公司的联系电话是:010-33333
华为 公司的联系电话是:010-55555
蒙牛 公司的联系电话是:010-77777
```

2.10 函数

函数一词来源于数学,但编程中的"函数"概念与数学中的有很大不同,它是指将一组语句的集合通过一个名字(函数名)封装起来,要想执行这个函数,只需调用其函数名即可。

为什么要使用函数呢?因为函数可以简化程序、提高应用的模块性和代码的重复利用率。

2.10.1 创建一个函数

创建函数也叫定义函数。Python 程序提供了许多内建函数,比如 print()。不过 Python 也允许自己创建函数,并在程序中调用它。

定义函数使用 def 关键字,后面是函数名,然后是圆括号和冒号。冒号下面缩进部分为函数的内容,如下所示。注意函数名不能重复。

```
deftest():
    print('你好,我们在测试')
```

上面代码中定义了一个函数 test()。注意:定义函数时,不要忘了"()"和":"。第 2 行缩进部分的代码为函数的内容。

2.10.2 调用函数

调用函数也就是执行函数。如果把创建的函数理解为创建一个具有某种用途的工具,那么调用函数就相当于使用该工具。调用函数时,首先将创建的函数程序保存,然后运行此程序,之后就可以调用了。如下所示为调用之前创建的 test() 函数。

```
>>>test()
你好,我们在测试
```

运行函数的程序后,在 IDLE 直接输入"test()"即可调用此函数。输出"你好,我们在测试"。也可以直接在函数所在的程序中直接进行调用,如下所示。

```
def test():               #创建的函数
    print('你好,我们在测试')
test()                    #调用函数
```

2.10.3 实参和形参

如果在定义函数的时候,在括号中增加一个变量(如"name"),这样 Python 就会在用户调用函数的时候，要求用户给变量 name 指定一个值。如下所示定义函数时，括号中添加了一个变量 name。

```
def test(name):                    #定义函数
    print(name + ',你好,我们在测试')
test('燕子')                        #调用函数
```

调用函数时，需要给括号中的变量指定一个值。如果不指定，就会提示出错。

上面实例中的变量 name 实际上是函数 test() 的一个参数，称为形参。形参在整个函数体内都可以使用，离开该函数则不能使用。

调用函数时 "test（'燕子'）" 中的'燕子'也是一个参数，称为实参。实参是调用函数时传递给函数的信息。在调用函数时，将把实参的值传送给被调函数的形参。上述的程序中，Python 会将实参的值（即'燕子'）传递给形参 name。这时，name 的值变为'燕子'。因此执行 "print（name +',你好，我们在测试')" 语句就会打印输出 "燕子，你好，我们在测试"。

2.10.4 位置实参

函数在定义时，允许包含多个形参，同样在调用时，也允许包含多个实参，如下所示。

```
def calc(x,y):                     #定义函数
    print(y)
    print(x)
    print(x + y)
calc(4.6)                          #调用函数
```

上述代码中，定义了函数 calc()，它有两个参数 x 和 y，它们都是函数的形参。函数的内容是先打印输出 y，再打印输出 x，然后再打印输出 x + y。调用函数 calc() 时，需要按照形参的顺序提供实参。这里的第 1 个实参 "4" 会传递给 x，第 2 个实参 "6"，会传递给 y。

在有多个形参和实参的函数中，当用户调用函数时，Python 必须将函数调用中的每个实参都关联到函数定义中的一个形参。这时 Python 会按照参数的位置顺序来传递实参。

运行此程序的输出结果如下所示。当函数运行时，会将 4 传递给 x，将 6 传递给 y。从打印输出结果来看也是这样的，分别打印输出了 6、4 和 10。

```
6
4
10
```

提示：实参可以是常量、变量、表达式、函数等，无论实参是何种类型，在进行函数调用时，它们都必须具有确定的值，以便把这些值传送给形参。

2.10.5 函数返回值

返回值，顾名思义，就是指函数执行完毕后返回的值。为什么要有返回值呢？因为在这个函数操作完之后，它的结果在后面的程序里面需要用到。返回值让用户能够将程序的大部分繁重工作移到函数中去完成，从而简化程序。

在函数中，可以使用 return 语句将值返回到调用函数的代码行，return 是一个函数结束的标志，函数内可以有多个 return，但只要执行一次，整个函数就会结束运行。如下所示，定义函数

calc()，将 c，x，y 的值返回到函数调用行。

```
def calc(x,y):              #定义函数
    c = x * y
    return c,x,y
res = calc(5,6)             #调用函数
print(res)
```

上述代码中，调用返回值的函数时，需要提供一个变量，用于存储返回的值。在这里，将返回值存储在了变量 res。

每个函数都有返回值，如果没有在函数里面指定返回值，在 Python 里面函数执行完之后，默认会返回一个 None。函数也可以有多个返回值，在这种情况下，会把返回值都放到一个元组中，返回的是一个元组。

程序运行结果如下。

```
(30,5,6)
```

案例 18：用函数任意画圆环

在 IDLE 中创建一个名为"画圆函数.py"的文件，然后在文件中导入 turtle 模块，创建一个颜色的列表，之后定义一个 draw() 的函数，函数体中首先移动画笔，然后用 for 循环遍历 range() 生成的整数序列，每次循环时分别设定画笔颜色、圆的半径、画笔旋转角度。之后调用 draw() 函数，即可在想要的位置画出圆环，代码如下。

```
import turtle                              #导入 turtle 模块
t = turtle. Pen()                          #设置 t 为画笔
colors = [' red','orange','blue','green']  #创建颜色列表
def draw(x,y):                             #定义 draw 函数
    t. goto(x,y)                           #移动画笔到(x,y)
    for i in range(20):
        t. pencolor(colors[i% 4])          #设置画笔颜色
        t. circle(i)                       #设置圆环半径
        t. right(90)                       #画笔旋转
#********************* 调用函数 *********************
draw(100,100)                              #调用函数
draw(50,50)                                #调用函数
```

代码中"colors [i%4]"的意思是从 colors 列表中取一个元素（比如 red）作为参数。i%4 中的% 是求余数的符号，i%4 的意思是用 i 除以 4 得到的余数。如果 i 的值为 5，则求得的余数为 1。然后执行 colors [1]，从列表 colors 中取第 2 个元素"orange"作为画笔颜色的参数。

运行结果如图 2-3 所示。

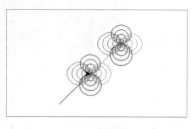

图 2-3　绘制圆环

第 3 章　Pandas 模块数据处理详解

Pandas 是 Python 的一个开源数据分析模块，可用于数据挖掘和数据分析，同时也提供数据清洗功能，可以说它是目前 Python 数据分析的必备工具之一。本章将重点讲解 Pandas 模块中的数据格式、读取和写入数据的方法、数据预处理方法、数据类型转换方法、行数据列数据选择方法、数据的排序方法、数据汇总方法、数据运算方法及数据拼接等内容。

3.1　Pandas 的数据格式

Pandas 是 Python 中一个专门用于数据分析的模块，其最初被作为金融数据分析工具而开发出来。Pandas 的名称来自面板数据（panel data）和 Python 数据分析（data analysis）。目前，所有使用 Python 研究和分析数据集的专业人士，在做相关统计分析和决策时，Pandas 都是他们的基础工具。

Pandas 中数据结构是多维数据表，其主要有两种数据结构，分别是 Series 和 DataFrame。下面重点讲解这两种数据结构的使用方法。

3.1.1　导入 Pandas 模块

在使用 Pandas 模块之前，要在程序最前面写上下面的代码来导入 Pandas 模块，否则无法使用 Pandas 模块中的函数。

```
import pandas as pd
```

代码的意思是导入 Pandas 模块，并指定模块的别名为 "pd"，即在以后的程序中 "pd" 就代表 "Pandas"。

3.1.2　Series 数据结构

Series 是一种类似于一维数组的对象，它由一组数据以及一组与之相关的数据标签（即索引）组成，其中索引可以为数字或字符串。Series 的表现形式为：索引在左边，值在右边。如图 3-1 所示为一个简单的 Series。

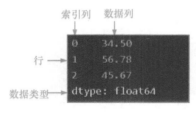

图 3-1　一个简单的 Series

1. 创建一个 Series

如果想创建一个 Series，可以利用 pd. Series( )来创建，通过给 Series( )函数传入不同的对象即可实现。

如下所示为传入一个列表来创建 Series。

```
>>> import pandas as pd
>>> p1 = pd. Series(['a','b','c','d'])
>>> p1
0      a
1      b
2      c
3      d
dtype: object
```

如果只传入一个列表而不指定索引（数据标签），会默认使用从 0 开始的数作为索引，上面的 0，1，2，3 就是默认的索引。

2. 指定索引

上面提到不指定索引，就会默认使用 0 开始的数字作为索引。如果通过 index 参数指定了索引，就会输出指定索引的 Series。

如下所示为通过 index 参数来指定索引。

```
>>> p2 = pd. Series(['a','b','c','d'],index = ['一','二','三','四'])
>>> p2
一      a
二      b
三      c
四      d
dtype: object
```

3. 通过字典的方式创建 Series

也可以将数据与索引以字典的形式传入，这样字典的键就是索引，值就是数据。如下所示为通过字典创建 Series。

```
>>> p3 = pd.Series({'a':'一','b':'二','c':'三','d':'四'})
>>> p3
一      a
二      b
三      c
四      d
dtype: object
```

4. 利用 index 获取 Series 的索引

如果想获取一组数据的索引，可以利用 index 函数来获取，具体如下。

```
>>> p2. index
Index(['一', '二', '三', '四'], dtype ='object')
```

5. 利用 values 获取 Series 的值

可以单独获取索引，当然也可以单独获取一组数据的值，这可以通过 values 函数来实现，具体如下。

```
>>> p2. values
array(['a','b','c','d'], dtype = object)
```

3.1.3　DataFrame 数据格式

Series 由一组数据与一组索引（行索引）组成，而 DataFrame 则由一组数据与一对索引（行索引与列索引）组成，如图 3-2 所示。DataFrame 数据是一个二维数据结构，数据以表格形式（与 Excel 类似）存储，有对应的行和列。

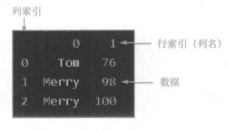

图 3-2　一个简单的 DataFrame

1. 创建一个 DataFrame

如果想创建一个 DataFrame，利用 pd. DataFrame ( ) 给 DataFrame ( ) 函数传入不同的对象即可实现。

如下所示为传入一个列表来创建 DataFrame。

```
>>> import pandas as pd
>>> df1 = pd.DataFrame(['a','b','c','d'])
>>>df1
     0
0    a
1    b
2    c
3    d
dtype: object
```

如果只传入一个列表而不指定索引（数据标签），会默认使用从 0 开始的数作为行索引和列索引，上面的 0，1，2，3 就是默认的列索引，0 是默认的行索引。

2. 通过一个嵌套列表创建 DataFrame

如下所示为通过一个嵌套列表创建 DataFrame。

```
>>> df2 = pd. DataFrame([['a','一'],['b','二'],['c','三'],['d','四']])
>>> df2
   0 1
0  a 一
1  b 二
2  c 三
3  d 四
```

当传入一个嵌套列表时，会根据嵌套列表数显示成多列数据，行、列索引同样是从 0 开始的默认索引。另外，列表里面嵌套的列表也可以换成元组。

3. 指定行索引、列索引

如果在传入数据时，想指定行索引和列索引，可以通过 columns 定义列索引，通过 index 参数指定行索引。

如下所示为通过 columns 参数来指定列索引。

```
>>> df3 =pd. DataFrame([['a','一'],['b','二'],['c','三'],['d','四']],columns =['字母','数字'])
>>> df3
   字母   数字
0  a    一
1  b    二
2  c    三
3  d    四
```

如下所示为通过 index 参数来指定行索引。

```
>>> df4 = pd. DataFrame([['a','一'],['b','二'],['c','三'],['d','四']],index =[5,6,7,8])
>>> df4
   0  1
5  a  一
6  b  二
7  c  三
8  d  四
```

如下所示为同时指定行索引和列索引的情况。

```
>>> df5 =pd. DataFrame([['a','一'],['b','二'],['c','三'],['d','四']],columns =['字母','数字'],in-
dex =[5,6,7,8])
>>> df5
   字母   数字
5  a    一
6  b    二
7  c    三
8  d    四
```

4. 传入一个字典

如下所示为先创建一个字典 data，再通过传入字典来创建一个 DataFrame。

```
>>> data = {'字母':['a','b','c','d'],'数字':['一','二','三','四']}
>>> df6 =pd. DataFrame(data)
>>> df6
   字母   数字
0   a    一
1   b    二
2   c    三
3   d    四
```

可以看到字典的键作为列索引，字典的值作为数据，行索引会默认为从 0 开始的数字。传入字典时，也可以指定行索引，如下所示。

```
>>> data = {'字母':['a','b','c','d'],'数字':['一','二','三','四']}
>>> df7 =pd. DataFrame(data,index =['小明','小李','小米','小王'])
>>> df7
     字母   数字
小明   a    一
小李   b    二
小米   c    三
小王   d    四
```

5. 获取 DataFrame 的行索引和列索引

利用 columns 函数获取 DataFrame 的列索引。

```
>>> df7.columns
Index(['字母', '数字'], dtype='object')
```

利用 index 函数获取 DataFrame 的行索引。

```
>>> df7.index
Index(['小明', '小李', '小米', '小王'], dtype='object')
```

3.2 读取/写入数据

3.2.1 读取 Excel 工作簿的数据

在 Python 中导入 Excel 工作簿数据主要使用 read_excel()函数，如下所示为导入计算机中 e 盘下的"bank.xlsx"工作簿。

```
>>> import pandas as pd
>>> df = pd.read_excel(r'e:\bank.xlsx')          #读取数据
>>> df
       日期       凭证号        摘要        会计科目         金额
0    7月5日     现-0001    购买办公用品     物资采购      250.00
1    7月8日     银-0001    提取现金       银行存款     50,000.00
2    7月10日    现-0002    陈江预支差旅费   应收账款      3,000.00
3    7月11日    银-0002    提取现金       银行存款     60,000.00
4    7月11日    现-0003    刘延预支差旅费   应收账款      2,000.00
5    7月14日    现-0004    出售办公废品     现金         20.00
```

计算机中的文件路径默认使用\，由于 Python 中也将\用在换行等，因此需要在路径前面加 r（转义符），避免路径\被转义。如果不加转义符 r 就必须将\改为\\或/。如：

df = pd. read_excel（'e：\\bank. xlsx'）或 df = pd. read_excel（'e：/bank. xlsx'）。

read_excel()函数用于设置文件路径，它包括三个参数，见表 3-1。

表 3-1　read_excel()函数参数

参　　数	功　　能
sheet name	用于指定工作表，可以是工作表名称，也可以是数字（默认为 0，即第一个工作表）
encoding	用于指定文件的编码方式，一般设置为 UTF-8 或 gbk，以避免读取中文文件时出错，因此通常在读取中文文件时加入此参数（如 encoding ='gbk'）
index_col	用于设置索引列

3.2.2 读取 CSV 格式的数据

在 Python 中导入 CSV 格式数据主要使用 read_csv()函数，如下所示为导入计算机中 e 盘下

"练习"文件夹中的"财务日记账.csv"数据文件。

```
>>> import pandas as pd
>>> df = pd.read_csv('e:\\练习\\财务日记账.csv',encoding = 'gbk')    #读取数据
>>> df
       日期        凭证号       摘要              会计科目          金额
0   7月5日       现-0001   购买办公用品       物资采购        250.00
1   7月8日       银-0001   提取现金          银行存款        50,000.00
2   7月10日      现-0002   陈江预支差旅费    应收账款        3,000.00
3   7月11日      银-0002   提取现金          银行存款        60,000.00
4   7月11日      现-0003   刘延预支差旅费    应收账款        2,000.00
5   7月14日      现-0004   出售办公废品       现金           20.00
```

read_csv()函数用于设置文件路径,它的参数见表3-2。

表3-2　read_csv()函数参数

参　　数	功　　能
delimiter	用于指定 CSV 文件中数据的分隔符,默认为逗号
encoding	用于指定文件的编码方式,一般设置为 UTF-8 或 gbk,以避免读取中文文件时出错,因此通常在读取中文文件时加入此参数（如 encoding = ' gbk '）
index_col	用于设置索引列

3.2.3　将数据写入文件

将数据写入 Excel 文件主要用 to_excel()函数,如下所示为将数据写入 e 盘 bank. xlsx 工作簿。

```
>>> df.to_excel(excel_writer ='e:\\练习\\财务日记账.xlsx')
```

其中 to_ excel()函数的参数见表3-3。

表3-3　to_excel()函数参数

参　　数	功　　能
excel_writer	用于指设置文件的路径
encoding	用于指定文件的编码方式,一般设置为 UTF-8 或 gbk,以避免读取中文文件时出错,因此通常在读取中文文件时加入此参数（如 encoding = ' gbk '）
index	用于指定是否写入行索引信息,默认为 True。若设置为 False,则忽略行索引信息
columns	用于指定要写入的列

将数据写入 CSV 文件主要用 to_csv()函数,如下所示为将数据写入 e 盘 bank. csv 文件。

```
>>> df.to_csv(path_or_buf ='e:\\练习\\财务日记账.csv')
```

其中 to_ csv()函数的参数见表3-4。

表 3-4　to_csv( ) 函数参数

参　　数	功　　能
path_to_buf	用于指设置文件的路径
encoding	用于指定文件的编码方式，一般设置为 UTF-8 或 gbk，以避免读取中文文件时出错，因此通常在读取中文文件时加入此参数（如 encoding = ' gbk '）
index	用于指定是否写入行索引信息，默认为 True。若设置为 False，则忽略行索引信息
columns	用于指定要写入的列
sep	用于指定要用的分隔符，常用的分隔符有逗号、空格、制表符、分号等

3.3　数据预处理

由于要分析的数据通常存在缺失、重复或异常等情形，在数据分析时会影响分析结果，因此在数据分析之前，要对数据的缺失值、重复值等进行预处理。本节将重点讲解如何预处理数据。

1. 查看数据信息

在将数据读取到 Python 后，先查看一下数据情况，如下所示为查看数据的方法。

```
>>> import pandas as pd
>>> df = pd.read_csv('e:\练习\财务日记账.csv',encoding = 'gbk')   #读取数据
>>> df.info()              #查看数据维度、列名称、数据格式、所占空间等
>>> df.shape              #查看数据行数和列数,返回行数列数元组,如(12,5)
>>> df.isnull()           #查看哪些值是缺失值,缺失值返回 True,不是返回 False
>>> df.columns            #查看列索引名称
>>> df.head()             #查看前 5 行数据
>>> df.tail()             #查看后 5 行数据
```

2. 数据缺失值处理（数据清理）

想了解数据中是否有缺失值，可以用"df. isnull( )"进行查看，如果有缺失会返回 True。在数据中有缺失值时，可以用如下的方法进行处理。

```
>>> import pandas as pd
>>> df = pd.read_csv('e:\练习\财务日记账.csv',encoding = 'gbk')   #读取数据
>>> df.dropna()   #删除含有缺失值的行,即只要某一行有缺失值就会把这一行删除
>>> df.dropna(how = 'all')          #只删除整行都为缺失值的行
>>> df.fillna(0)                    #将所有缺失值填充为 0,括号中为要填充的值
>>> df.fillna({'会计科目': '现金'})    #只填充"会计科目"列缺失值,填充为"现金"
>>> df.fillna({'会计科目': '现金', '凭证号': '现-0001'})   #对多列缺失值进行填充
```

3. 数据重复值处理

数据中的重复数据会影响数据分析的结果，对于数据重复值的处理方法如下。

```
>>> import pandas as pd
>>> df = pd.read_csv('e:\练习\财务日记账.csv',encoding = 'gbk')        #读取数据
>>> df.drop_duplicates()   #对所有数据进行重复值进行判断,只保留重复的第一行
>>> df.drop_duplicates(subset = '会计科目')              #对指定的列进行去重复值
>>> df.drop_duplicates(subset = ['会计科目', '凭证号'])      #对指定的多列进行去重复值
>>> df.drop_duplicates(subset = '会计科目', keep = False)    #把重复值全部删除
```

在去重复值时，默认保留重复的第一行，如果想保留重复的最后一行，则可以使用参数"keep = ' last '"。

3.4 数据类型转换

在 Python 中主要有 6 种数据类型，见表 3-5。

表 3-5 Python 中数据类型

类 型	说 明
int	整型数
float	浮点数，即含有小数点的数
object	Python 对象类型，用 O 表示
string	字符串类型，经常用 S 表示，S10 表示长度为 10 的字符串
unicode	固定长度的 unicode 类型，跟字符串定义方式一样
datetime64［ns］	表示时间格式

1. 查看某一列的数据类型

如果想要查看某一列的数据类型，可以结合 dtype 函数来查看，如下所示。

```
>>> import pandas as pd
>>> df
   客户姓名  年龄  编号
0    小王    21   101
1    小李    31   102
2    小张    28   103
3    小韩    35   104
4    小米    41   105
>>> df['年龄'].dtype              #查看数据类型
dtype('int64')                   #整数型
```

2. 数据类型转换

不同数据类型的数据可以做的事情是不一样的，比如字符串类型不能进行各类运算。如果数据在读取过程中读成了对象类型或字符串类型，要想运行，就必须先进行类型转换，将字符串类型转换为整数型或浮点型。

通常利用 astype() 函数来转换数据，方法如下。

```
>>> df['年龄'].dtype              #查看数据类型
dtype('int64')                   #整数型
>>> df['年龄'].astype('float64')  #将数据类型转换为浮点型
0   21.0
1   31.0
2   28.0
3   35.0
4   41.0
Name:年龄, dtype: float64
```

3.5　数据的选择

3.5.1　列数据选择

在 Pandas 模块中，要想获取某列数据，只需在表 df 后面的方括号中指明要选择的列名即可。

1. 选择一列数据

选择某一列数据的方法如下。

```
>>> import pandas as pd
>>> df = pd.read_csv('e:\练习\财务日记账.csv',encoding ='gbk')    #读取数据
>>> df['会计科目']                        #选择"会计科目"列的数据
0   物资采购
1   银行存款
2   应收账款
3   银行存款
4   应收账款
5    现金
Name:会计科目, dtype: object
```

2. 选择多列数据

选择某几列数据的方法如下。

```
>>> import pandas as pd
>>> df = pd.read_csv('e:\练习\财务日记账.csv',encoding ='gbk')      #读取数据
>>> df[['会计科目', '凭证号']]    #选择"会计科目"列和"凭证号"列的数据
    会计科目   凭证号
0   物资采购   现-0001
1   银行存款   银-0001
2   应收账款   现-0002
3   银行存款   银-0002
4   应收账款   现-0003
5    现金     现-0004
```

也可以通过指定所选择的列的位置来选择，默认第 1 列为 0，第 2 列为 1。通过列的位置来选择列时，需要用到 iloc 函数，如下所示。

```
>>> import pandas as pd
>>> df = pd.read_csv('e:\练习\财务日记账.csv',encoding ='gbk')       #读取数据
>>> df.iloc[ :,[0,2]]                  #选择第 1 列和第 3 列
        日期          摘要
0     7 月 5 日    购买办公用品
1     7 月 8 日    提取现金
2     7 月 10 日   陈江预支差旅费
```

3	7 月 11 日	提取现金
4	7 月 11 日	刘延预支差旅费
5	7 月 14 日	出售办公废品

代码中，iloc 后的方括号中逗号之前的部分表示要选择的行的位置，只输入一个冒号，表示选择所有行。逗号之后的方括号表示要获取的列的位置。

如果想选择连续几列，则将列号间的逗号改为冒号即可，如 df. iloc[:,0:2]表示选择第 1 ~ 3 列。

3.5.2　行数据选择

在 Pandas 模块中，要想获取某行数据，需要用到 loc 函数或 iloc 函数。

1. 选择一行数据

选择某一行数据的方法如下。

```
>>> import pandas as pd
>>> df = pd.read_csv('e:\\练习\\财务日记账.csv',encoding='gbk',index_col='日期')
                            #读取数据,并设置"日期"列为行索引
>>> df.loc['7月8日']          #选择行索引为"7 月 8 日"的行数据
凭证号        银-0001
摘要        提取现金
会计科目      银行存款
金额        50,000.00
Name: 7 月 8 日, dtype: object
```

2. 选择多行数据

选择某几行数据的方法如下。

```
>>> import pandas as pd
>>> df = pd.read_csv('e:\\练习\\财务日记账.csv',encoding='gbk',index_col='日期')
                                #读取数据,并设置"日期"列为行索引
>>> df.loc[['7月8日','7月15日']]       #选择"7 月 8 日"和"7 月 15 日"的行数据
            凭证号      摘要      会计科目        金额
日期
7 月 8 日   银-0001  提取现金   银行存款   50,000.00
7 月 15 日  银-0003  提取现金   银行存款   20,000.00
```

也可以通过指定所选择的行的位置来选择，默认第 1 行为 0，第 2 行为 1，如下所示。

```
>>> import pandas as pd
>>> df = pd.read_csv('e:\\练习\\财务日记账.csv',encoding='gbk',index_col='日期')
                            #读取数据,并设置"日期"列为行索引
>>> df.iloc[0]               #选择第一行的数据
凭证号        现-0001
摘要        购买办公用品
会计科目      物资采购
```

```
金额        250.00
Name: 7 月 5 日, dtype: object
```

如下所示为选择第 1 行和第 3 行的数据。

```
>>> import pandas as pd
>>> df = pd.read_csv('e:\\练习 \\财务日记账.csv',encoding ='gbk',index_col ='日期')
                              #读取数据,并设置"日期"列为行索引
>>> df.iloc[[0,2]]            #选择第一行和第三行的数据
          凭证号      摘要            会计科目      金额
日期
7 月 5 日   现-0001   购买办公用品   物资采购      250.00
7 月 10 日  现-0002   陈江预支差旅费  应收账款    3,000.00
```

如果想选择连续几行,则将行号间的逗号改为冒号即可,如 df. iloc[0:2]表示选择第 1 ~ 3 行数据。

3.5.3 选择满足条件的行列数据(数据筛选)

前面讲解了如何选择某一行、某一列或某几行、几列数据,下面将讲解如何选择满足条件的行列。

1. 选择满足一种条件的行数据

如果想选择满足某种条件的行,比如选择 "年龄" 大于 30 岁的行,如下所示。

```
>>> import pandas as pd
>>> df
   客户姓名   年龄    编号
0   小王      21     101
1   小李      31     102
2   小张      28     103
3   小韩      35     104
4   小米      41     105
>>> df[df['年龄'] >30]
   客户姓名   年龄    编号
1   小李      31     102
3   小韩      35     104
4   小米      41     105
```

选择 "客户姓名" 为 "小李" 的行数据,如下所示。

```
>>> df[df['客户姓名'] =='小李']
   客户姓名   年龄    编号
1   小李      31     102
```

2. 选择满足多种条件的行数据

选择 "年龄" 大于 30 岁、小于 40 岁的行数据,如下所示。

```
>>> df[ (df['年龄'] >30) & (df['年龄'] <40)]
   客户姓名   年龄    编号
1   小李      31     102
3   小韩      35     104
```

选择"年龄"大于30岁、"编号"小于104的行数据，如下所示。

```
>>> df[ (df['年龄'] >30) & (df['编号'] <104)]
   客户姓名   年龄    编号
1   小李      31     102
```

3. 选择满足多种条件的行和列数据

选择年龄小于30岁，且只要"姓名"和"编号"列的数据，如下所示。

```
>>> df[df['年龄'] <30][['客户姓名','编号']]
   客户姓名   编号
0   小王      101
2   小张      103
```

选择第1行和第3行，且选择第1列和第3列的数据，如下所示。

```
>>> df.iloc[[0,2],[0,2]]
   客户姓名   编号
0   小王      101
2   小张      103
```

3.5.4 按日期选择数据

在 Python 中，可以选取具体某一时间对应的数据，也可以选取某一段时间内的数据，在按日期选取数据时，要用到 datetime() 函数。此函数是 datetime 模块中的函数，因此在使用之前要调用 datetime 模块。

1. 选择某日的所有行数据

选择某日所有行数据的方法如下。

```
>>> import pandas as pd
>>> from datetime import datetime          #导入 datetime 模块中的 datetime
   >>> df
   注册日期    客户姓名   年龄    编号
0 2020-01-16  小王      21     101
1 2020-03-06  小李      28     102
2 2020-03-01  小张      28     103
3 2020-03-26  小韩      35     104
4 2020-04-13  小米      28     105
>>> df['注册日期'].dtype              #查看"注册日期"列类型是否为时间类型
dtype('<M8[ns]')
>>> df[df['注册日期'] ==datetime(2020,3,1)]   #选择日期为 2020-3-1 的行数据
   注册日期    客户姓名   年龄    编号
2 2020-03-01  小张      28     103
```

如果"注册日期"列的数据类型不是时间类型，需要先将数据格式转换为时间类型。

  2. 选择某日之后的所有行数据

选择某日之后的所有行数据方法如下。

```
>>>df[df['注册日期'] > =datetime(2020,3,1)]
  注册日期      客户姓名   年龄     编号
2 2020-03-01   小张      28     103
3 2020-03-26   小韩      35     104
4 2020-04-13   小米      28     105
```

上面代码选择的是 2020 年 3 月 1 日以后的所有数据。

  3. 选择某一时间段内的所有行数据

选择某一时间段内的所有行数据方法如下。

```
>>> df[(df['注册日期'] > =datetime(2020,3,1))&(df['注册日期'] <datetime(2020,4,1))]
  注册日期      客户姓名   年龄     编号
2 2020-03-01   小张      28     103
3 2020-03-26 小  韩      35   104
```

上面代码选择的是日期大于等于 2020-3-1，且小于 2020-4-1 的所有行数据。

  4. 转换时间类型

如果数据中的日期不是时间类型，而是其他类型（比如 float 类型），那么就不能用时间条件来选择数据。要想实现用时间条件来选择数据，就必须先将数据类型转换为时间类型。转换时间类型可以使用 pd. to_datetime() 函数，具体如下。

```
>>>df['日期'] =pd. to_datetime(df['日期'])      #将"日期"列数据类型转换为时间类型
```

3.6 数值排序

数值排序是按照具体数值的大小进行排序，有升序和降序两种，升序就是数值由小到大排列，降序是数值由大到小排列。

3.6.1 按某列数值排序

按照某列进行排序，需要用到 sort_values() 函数，在函数的括号中指明要排序的列标题，以及以升序还是降序排序，具体用法如下。

```
>>> import pandas as pd
>>> df
  客户姓名   年龄   编号
0  小王       21   101
1  小李       31   102
2  小张       28   103
3  小韩       35   104
```

```
4  小米     41  105
>>> df.sort_values(by=['编号'])          #按"编号"列进行排序,默认为升序
   客户姓名  年龄  编号
0  小王     21  101
1  小李     31  102
2  小张     28  103
3  小韩     35  104
4  小米     41  105
```

如果想按照降序进行排序,则要使用 ascending 参数,其中,ascending = False 表示按降序进行排序,ascending = True 表示按升序进行排序,方法如下。

```
>>> df.sort_values(by=['编号'],ascending=False)    #按"编号"列进行降序排列
   客户姓名  年龄  编号
4  小米     41  105
3  小韩     35  104
2  小张     28  103
1  小李     31  102
0  小王     21  101
```

在排序时,当排序的列有缺失值时,默认会将缺失值项排在最后面。如果想将缺失值项排在最前面,可以用参数 na_position 参数进行设置。如 df. sort_values(by = ['编号'],na_position = ' first '),即可将缺失值项排在最前面。

3.6.2 按索引进行排序

上面讲的是按某列数据进行排序,另外还可以按索引进行排序,方法如下。

```
>>> df.sort_index()               #按索引进行排序,默认为升序
   客户姓名  年龄  编号
0  小王     21  101
1  小李     31  102
2  小张     28  103
3  小韩     35  104
4  小米     41  105
```

3.6.3 按多列数值进行排序

按照多列数值进行排序是指同时依据多列数据进行升序、降序排列,当第 1 列出现重复值时,按照第 2 列进行排序,当第 2 列出现重复值时,按第 3 列进行排序。进行多列排序的方法如下。

```
>>> df.sort_values(by=['年龄','编号'],ascending=[False,True])
   客户姓名  年龄  编号
4  小米     41  105
3  小韩     35  104
1  小李     31  102
2  小张     28  103
0  小王     21  101
```

3.7　数据计数与唯一值获取

3.7.1　数值计数

数值计数就是指计算某个值在一系列数值中出现的次数。Python 中数值计数主要使用 value_counts() 函数，具体方法如下。

```
>>> df
   客户姓名   年龄   编号
0   小王      21   101
1   小李      28   102
2   小张      28   103
3   小韩      35   104
4   小米      28   105
>>> df['年龄'].value_counts()          #数值计数
28    3
35    1
21    1
Name:年龄, dtype: int64
```

根据上面的统计结果，年龄为 28 岁的出现了 3 次，年龄为 35 岁的出现了 1 次，年龄为 21 岁的出现了 1 次。value_counts() 函数还有一些参数，包括 normalize = True 参数用来计算不同值的占比。

3.7.2　唯一值获取

唯一值获取就是把某一系列值删除重复项以后得到结果，一般可以将表中某一列认为是一系列值。

在 Python 中唯一值获取通过 unique() 函数来实现，方法如下。

```
>>> df
   客户姓名   年龄   编号
0   小王      21   101
1   小李      28   102
2   小张      28   103
3   小韩      35   104
4   小米      28   105
>>> df['年龄'].unique()
array([21, 28, 35], dtype = int64)
```

3.8　数据运算

数据的运算包括算术运算、比较运算、汇总运算、相关性运算等。本节将详细讲解。

1. 算术运算

算术运算就是基本的加减乘除，在 Python 中数值类型的任意两列可以直接进行加、减、乘、除运算。具体如下所示。

```
>>> df
     1月销量   2月销量
部门1   250     290
部门2   280     260
部门3   300     310
>>> df['1月销量']+df['2月销量']        #两列进行加法运算
部门1   540
部门2   540
部门3   610
dtype: int64
```

上面程序进行的是加法运算，用同样的方法可以进行减法、乘法、除法运算。

另外，还可以将某一列跟一个常数进行加减乘除运算，如下所示。

```
>>> df['1月销量']*2
部门1   500
部门2   560
部门3   600
Name:1月销量, dtype: int64
dtype: int64
```

2. 比较运算

Python 中列与列之间可以进行比较运算，如下所示。

```
>>> df['1月销量']>df['2月销量']
部门1   False
部门2   True
部门3   False
dtype: bool
```

3. 汇总运算

汇总运算包括计数、求和、求均值、求最大值、求最小值、求中位数、求众数、求方差、求标准差、求分位数等。

（1）count 非空值计数

非空值计算就是计算某一区域中非空单元格数值的个数。在 Python 中计算非空值，一般直接在整个数据表上调用 count() 函数即可返回每列的非空值个数，具体如下所示。

```
>>> df
  客户姓名   年龄   编号
0  小王      21   101
1  小李      28   102
2  小张      28   103
3  小韩      35   104
4  小米      28   105
>>> df.count()                  #求非空值个数
```

```
客户姓名    5
年龄       5
编号       5
dtype: int64
```

如果想求某一列的非空值计数，可以直接选择此列，然后再求非空值个数。如下所示为求"年龄"列的非空值个数。

```
>>> df['年龄'].count()          #对"年龄"列求非空值个数
 5
```

上面求出来的就是每列的非空值，都是 5。count()函数默认求的是每一列的非空值个数，可以通过参数 axis 参数来求每一行的非空值个数，具体如下。

```
>>> df.count(axis = 1)          #对各行求非空值个数
0    3
1    3
2    3
3    3
4    3
dtype: int64
```

如果想求某一行的非空值个数，同样先选择此行，然后直接用 count()函数求即可。

（2）sum 求和

求和就是对某一区域中的所有数值进行加和操作。在 Python 中直接使用 sum()函数来求和，返回的是每一列数值的求和结果，如下所示。

```
>>> df
      1 月销量  2 月销量
部门 1    250    290
部门 2    280    260
部门 3    300    310
>>> df.sum()                    #对各列进行求和
1 月销量       830
2 月销量       860
dtype: int64
```

如果想对某一列进行求和，先选择要求和的列，然后用 sum()函数即可求和，如下所示。

```
>>> df['2 月销量'].sum()          #对"2 月销量"列进行求和
860
```

如果在求和时使用 axis 参数，则可以对各行进行求和，如下所示。

```
>>> df.sum(axis = 1)            #对各行进行求和
部门 1    540
部门 2    540
部门 3    610
dtype: int64
```

（3）mean 求均值

求平均值是针对某一区域中的所有值进行求算术平均值运算。Python 中求均值直接使用mean()函数即可，如下所示。

```
>>> df.mean()                    #对各列求均值
>>> df['2 月销量'].mean()         #对"2 月销量"列进行行求均值
>>> df.mean(axis =1)             #对各行进行求均值
```

（4）max 求最大值

求最大值就是比较一组数据中所有数值的大小，然后返回最大的一个值。在 Python 中求最大值使用 max()函数来实现，如下所示。

```
>>> df.max()                     #对各列求最大值
>>> df['2 月销量'].max()          #对"2 月销量"列进行求最大值
>>> df.max(axis =1)              #对各行进行求最大值
```

（5）min 求最小值

求最大值就是比较一组数据中所有数值的大小，然后返回最小的一个值。在 Python 中求最小值使用 min()函数来实现，如下所示。

```
>>> df.min()                     #对各列求最小值
>>> df['2 月销量'].min()          #对"2 月销量"列进行求最小值
>>> df.min(axis =1)              #对各行进行求最小值
```

（6）median 求中位数

中位数就是将一组含有 n 个数据的序列 X 按从小到大排列，位于中间位置的那个数。在 Python 中求中位数使用 median()函数来实现，如下所示。

```
>>> df.median()                  #对各列求中位数
>>> df['2 月销量'].median()       #对"2 月销量"列进行求中位数
>>> df.median(axis =1)           #对各行进行求中位数
```

（7）mode 求众数

求众数就是求一组数据中出现次数最多的数，通常可以用众数来计算顾客的复购率。在 Python 中求众数使用 mode()函数来实现，如下所示。

```
>>> df.mode()                    #对各列求众数
>>> df['2 月销量'].mode()         #对"2 月销量"列进行求众数
>>> df.mode(axis =1)             #对各行求众数
```

注意，如果求某一列的众数，返回的会是一个元组，如(0,280)。其中 0 为索引，280 为众数。

（8）var 求方差

方差是用来衡量一组数据的离散程度，在 Python 中求方差使用 var()函数来实现，如下所示。

```
>>> df.var()                     #对各列求方差
>>> df['2 月销量'].var()          #对"2 月销量"列进行求方差
>>> df.var(axis =1)              #对各行进行求方差
```

（9）std 求标准差

标准差是方差的平方根，二者都用来表示数据的离散程度。在 Python 中求标准差使用 std()

函数来实现，如下所示。

```
>>> df.std()                #对各列求标准差
>>> df['2 月销量'].std()      #对"2 月销量"列进行求标准差
>>> df.std(axis = 1)        #对各行进行求标准差
```

（10）percentile 求分位数

分位数是比中位数更加详细的基于位置的指标，分位数主要有四分之一分位数、四分之二分位数、四分之三分位数，而四分之二分位数就是中位数。在 Python 中求分位数使用 percentile（）函数来实现，如下所示。

```
>>> df.percentile (0.25)             #求各列四分之一分位数
>>> df.percentile (0.75)             #求各列四分之三分位数
>>> df['2 月销量'].percentile (0.25)   #对"2 月销量"列求四分之一分位数
>>> df.percentile (0.25,axis = 1)    #对各行求四分之一分位数
```

4. 相关性运算

相关性用来衡量两个事物之间的相关程度，通常用相关系数来衡量两者的相关程度，所以相关性计算其实就是计算相关系数，比较常用的是皮尔逊相关系数。在 Python 中求相关性使用 correl（）函数来实现，如下所示。

```
>>> df.correl()                      #求整个表中各字段两两之间的相关性
>>> df['1 月销量'].correl(df['2 月销量'])   #求"1 月销量"列和"2 月销量"列的相关系数
```

3.9 数据分组（汇总）

数据分组是根据一个或多个键将数据分成若干组，然后对分组后的数据分别进行汇总计算，并将汇总计算后的结果进行合并。

在 Python 中对数据分组利用的是 groupby（）函数，接下来进行详细介绍。

1. 按一列进行分组并对所有列进行计数汇总

按某一列对所有的列进行计数将会直接将某一列（如"店名"列）的列名传给 groupby（）函数，groupby（）函数就会按照这一列进行分组。

如下所示为按"店名"列进行分组，然后对分组后的数据分别进行计数运算，最后进行合并。

```
>>> df
   店名   品种    数量   销售金额
0  1店   毛衣    10   1800
1  总店   西裤    23   2944
2  2店   休闲裤  45   5760
3  3店   西服    23   2944
4  2店   T恤    45   5760
5  1店   西裤    23   2944
>>> df.groupby('店名').count()            #按"店名"列分组,并进行计数运算
       品种    数量   销售金额
店名
1店     2     2      2
```

2 店	2	2	2
3 店	1	1	1
总店	1	1	1

2. 按一列进行分组并对所有列进行求和汇总

如下所示为按"店名"列进行分组，然后对分组后的数据分别进行求和运算，最后进行合并。

```
>>> df.groupby('店名').sum()
      数量    销售金额
店名
1 店    33    4744
2 店    90    11520
3 店    23    2944
总店    23    2944
```

3. 按多列进行分组并求和

如下所示为按"店名"列和"品种"列进行分组，然后对分组后的数据分别进行求和运算，最后进行合并。

```
>>> df.groupby(['店名','品种']).sum()
           数量    销售金额
店名   品种
1 店   毛衣   10    1800
      西裤   23    2944
2 店   T恤   45    5760
      休闲裤  45    5760
3 店   西服   23    2944
总店   西裤   23    2944
```

无论是按一列还是多列分组，只要在分组后的数据上进行汇总计算，就是对所有可以计算的列进行计算。

4. 按一列进行分组并对指定列求和

如下所示为按"店名"列进行分组，然后对分组后数据中的"数量"列进行求和运算汇总。

```
>>> df.groupby('店名')['数量'].sum()
店名
1 店    33
2 店    90
3 店    23
总店    23
Name:数量, dtype: int64
```

从上面的代码可以看到分别对各个店的销售数量进行了求和汇总。

5. 按一列进行分组并对所有列分别求和和计数

如果想按一列进行分组，然后分别对剩下的所有列进行求和和计数运算汇总，需要结合 aggregate()函数进行运算，如下所示。

```
>>> df.groupby('店名').aggregate(['count','sum'])
```

	品种		数量		销售金额	
	count	sum	count	sum	count	sum
店名						
1店	2	毛衣西裤	2	33	2	4744
2店	2	休闲裤T恤	2	90	2	11520
3店	1	西服	1	23	1	2944
总店	1	西裤	1	23	1	2944

6. 按一列进行分组并对指定多列分别进行不同的运算汇总

先按"店名"列进行分组,然后分别对"品种"列计数,对"销售金额"列求和
运算汇总,如下所示。

```
>>> df.groupby('店名').aggregate({'品种':'count','销售金额':'sum'})
```

	品种	销售金额
店名		
1店	2	4744
2店	2	11520
3店	1	2944
总店	1	2944

7. 对分组后的结果重置索引

经过分组前和分组后的数据形式,可以看出,分组后的 DataFrame 形式并不是标准的 DataFrame 形式,这样的非标准 DataFrame 形式数据,会对后面进一步的数据分析造成影响。这时,就需要将非标准形式数据转换为标准的 DataFrame 数据。

```
>>> df                              #标准的 DataFrame 形式数据
    店名    品种    数量    销售金额
0   1店    毛衣    10    1800
1   总店    西裤    23    2944
2   2店    休闲裤   45    5760
3   3店    西服    23    2944
>>> df.groupby('店名').sum()          #非标准的 DataFrame 形式数据
        数量    销售金额
店名
1店      33    4744
2店      90    11520
3店      23    2944
  总店    23    2944
```

要转换为标准的 DataFrame 形式数据,需要结合 reset_index() 函数来实现,如下所示。

```
>>> df.groupby('店名').sum().reset_index()
    店名    数量    销售金额
0   1店    33    4744
1   2店    90    11520
2   3店    23    2944
3   总店    23    2944
```

第 4 章　Pyecharts 模块图表制作详解

Pyecharts 是一个用于生成 Echarts 图表的 Python 模块。Echarts 是百度开源的一个数据可视化 JS 库，可以生成一些非常酷炫的图表，可以说它是一个非常强大的数据可视化工具。本章将重点讲解 Pyecharts 模块配置项、基本图表制作等内容。

4.1　Pyecharts 快速上手

Pyecharts 囊括了 30 多种常见图表，支持链式调用，拥有高度灵活的配置项，支持主流 Notebook 环境，并且可以轻松集成至 Flask、Django 等主流 Web 框架。

Pyecharts 分为 v0.5.X 和 v1 两大版本，这两个版本互不兼容，其中，v1 版本是全新的版本，本书中的所有案例都基于 v1 版本讲解。

4.1.1　如何查看使用的 Pyecharts 版本?

要想查看 Pyecharts 版本，首先运行 Python 的 IDLE 程序，然后输入如下代码。

```
import pyecharts
```

代码的意思是导入 Pyecharts 模块。输入之后按〈Enter〉键，接着再输入下面的代码。

```
print(pyecharts.__version__)
```

按〈Enter〉键后会显示 Pyecharts 的版本。

4.1.2　导入 Pyecharts 模块中的图表

在使用 Pyecharts 模块制作图表之前，要在程序最前面写上下面的代码来导入 Pyecharts 模块中的图表，否则无法使用 Pyecharts 模块中的图表函数。如下所示为导入柱状图表（柱状图表函数为 Bar()）。

```
from pyecharts.charts import Bar
```

上述代码的意思是导入 Pyecharts 模块中 charts 子模块中的 Bar() 函数。由于在制作图表时还要使用配置项设置图表，因此还需要导入 Pyecharts 模块的配置项子模块 options。

```
from pyecharts import options as opts
```

上述代码的意思是导入 Pyecharts 模块中 options 子模块，并指定子模块的别名为"opts"，即在以后的程序中"opts"就代表"options"子模块。

4.1.3　绘制第一个图表

下面先绘制一个柱状图表，绘制方法如下。

1）首先打开 IDLE 程序，然后选择"File"菜单下的"New File"命令，如图 4-1 所示。

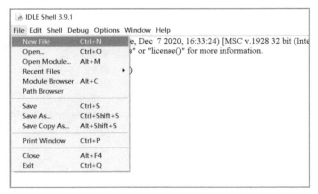

图 4-1 新建文件

2）在新建的文件中输入制作图表的程序代码，如图 4-2 所示。每行代码的作用，参考#右侧的注释。

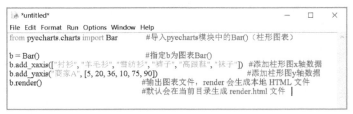

图 4-2 编写图表程序

3）编写好程序代码后，按〈Ctrl + S〉组合键保存编写好的程序文件。第 1 次保存时，会打开"另存为"对话框，如图 4-3 所示。接着在"文件名"文本框中输入程序文件的名称"第一个图表"，并单击"保存"按钮。

图 4-3 保存程序文件

4）按〈F5〉键，或选择"Run"菜单下的"Run Module"命令，运行程序文件，制作图表。

5）运行程序文件后，接下来打开保存程序文件的文件夹，可以看到制作好的图表文件"render. html"文件，如图 4-4 所示。注意：如果在输出图表文件时，传入了路径，如"bar. render （path = r"e:\图表\第一个图表 . html"）"，则在保存文件的文件夹中可以看到制作好的图表文件。

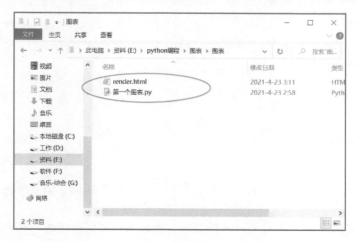

图 4-4　生成的图表文件

6）生成的图表文件为 . html 网页格式，可以通过浏览器来打开查看。在"render. html"文件图标上右击鼠标，然后选择打开方式为浏览器，即可查看制作好的图表，如图 4-5 所示。

7）对于打开的图表文件，可以直接在浏览器中图表上右击鼠标，选择"图片另存为"命令，将其另存为 png 格式图片文件，也可以直接截图保存为图片文件，如图 4-6 所示。

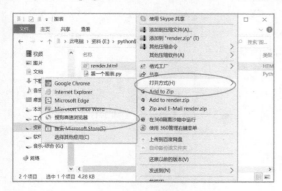

图 4-5　打开图表文件

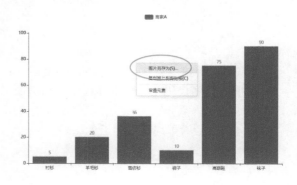

图 4-6　将图表另存为图片

4.1.4　单独调用和链式调用

Pyecharts v1.0 以上的版本支持单独调用和链式调用，如下所示为单独调用方法。

```
from pyecharts.charts import Bar
b = Bar()
b.add_xaxis(["衬衫","羊毛衫","雪纺衫","裤子","高跟鞋","袜子"])
b.add_yaxis("商家 A", [5, 20, 36, 10, 75, 90])
b.render(path = r"e:\第一个图表.html")
```

如上面的代码中，每调用一次都会用"b. "来调用图表方法。

如下所示为链式调用方法。

```
from pyecharts. charts import Bar
b = (
    Bar()
    .add_xaxis(["衬衫", "羊毛衫", "雪纺衫", "裤子", "高跟鞋", "袜子"])
    .add_yaxis("商家 A", [5, 20, 36, 10, 75, 90])
  V)
b.render(path = r"e:\第一个图表.html")
```

采用链式调用方法时，将要调用的代码放在"b = ()"之内即可。

4.1.5 使用 options 配置项

使用 options 配置项可以设置图表的标题、图例、标签、坐标轴、图表颜色等，使图表看起来更好看，标注更清楚。

在使用 options 配置项时，首先要导入配置项，然后再写入配置项的代码即可。如下所示为在之前编写的第一个图表程序代码中添加 options 配置项。

```
01  from pyecharts.charts import Bar          #导入 pyecharts 模块中的 Bar()(柱状图表)
02  from pyecharts import options as opts     #导入 pyecharts 模块中 options 子模块
03  b = Bar()                                 #指定 b 为图表 Bar()
04  b.add_xaxis(["衬衫", "羊毛衫", "雪纺衫", "裤子", "高跟鞋", "袜子"])
                                              #添加柱状图 x 轴数据
05  b.add_yaxis("商家 A", [5, 20, 36, 10, 75, 90])   #添加柱状图 y 轴数据
06  b.set_global_opts(title_opts = opts.TitleOpts(title = "图表主标题"))   #设置图表标题
07  b.set_colors('blue')                      #设置柱形颜色
08  b.render()                                #输出图表文件 render.html
```

和之前的程序代码相比，上面程序代码增加了第 02 行、06 行、07 行代码，其中，第 02 行代码用来导入 options 配置项子模块，第 06 行代码用来设置图表标题，第 07 行代码用来设置柱形颜色。如图 4-7 所示为添加配置项后的图表。

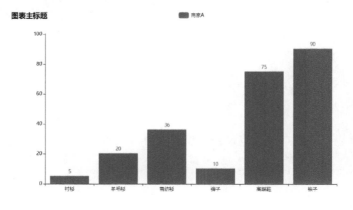

图 4-7　添加配置项后的图表

4.1.6 使用主题

Pyecharts 提供了十几种内置主题，如果开发者想利用现成的主题图表样式（这样可以省去自

已设置图表颜色样式的操作），可以定制自己喜欢的主题。在使用内置主题时，需要先导入 ThemeType() 主题函数，然后使用初始化配置项来设置主题样式。如下所示为给之前编写的柱状图表代码添加定制主题的代码。

```
01  from pyecharts.charts import Bar          #导入 Pyecharts 模块中的 Bar()(柱状图表)
02  from pyecharts import options as opts     #导入 Pyecharts 模块中 options 子模块
03  from pyecharts.globals import ThemeType    #导入 Pyecharts 模块中 ThemeType()
04  b = Bar(init_opts = opts.InitOpts(theme = ThemeType.PURPLE_PASSION))
                                              #指定 b 为图表 Bar(),并定制主题样式
05  b.add_xaxis(["衬衫", "羊毛衫", "雪纺衫", "裤子", "高跟鞋", "袜子"])
                                              #添加柱状图 x 轴数据
06  b.add_yaxis("商家 A", [5, 20, 36, 10, 75, 90])  #添加柱状图 y 轴数据
07  b.set_global_opts(title_opts = opts.TitleOpts(title = "图表主标题"))  #设置图表标题
08  b.render()                                #输出图表文件 render.html
```

上面程序代码中，增加了第 03 行代码，导入主题函数 ThemeType()，修改了第 04 行代码，"init_opts = opts. InitOpts(theme = ThemeType. PURPLE_PASSION)" 用来设置主题样式，同时删除了原先设置柱形颜色的代码，因为主题样式中会自动设置颜色。如图 4-8 所示为使用定制主题后的图表。

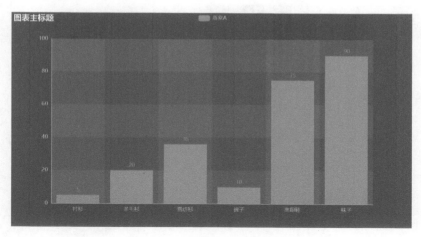

图 4-8　使用定制主题后的图表

4.2　图表类型及配置项

在 Pyecharts 模块中，可以制作 30 多种常见图表，如图 4-9 所示为 Pyecharts 模块中的常见图表。

4.2.1　图表程序代码基本格式组成

在编写图表的程序代码时，需要按一定的格式要求来编写，下面先介绍一下图表程序代码的基本格式组成。

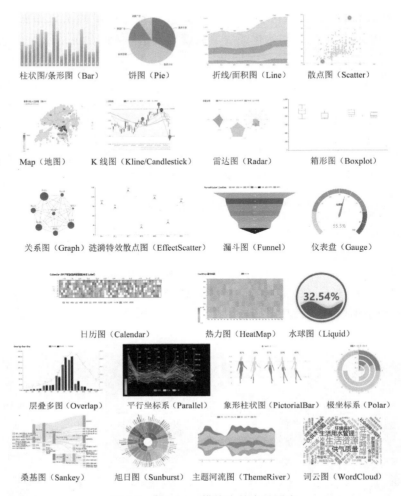

图 4-9　Pyecharts 模块中的常见图表

如下为一个柱状图表的程序代码。

```
from pyecharts import options as opts
from pyecharts.charts import Bar
x = ['标签1', '标签2', '标签3','标签4','标签5', '标签6']
y1 = [10, 20, 30, 40, 50, 40]
y2 = [20, 10, 40, 30, 40, 50]
b = Bar()
b.add_xaxis(x)
b.add_yaxis('商家A',y1)
b.add_yaxis('商家B',y2)
b.set_global_opts(
    xaxis_opts = opts.AxisOpts(axislabel_opts = opts.LabelOpts(rotate = -15)),
    title_opts = opts.TitleOpts(title = '标题名称', subtitle = '副标题名称'),
  )
b.render(path = 'e:\\柱形图.html')
```

上面编写的图表程序代码主要分为下面几个部分：

1）第一部分（第 01 和 02 行代码）：导入需要的模块和子模块。

2）第二部分（第 03 ~ 05 行代码）：制作图表的数据，这些数据要分别以列表的形式提供。其中第 03 行代码为 x 轴数据，第 04 行代码为 y1 轴数据，第 05 行代码为 y2 轴数据。

3）第三部分（第 06 ~ 09 行代码）：添加数据制作图表。其中第 06 行代码为指定图表函数（程序中指定 b 为 Bar()函数）；第 07 行代码为添加 x 轴数据，x 轴数据作为图表的标签项。代码中 "add_xaxis()" 函数用来添加 x 轴数据，将 x 轴数据列表作为参数直接放在函数参数中即可；第 08 行代码为添加第 1 个 y 轴数据；第 09 行代码为添加第 2 个 y 轴数据。如果需要给多组数据同时制作图表进行比较，可以分别给每组数据增加一个 y 轴。

4）第四部分（第 10 行代码）：为图表配置项部分，一般包括全局配置项和系统配置项。

5）第五部分（第 11 行代码）：为输出图表文件，通常输出的图表文件为 .html 格式网页文件（可以用浏览器打开）。

如下所示为一个饼状图的程序代码。

```
01  from pyecharts import options as opts
02  from pyecharts.charts importPie
03  x = ['衬衫', '羊毛衫', '裤子', '裙子', '西服']
04  y = [200,325,160,200, 300]
05  data = [list(z) for z in zip(x, y)]
06  p = Pie()
07  p.add ('销量占比',data)
08  p.set_global_opts(title_opts = opts.TitleOpts(title ='销量占比分析'))
09  p.render(path ='e:\\图.html')
```

上面的程序代码同样分为五个部分：

1）第一部分（第 01 和 02 行代码）：导入需要的模块和子模块。

2）第二部分（第 03 ~ 05 行代码）：制作图表的数据。

3）第三部分（第 06 ~ 07 行代码）：添加数据制作图表。

4）第四部分（第 08 行代码）：为图表配置项部分。

5）第五部分（第 09 行代码）：输出图表文件。

所不同的是饼图添加数据制作图表的部分，没有像柱状图一样，需要分别添加 x 轴数据和 y 轴数据，饼图中是将标签项数据和数值项数据先组成一个新列表，再添加给 add()函数来制作图表。

4.2.2 直角坐标系图表类型及配置项

直角坐标系图表主要包括柱状图/条形图（Bar）、折线/面积图（Line）、箱形图（Boxplot）、涟漪特效散点图（EffectScatter）、热力图（HeatMap）、K 线图（Kline/Candlestick）、象形柱状图（PictorialBar）、散点图（Scatter）和层叠多图（Overlap）等。

直角坐标系图表都包含一个 x 轴（一般为标签轴）和一个或多个 y 轴（一般为数据轴），因此在制作直角坐标系图表时，需要提供 x 轴数据和 y 轴数据，而且 x 轴和 y 轴数据都要求以列表的形式提供。

1. 添加 x 轴数据

添加 x 轴数据的方法如下。

```
b = Bar()
b.add_xaxis(['衬衫','羊毛衫','裤子','裙子','西服'])
```

上面的第 2 行代码直接将 x 轴数据 ['衬衫','羊毛衫','裤子','裙子','西服'] 添加在了 add_xaxis() 函数的括号中。

另外还可以将数据单独列出，方法如下。

```
b = Bar()
x =['衬衫','羊毛衫','裤子','裙子','西服']
b.add_xaxis(x)
```

上面的代码中，先将 x 轴的数据 ['衬衫','羊毛衫','裤子','裙子','西服'] 存储在 x 列表中，然后在添加 x 轴数据时，在 add_xaxis() 函数的括号中添加 x 列表名称即可。

2. 添加 y 轴数据

添加 y 轴数据的方法与 x 轴类似，也是用上面的两种方法，如下所示。

```
b = Bar()
b.add_yaxis('价格', [69,259,165,198, 568])
```

上面的第 2 行代码直接将 y 轴数据 [69,259,165,198,568] 添加在了 add_yaxis() 函数的括号中。

另外还可以将数据单独列出，方法如下。

```
b = Bar()
y =[69,259,165,198, 568]
b.add_yaxis('价格', y)
```

上面的代码中，先将 y 轴的数据 [69,259,165,198,568] 存储在 y 列表中，然后在添加 y 轴数据时，在 add_yaxis() 函数的括号中添加 y 列表名称即可。

如果有多组数据（比如一个价格数据和一个销量数据），可以添加多个 y 轴，方法如下。

```
b = Bar()
y1 =[69,259,165,198, 568]
y2 =[200,325,160,200, 300]
b.add_yaxis('价格',y1)
b.add_yaxis('销量',y2)
```

上面的代码中，先准备第 1 个 y 轴数据列表 "y1 = [69,259,165,198,568]"，再准备第 2 个 y 轴数据 "y2 = [200,325,160,200,300]"，然后添加 y 轴数据时，分别在两个 add_yaxis() 函数的括号中添加 y1 列表和 y2 列表名称，这样就可以制作含有两组图形的图表。

3. y 轴配置项

y 轴配置项主要用来设置系列名称、系列数据、是否选中图例、系列标签颜色、是否显示背景色、背景样式、数据堆叠、图形宽度和高度、图形间距、图形的前后顺序、标记点配置、标记线配置、提示框组件配置、图元样式配置等。由于每种图表的 y 轴配置项略有不同，下面主要讲解常用的一些 y 轴配置项。

y 轴配置项语法格式为 add_yaxis()。

下面以柱状图 Bar() 为例讲解 y 轴配置项的一些常用配置项用法。

```
b = Bar()
y = [200, 325, 160, 200, 300]
b.add_yaxis ('产品A', y,
        is_selected = True,
        is_legend_hover_link = True,
        color = 'green',
        stack = 'stack',
        bar_width = '60%',
        category_gap = '20%',
        gap = '30%',
        is_large = False,
        z = 0,
        is_clip = True,
        symbol = 'circle',          #折线、象形柱图、散点图、涟漪特效散点图参数
        symbol_size = 10,           #折线、象形柱图、散点图、涟漪特效散点图参数
        is_smooth = True,           #折线图参数
        is_step = False,            #折线图参数
        symbol_pos = 'end',         #象形柱图参数
        symbol_rotate = 15,         #象形柱图、散点图参数
        label_opts = opts.LabelOpts(),
        markpoint_opts = opts.MarkPointOpts(),
        markline_opts = opts.MarkLineOpts(),
        tooltip_opts = opts.TooltipOpts(),
        itemstyle_opts = opts.ItemStyleOpts(),
)
```

上面代码中 b = Bar() 的作用是指定 b 为柱状图方法。"add_yaxis()"函数为 y 轴配置项,其参数在其右侧括号内进行设置,用逗号隔开。表 4-1 为 y 轴配置项参数作用。

表 4-1 y 轴配置项参数作用

参　　数	作　　用
'产品 A'	用于设置图例名称
y	用于添加 y 轴数据
is_selected = True	用于设置是否选中图例
is_legend_hover_link = True	用于设置是否启用图例 hover 时的联动高亮
color = 'green'	用于设置标签的颜色
stack = 'stack'	用于设置数据堆叠,同个类目轴上系列配置相同的 stack 值可以堆叠放置
bar_width = '60%'	用于设置柱条的宽度,不设时自适应。可以是绝对值(例如 40)或者百分数(例如 '60%')。百分数基于自动计算出的每一类目的宽度
category_gap = '20%'	用于设置同一系列的柱间距离,默认为类目间距的 20%,可设固定值
gap = '30%'	用于设置不同系列的柱间距离,为百分比(如 '30%',表示柱子宽度的 30%)。如果想要两个系列的柱子重叠,可以设置 gap 为 '-100%'。这在用柱子做背景的时候有用

(续)

参　　数	作　　用
is_large = False	用于设置是否开启大数据量优化，在数据图形特别多而出现卡顿时可以开启
z = 0	用于设置柱状图组件的所有图形的 z 值，控制图形的前后顺序，z 值小的图形会被 z 值大的图形覆盖
is_clip = True	用于设置是否裁剪超出坐标系部分的图形。柱状图中，裁掉所有超出坐标系的部分，但是依然保留柱子的宽度
symbol = ' circle '	用于设置折线、象形柱图、散点图、涟漪特效散点图中标记的图形。标记类型包括 ' circle ', ' rect ', ' roundRect ', ' triangle ', ' diamond ', ' pin ', ' arrow ', ' none '等
symbol_size = 10	用于设置折线、象形柱图、散点图、涟漪特效散点图中标记的大小，可以设置成诸如 10 这样单一的数字，也可以用数组分开表示宽和高，例如 [20, 10] 表示标记宽为 20，高为 10
symbol_pos = ' end '	用于设置象形柱图中图形的定位位置。可取值：' start '，图形边缘与柱子开始的地方内切；' end '即在图形边缘与柱子结束的地方内切；' center '即在图形在柱子里居中
symbol_rotate = 15	用于设置象形柱图、散点图中图形的旋转角度
is_smooth = True	用于设置折线面积图中是否采用平滑曲线
is_step = False	用于设置折线面积图中是否显示成阶梯图
label_opts = opts. LabelOpts()	用于设置标签，参考标签配置项（LabelOpts）内容
markpoint_opts = opts. MarkPointOpts()	用于设置标记点，参考标记点配置项（MarkPointOpts）进行设置
markline_opts = opts. MarkLineOpts()	用于设置标记线，参考标记线配置项（MarkLineOpts）进行设置
tooltip_opts = opts. TooltipOpts()	用于设置工具栏组件，参考工具箱配置项（TooltipOpts）进行设置
itemstyle_opts = opts. ItemStyleOpts()	用于设置图形样式，参考图元样式配置项（ItemStyleOpts）进行设置

4.2.3　基本图表及其他图表类型及配置项

基本图表及其他图表主要包括饼图（Pie）、仪表盘（Gauge）、日历图（Calendar）、漏斗图（Funnel）、关系图（Graph）、水球图（Liquid）、平行坐标系（Parallel）、极坐标系（Polar）、雷达图（Radar）、桑基图（Sankey）、旭日图（Sunburst）、主题河流图（ThemeRiver）、词云图（WordCloud）、树图（Tree）、地图（Map）、地理坐标系（Geo）、并行多图（Grip）、顺序多图（Page）和时间线轮播多图（Timeline）等。

基本图表及其他图表主要包含一个标签项和一个数值项，因此在制作图表时，需要提供标签项数据和数值项数据，而且这两项数据要先组成元组，再组成以元组为元素的列表，作为制作图表的数据。

1. 添加数据

添加数据的方法如下。

```
p = Pie()
x = ['衬衫', '羊毛衫', '裤子', '裙子', '西服']
y = [200,325,160,200, 300]
data = [list(z) for z in zip(x, y)]
p.add ('销量占比',data)
```

上面的第 2 行代码中，x 为标签项数据；第 3 行代码中，y 为数值项数据；第 4 行代码将 x 和 y 中的元素先组成元组，再作为列表 z 的元素，即 data 列表会变为 [('衬衫',200)，('羊毛衫',325)，('裤子',160)，('裙子',200)，('西服',300)]；第 5 行代码将处理后的 data 数据添加在 add () 函数的括号中，即完成图表数据添加。

2. add() 配置项

add() 配置项主要用来设置系列名称、系列数据项、是否选中图例、最小数值、最大数值、图形半径、标签颜色、中心坐标、制作为南丁格尔图、是否是顺时针排布、标记类型、标签配置、图形样式配置和线样式配置等。由于每种图表的 add() 配置项略有不同，下面主要讲解常用的一些 add() 配置项。

add() 配置项语法格式为 add()。

下面以饼图 Pie() 为例讲解 add() 配置项的一些常用配置项用法。

```
p = Pie()
data = [('衬衫',200),('羊毛衫',325),('裤子',160),('裙子',200),('西服',300)]
p.add (series_name ='销售占比',
        data,
        is_selected = True,
        color ='green',                        #漏斗图、饼图、水球图参数
        background_color ='gray'               #水球图参数
        radius = ['20%','55%'],                #饼图和仪表盘参数
        rosetype ='radius',                    #饼图参数
        center = ['50%', '50%'],               #饼图、水球图、旭日图、地图参数
        is_clockwise = True,                   #饼图参数
        sort_ = 'descending',                  #漏斗图参数
        gap = 0,                               #漏斗图参数
        min_ = 0,                              #仪表盘图参数
        max_ = 100,                            #仪表盘图参数
        start_angle = 225                      #仪表盘图参数
        end_angle = -45                        #仪表盘图参数
        split_number = 10,                     #仪表盘图参数
        shape ='circle',                       #水球图、雷达图、词云图参数
        is_animation = True,                   #水球图参数
        is_outline_show = True,                #水球图参数
        outline_border_distance = 8,           #水球图参数
        type_ = "line",                        #图表类型
        symbol ='circle',                      #极坐标图、关系图参数
        symbol_size = 4,                       #极坐标图、关系图参数
        stack ='stack',                        #极坐标系参数
        word_gap = 20,                         #词云图参数
        word_size_range =12,                   #词云图参数
        title_label_opts = opts.GaugeTitleOpts()   #仪表盘参数
        label_opts = opts.LabelOpts(),
        tooltip_opts = opts.TooltipOpts(),
        itemstyle_opts = opts.ItemStyleOpts(),
)
```

上面代码中 p = Pie() 的作用是指定 b 为饼图方法。data 为制作图表的数据，数据的特点是由

元组组成的列表。"add()" 函数为图表配置项，其参数在其右侧括号内进行设置，用逗号隔开。表 4-2 为图表配置项参数功能作用。

表 4-2　图表配置项参数功能作用

参　　数	作　　用
series_name ='销售占比'	用于设置系列名称
data	用于添加图表数据
is_selected = True	用于设置是否选中图例，为日历图、漏斗图、仪表盘图、极坐标图参数
color =' green '	用于设置漏斗图、饼图的标签颜色，以及水球图的波浪颜色
background_color =' gray '	用于设置水球图的背景颜色
radius = ['20%','55%']	用于设置饼图的半径，数组的第 1 项是内半径（值为 0 时为饼图），第 2 项是外半径。默认设置成百分比，相对于容器高宽中较小的一项的一半。同时也可以设置仪表盘图的半径
rosetype =' radius '	用于设置饼图是否展示成南丁格尔图，通过半径区分数据大小，有' radius '和' area '两种模式。radius 为扇区圆心角展现数据的百分比，半径展现数据的大小。area 为所有扇区圆心角相同，仅通过半径展现数据大小
center = ['50%', '50%']	用于设置饼图、旭日图、水球图、地图的中心（圆心）坐标，数组的第一项是横坐标，第二项是纵坐标
is_clockwise = True	用于设置饼图的扇区是否顺时针排布
sort_ = ' descending '	用于设置漏斗图、旭日图数据排序，可以取 ' ascending ', ' descending ', ' none '（表示按 data 顺序）
gap = 0	用于设置漏斗图数据图形间距
min_ = 0	用于设置仪表盘图中最小的数据值
max_ = 100	用于设置仪表盘图中最大的数据值
start_angle = 225	用于设置仪表盘起始角度。圆心正右手侧为 0°，正上方为 90°，正左手侧为 180°
end_angle = −45	用于设置仪表盘结束角度
split_number = 10	用于设置仪表盘平均分割段数
shape =' circle '	用于设置水球图的水球外形，有' circle ', ' rect ', ' roundRect ', ' triangle ', ' diamond ', ' pin ', ' arrow ' 可选，默认为' circle ' 设置雷达图绘制类型，可选 ' polygon ' 和 ' circle ' 设置词云图轮廓时，有 ' circle ', ' cardioid ', ' diamond ', ' triangle-forward ', ' triangle ', ' pentagon ', ' star ' 可选
is_animation = True	用于设置水球图是否显示波浪动画
is_outline_show = True	用于设置水球图是否显示边框
outline_border_distance = 8	用于设置水球图外沿边框宽度
type_ = " line"	用于设置极坐标图图表类型，支持 ChartType. SCATTER，ChartType. LINE，ChartType. BAR，ChartType. EFFECT_SCATTER
symbol =' circle '	用于设置极坐标图、关系图、地图图形，标记类型包括 ' circle ', ' rect ', ' roundRect ', ' triangle ', ' diamond ', ' pin ', ' arrow ', ' none '
symbol_size = 4	用于设置极坐标图、关系图中图形标记的大小，可以设置成诸如 10 这样单一的数字，也可以用数组分开表示宽和高，例如 [20, 10] 表示标记宽为 20，高为 10

（续）

参　　数	作　　用
stack =' stack '	用于设置极坐标图数据堆叠，同个类目轴上系列配置相同的 stack 值可以堆叠放置
word_gap = 20,	用于设置词云图单词间隔
word_size_range = 12,	用于设置词云图单词字体大小范围
title_label_opts = opts. GaugeTitleOpts()	用于设置轮盘内标题文本项标签配置项
label_opts = opts. LabelOpts()	用于设置标签，参考标签配置项（LabelOpts）内容
tooltip_opts = opts. TooltipOpts()	用于设置工具栏组件，参考工具箱配置项（TooltipOpts）进行设置
itemstyle_opts = opts. ItemStyleOpts()	用于设置图形样式，参考图元样式配置项（ItemStyleOpts）进行设置

4.3　全局配置项

全局配置项可通过 set_global_opts() 方法来设置图表的画布、标题项、图例项、动画、区域缩放、提示框项、视觉映射项、坐标轴轴线、坐标轴刻度、坐标轴指示器、图形元素组件、工具箱项等，接下来会详细讲解一些常用配置项。如图 4-10 所示为一些配置项图示。

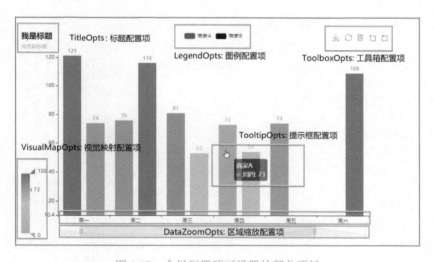

图 4-10　全局配置项可设置的部分项目

4.3.1　InitOpts（初始化配置项）

初始化配置项主要用来设置画布宽度、画布高度、图表主题、图表背景颜色、画图动画初始化配置等。初始化配置项通常在指定图表方法时进行设置，其语法格式为：

init_opts = opts. InitOpts()

下面以柱状图 Bar() 为例演示初始化配置项的一些常用配置项用法。

```
b = Bar(init_opts = opts.InitOpts(width = '800px',height = '600px',bg_color = 'blue',
theme = ThemeType.PURPLE_PASSION))
```

上面代码中 Bar() 为柱状图表方法，初始化配置项通常在指定图表方法时进行设置，在图表方法的括号内进行设置。代码中，init_ opts = opts. InitOpts() 为初始化配置项，其各个参数在它的括号内进行设置，用逗号隔开。

其中，"width = '800px'" 用来设置画布宽度，画布宽度数值要用引号引起来，此例中将画布宽度设置成了 800px；"height = '600px'" 用来设置画布的高度，画布高度数值要用引号引起来，此例中将画布高度设置成了 600px；"bg_color = 'blue'" 用来设置画布背景颜色，颜色名称要用引号引起来，颜色也可以用十六进制颜色代码（如#33FF99）；"theme = ThemeType. PURPLE_PASSION" 用来设置图表主题样式，其中 "PURPLE_PASSION" 为内置的主题样式，通常设置了主题样式就不再设置画布背景颜色。模块中一共内置了十几种主题样式，包括 LIGHT、DARK、CHALK、ESSOS、INFOGRAPHIC、MACARONS、PURPLE _PASSION、ROMA、ROMANTIC、SHINE、VINTAGE、WALDEN、WESTEROS 和 WONDERLAND 等。

4.3.2　TitleOpts（标题配置项）

标题配置项主要用来设置主标题文本、副标题文本、标题文本距离容器左侧、右侧、上侧、下侧的距离（容器可以理解为画布），主副标题间的间距，标题字体样式（如字号、颜色等）等。标题配置项需要在全局配置项（set_global_opts()）中进行设置，标题配置项语法格式为：

title_opts = opts. TitleOpts()

下面以饼图 Pie() 为例演示标题配置项的一些常用配置项用法。

```
p = Pie()
p. set_global_opts(title_opts = opts. TitleOpts(
        title = '公司销售占比',
        subtitle = '统计各分公司销售情况',
        pos_left = '10%', pos_right = '20%', pos_top = '12%', pos_bottom = '20%',
        item_gap = 10,
        title_textstyle_opts = opts. TextStyleOpts(font_size = 16, color = 'red'),
        subtitle_textstyle_opts = opts. TextStyleOpts(font_size = 12)
        )
)
```

上面代码中 p = Pie() 的作用是指定 p 为饼图方法。

"set_global_opts()" 函数为全局配置项，标题配置项 "title_opts = opts. TitleOpts()" 为全局配置项的参数。而标题配置项的参数在其右侧的括号内进行设置，用逗号隔开。表 4-3 为上述代码中标题配置项的参数。

表 4-3　标题配置项的参数

参　　数	作　　用
title = '公司销售占比'	用来设置主标题，"公司销售占比" 为主标题名称
subtitle = '统计各分公司销售情况'	用来设置副标题，"统计各分公司销售情况" 为副标题名称
item_gap = 10	用来设置主副标题间的间距，"10" 为间距值
pos_left = '10%'	用来设置标题组件离容器（画布）左侧的距离，"10%" 为距离值。其值可以是像 20 这样的具体像素值，也可以是像 '20%' 这样相对于容器高宽的百分比

（续）

参　　数	作　　用
pos_right ='20%'	用来设置标题组件离容器（画布）右侧的距离，"20%"为距离值。其值可以是像 20 这样的具体像素值，也可以是像'20%'这样相对于容器高宽的百分比
pos_top ='12%'	用来设置标题组件离容器（画布）上侧的距离，"12%"为距离值。其值可以是像 12 这样的具体像素值，也可以是像'12%'这样相对于容器高宽的百分比
pos_bottom ='20%'	用来设置标题组件离容器（画布）下侧的距离，"20%"为距离值。其值可以是像 20 这样的具体像素值，也可以是像'20%'这样相对于容器高宽的百分比
title_textstyle_opts = opts. TextStyleOpts（font_size = 16，color ='red'）	用来设置主标题字体样式，如字体大小、颜色等。"font_size = 16"为其参数，其他参数可以参考"文字样式配置项"小节内容
subtitle_textstyle_opts = opts. TextStyleOpts（font_size = 12）	用来设置副标题字体样式，如字体大小、颜色等。"font_size = 12"为其参数，其他参数可以参考"文字样式配置项"小节内容

4.3.3　LegendOpts（图例配置项）

图例配置项主要用来设置图例样式，是否显示图例，图例距离容器左侧、右侧、上侧、下侧的距离（容器可以理解为画布），图例列表的朝向，图例标记和文本的对齐，图例每项之间的间距，图例图形宽度和高度，图例字体样式（如字号、颜色等），图例的形状等。图例配置项需要在全局配置项（set_global_opts()）中进行设置，图例配置项语法格式为：

legend_opts = opts. LegendOpts( )

下面以饼图 Pie()为例演示图例配置项的一些常用配置项用法。

```
p = Pie()
p. set_global_opts(legend_opts = opts. LegendOpts(
    type_ ='scroll',is_show = True,
    orient ='vertical',align ='right',
    pos_left ='10%', pos_right ='20%', pos_top ='12%', pos_bottom ='20%',
    item_gap =10,
    item_width =20,item_height =12,
    textstyle_opts = opts. TextStyleOpts(font_size =16,color ='red'),
    legend_icon ='rect'
    )
)
```

上面代码中 p = Pie()的作用是指定 b 为柱状图方法。

"set_global_opts()"函数为全局配置项，图例配置项"legend_opts = opts. LegendOpts()"为全局配置项的参数。图例配置项的参数在其右侧括号内进行设置，用逗号隔开。表 4-4 为上述代码中图例配置项的参数。

表 4-4　图例配置项的参数

参　　数	作　　用
type_ = ' scroll '	用来设置图例的类型，其值有' plain '和' scroll '。' plain '为普通图例，默认就是普通图例；' scroll '为可滚动翻页的图例，当图例数量较多时可以使用
is_show = True	用来设置是否显示图例，默认值为 True（显示），还可以设置为 False（不显示）
orient = ' vertical '	用来设置图例列表的布局朝向。可选' horizontal '（水平）和' vertical '（垂直）
align = ' right '	用来设置图例标记和文本的对齐。默认自动（auto），还可以设置为 'left '，' right '
item_gap = 10	用来设置图例组件间的间距，横向布局时为水平间隔，纵向布局时为纵向间隔，"10" 为间距值
pos_left = '10%'	用来设置图例组件离容器（画布）左侧的距离，"10%" 为距离值。其值可以是像 10 这样的具体像素值，也可以是像 '10%' 这样相对于容器高宽的百分比
pos_right = '20%'	用来设置图例组件离容器（画布）右侧的距离，"20%" 为距离值。其值可以是像 20 这样的具体像素值，也可以是像 '20%' 这样相对于容器高宽的百分比
pos_top = '12%'	用来设置图例组件离容器（画布）上侧的距离，"12%" 为距离值。其值可以是像 12 这样的具体像素值，也可以是像 '12%' 这样相对于容器高宽的百分比
pos_bottom = '20%'	用来设置图例组件离容器（画布）下侧的距离，"20%" 为距离值。其值可以是像 20 这样的具体像素值，也可以是像 '20%' 这样相对于容器高宽的百分比
item_width = 20	用来设置图例标记的图形宽度，默认宽度为 25
item_height = 12	图例标记的图形高度，默认高度为 14
textstyle_opts = opts. TextStyleOpts （font_size = 16 , color = ' red ')	用来设置图例组件字体样式，如字体大小、颜色等，"font_size = 16" 为其参数。参考文字样式配置项（TextStyleOpts）的内容进行设置
legend_icon = ' rect '	用来设置图例项的形状，可以设置为 ' circle '（圆形），' rect '（矩形），' roundRect '（圆角矩形），' triangle '（三角形），' diamond '（菱形），' pin '（针形），' arrow '（箭头形），' none '（无）

4.3.4　AxisOpts（坐标轴配置项）

坐标轴配置项主要用来设置坐标轴类型、坐标轴名称、坐标轴名称显示位置、坐标轴名称与轴线间的距离、坐标轴名字旋转角度值、是否显示 x 轴、是否反向坐标轴、x 轴位置、坐标轴两边留白策略、坐标轴刻度最小值、坐标轴刻度最大值、坐标轴标签设置、坐标轴刻度、坐标轴轴线等。坐标轴配置项需要在全局配置项（set_global_opts()）中进行设置，坐标轴配置项语法格式为：

axis_opts = opts. AxisOpts()

下面以柱状图 Bar()为例演示坐标轴配置项的一些常用配置项用法。

```
b = Bar()
b.set_global_opts(
    yaxis_opts = opts.AxisOpts(
    type_ ='value',is_show = True,
    name ='标签名称',name_location ='end',name_gap = 15,
    name_rotate =15,position ='top',
    boundary_gap ='10%',
    min_ =2,max_ =60,
```

```
        axisline_opts = opts.AxisLineOpts(is_show = True),
        axislabel_opts = opts.LabelOpts(color='green'),
        axistick_opts = opts.AxisTickOpts(is_inside = False),
        axispointer_opts = opts.AxisPointerOpts(type_ = 'line'),
        name_textstyle_opts = opts.TextStyleOpts(font_size =16,color ='red')
        ),
    xaxis_opts = opts.AxisOpts(axislabel_opts = opts.LabelOpts(rotate = -15))
)
```

上面代码中 b = Bar()的作用是指定 b 为柱状图方法。

"set_global_opts()"函数为全局配置项，y 坐标轴配置项"yaxis_opts = opts. AxisOpts()"和 x 坐标轴配置项"xaxis_opts = opts. AxisOpts()"为全局配置项的参数。坐标轴配置项的参数在其右侧括号内进行设置，用逗号隔开。表 4-5 为上述代码中坐标轴配置项的参数（x 轴和 y 轴配置项参数用法相同）。

表 4-5   坐标轴配置项的参数

参　　数	作　　用
type_ ='value'	用来设置坐标轴类型。有以下项可选 • 'value'：数值轴，适用于连续数据 • 'category'：类目轴，适用于离散的类目数据，为该类型时必须通过 data 设置类目数据 • 'time'：时间轴，适用于连续的时序数据 • 'log'：对数轴，适用于对数数据
is_show = True	用来设置是否显示 y 坐标轴，默认值为 True（显示），还可以设置为 False（不显示）
name ='标签名称'	用来设置坐标轴名称
name_location ='end'	用来设置坐标轴名称显示位置可选' start'，' middle'或者' center'，' end'
name_gap = 15	用来设置坐标轴名称与轴线之间的距离
name_rotate =15	用来设置坐标轴名字旋转、角度值
boundary_gap ='10%'	用来设置坐标轴两边留白策略，类目轴和非类目轴的设置和表现不一样，"10%"为留白距离值
position ='top'	用来设置 x 轴的位置，可选' top'，' bottom'
min_ = 2	用来设置坐标轴刻度最小值
max_ = 60	用来设置坐标轴刻度最大值
axisline_opts = opts. AxisLineOpts（is_show = True）	用来设置坐标轴轴线，参考坐标轴轴线配置项（AxisLineOpts）内容
axislabel_opts = opts. LabelOpts（color ='green'）	用来设置坐标轴标签，参考标签配置项（LabelOpts）的内容进行设置
axistick_opts = opts. AxisTickOpts（is_inside = False）	用来设置坐标轴刻度。参考坐标轴刻度配置项（AxisTickOpts）的内容进行设置
axispointer_opts = opts. AxisPointerOpts（type_ = 'line'）	用来设置坐标轴指示器，参考坐标轴指示器配置项（AxisPointerOpts）的内容进行设置
name_textstyle_opts = opts. TextStyleOpts（font_size = 16，color ='red'）	用来设置坐标轴名称的文字样式，参考文字样式配置项（TextStyleOpts）的内容进行设置

4.3.5　**AxisLineOpts**（坐标轴轴线配置项）

坐标轴轴线配置项主要用来设置是否显示轴线、轴线两边的箭头、x 轴或 y 轴的轴线是否在另一个轴的 0 刻度上、坐标轴线风格等。坐标轴轴线配置项需要在 x 轴配置项（xaxis_opts = opts. AxisOpts()）和 y 轴配置项（yaxis_opts = opts. AxisOpts()）等坐标轴配置项中进行设置，坐标轴轴线配置项语法格式为：

axisline_opts = opts. AxisLineOpts()

下面以柱状图 Bar()为例演示坐标轴轴线配置项的一些常用配置项用法。

```
b = Bar()
b.set_global_opts(
    yaxis_opts = opts.AxisOpts(
        axisline_opts = opts.AxisLineOpts(
            is_show = True,
            is_on_zero = True,
            on_zero_axis_index = 0,
            symbol ='arrow',
            linestyle_opts = opts.LineStyleOpts(color ='blue')
            ),
        ),
)
```

上面代码中 b = Bar()的作用是指定 b 为柱状图方法。

"set_global_opts()" 函数为全局配置项，"yaxis_opts = opts. AxisOpts()" y 坐标轴配置项为全局配置项的参数，"axisline_opts = opts. AxisLineOpts()"坐标轴轴线配置项为 y 坐标轴配置项的参数。坐标轴轴线配置项的参数在其右侧括号内进行设置，用逗号隔开。表 4-6 为上述代码中坐标轴轴线配置项的参数。

表 4-6　坐标轴轴线配置项的参数

参　　数	作　　用
is_show = True	用来设置是否显示坐标轴轴线。True 为显示，False 为不显示。注意，此项必须在 y 坐标轴或 x 坐标轴显示的情况下有效
is_on_zero = True	用来设置 x 轴或者 y 轴的轴线是否在另一个轴的 0 刻度上，只有在另一个轴为数值轴且包含 0 刻度时有效
on_zero_axis_index = 0	用来设置当有双轴时，可以用这个属性手动指定在哪个轴的 0 刻度上
symbol =' arrow '	用来设置轴线两边的箭头。可以是字符串，表示两端使用同样的箭头；默认不显示箭头，即 'none'；两端都显示箭头可以设置为 ' arrow '；只在末端显示箭头可以设置为 ['none', 'arrow']
linestyle_opts = opts. LineStyleOpts(color =' blue ')	用来设置坐标轴轴线风格，参考线风格配置项（LineStyleOpts）的内容进行设置

4.3.6　**AxisTickOpts**（坐标轴刻度配置项）

坐标轴刻度配置项主要用来设置是否显示坐标轴刻度、刻度线和标签是否对齐、坐标轴刻度是否朝内、坐标轴刻度长度、坐标轴线风格等，坐标轴刻度配置项需要在 x 轴配置项（xaxis_opts = opts. AxisOpts()）和 y 轴配置项（yaxis_opts = opts. AxisOpts()）等坐标轴配置项中进行设置，坐标轴刻度配置项语法格式为：

axistick_opts = opts. AxisTickOpts()

下面以柱状图 Bar()为例演示坐标轴刻度配置项的一些常用配置项用法。

```
b = Bar()
b.set_global_opts(
    yaxis_opts = opts.AxisOpts(
        axistick_opts = opts.AxisTickOpts(
            is_show = True,
            is_align_with_label = False,
            is_inside = False,
            length = 10,
            linestyle_opts = opts.LineStyleOpts(color ='blue')
            ),
        ),
)
```

上面代码中 b = Bar()的作用是指定 b 为柱状图方法。

"set_global_opts()"函数为全局配置项，"yaxis_opts = opts. AxisOpts()" y 坐标轴配置项为全局配置项的参数，"axistick_opts = opts. AxisTickOpts()"坐标轴轴线配置项为 y 坐标轴配置项的参数。坐标轴刻度配置项的参数在其右侧括号内进行设置，用逗号隔开。表 4-7 为上述代码中坐标轴刻度配置项的参数。

表 4-7 坐标轴刻度配置项的参数

参　　　数	作　　　用
is_show = True	用来设置是否显示坐标轴刻度。True 为显示，False 为不显示。注意，此项必须在 y 坐标轴或 x 坐标轴显示的情况下有效
is_align_with_label = False	用来设置刻度线和标签对齐，类目轴中在 boundaryGap 为 True 的时候有效
is_inside = False	用来设置坐标轴刻度是否朝内，默认朝外
length = 10	用来设置坐标轴刻度的长度
linestyle_opts = opts. LineStyleOpts (color ='blue')	用来设置坐标轴刻度风格，参考线风格配置项（LineStyleOpts）的内容进行设置

4. 3. 7　AxisPointerOpts（坐标轴指示器配置项）

如图 4-11 所示为坐标轴指示器。

坐标轴指示器配置项主要用来设置是否显示坐标轴指示器、坐标轴指示器类型、坐标轴指示器文本标签、坐标轴线风格等，坐标轴指示器配置项需要在 x 轴配置项（xaxis_opts = opts. AxisOpts()）和 y 轴配置项（yaxis_opts = opts. AxisOpts()）等坐标轴配置项中进行设置，坐标轴指示器配置项语法格式为：

axispointer_opts = opts. AxisPointerOpts()

下面以柱状图 Bar()为例演示坐标轴指示器配置项的一些常用配置项用法。

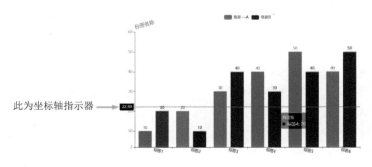

此为坐标轴指示器 →

图 4-11　坐标轴指示器

```
b = Bar()
b.set_global_opts(
    yaxis_opts = opts.AxisOpts(
        axispointer_opts = opts.AxisPointerOpts(
            is_show = True,
            type_ = 'line',
            linestyle_opts = opts.LineStyleOpts(color ='blue')
            ),
        ),
)
```

上面代码中 b = Bar()的作用是指定 b 为柱状图方法。

"set_global_opts()" 函数为全局配置项,"yaxis_opts = opts. AxisOpts()" y 坐标轴配置项为全局配置项的参数,"axispointer_opts = opts. AxisPointerOpts()"坐标轴指示器配置项为 y 坐标轴配置项的参数。坐标轴指示器配置项的参数在其右侧括号内进行设置,用逗号隔开。表 4-8 为上述代码中坐标轴指示器配置项的参数。

表 4-8　坐标轴指示器配置项的参数

参　　数	作　　用
is_show = True	用来设置是否显示坐标轴指示器,True 为显示,False 为不显示
type_ = 'line'	用来设置指示器类型。可选参数有 'line'(默认),'line' 直线指示器,'shadow' 阴影指示器,'none' 无指示器
linestyle_opts = opts. LineStyleOpts (color ='blue')	用来设置坐标轴指示器风格,参考线风格配置项(LineStyleOpts)的内容进行设置

4.3.8　TooltipOpts(提示框配置项)

如图 4-12 所示为图表的提示框。

提示框配置项主要用来设置是否显示提示框组件、触发类型、提示框触发条件、指示器类型、是否显示提示框浮层、文字样式配置,以及提示框浮层的位置、提示框标签内容格式、提示框浮层的边框颜色、提示框浮层的边框宽等。提示框配置项需要在全局配置项(set_global_opts())中进行设置,提示框配置项语法格式为:

tooltip_opts = opts. TooltipOpts()

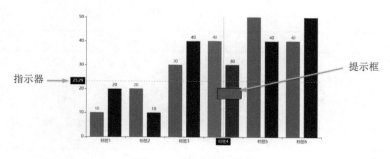

图 4-12　图表的提示框

下面以柱状图 Bar()为例演示提示框配置项的一些常用配置项用法。

```
b = Bar()
b.set_global_opts(
    tooltip_opts = opts.TooltipOpts (
        is_show = True,
        trigger = 'axis',
        trigger_on = 'mousemove|click',
        axis_pointer_type = 'cross',
        is_show_content = True,
        position = ['50%', '50%'],
        formatter = '{b}:{c}',
        background_color = 'blue',
        border_color = 'green'
        border_width = 2,
        textstyle_opts = opts.TextStyleOpts(font_size = 16,color = 'red')
        ),
)
```

上面代码中 b = Bar()的作用是指定 b 为柱状图方法。

"set_global_opts()" 函数为全局配置项，提示框配置项 "tooltip_opts = opts. TooltipOpts()" 为全局配置项的参数。提示框配置项的参数在其右侧括号内进行设置，用逗号隔开。表 4-9 为上述代码中提示框配置项的参数。

表 4-9　提示框配置项的参数

参　数	作　用
is_show = True	用来设置是否显示提示框组件，包括提示框浮层和坐标轴指示器
trigger = 'axis'	用来设置触发类型。可选项有 ● 'item'：数据项图形触发，主要在散点图、饼图等无类目轴的图表中使用 ● 'axis'：坐标轴触发，主要在柱状图、折线图等会使用类目轴的图表中使用 ● 'none'：什么都不触发
trigger_on = 'mousemove │ click'	用来设置提示框触发的条件，可选项有 ● 'mousemove'：鼠标移动时触发 ● 'click'：鼠标单击时触发 ● 'mousemove │ click'：同时鼠标移动和单击时触发 ● 'none'：不在 'mousemove' 或 'click' 时触发

（续）

参 数	作 用
axis_pointer_type = 'cross'	用来设置指示器类型。可选项有 • 'line'：直线指示器 • 'shadow'：阴影指示器 • 'none'：无指示器 • 'cross'：十字准星指示器。这其实是种简写，表示启用两个正交的轴的坐标轴指示器
is_show_content = True	用来设置是否显示提示框浮层，默认显示
position = ['50%', '50%']	用来设置提示框浮层的位置，默认不设置时位置会跟随鼠标的位置。可以设置为 ['50%', '50%']，表示相对位置，配置为固定参数，如'inside'、'top'、'left'、'right'、'bottom'
formatter = ' {b}：{c} '	用来设置提示框内标签内容格式，可以用 \n 换行 可以使用字符串模板来设置，其中{a}表示系列名，{b}表示数据名，{c}表示数据值
background_color = 'blue'	用来设置提示框浮层的背景颜色
border_color = 'green'	用来设置提示框浮层的边框颜色
border_width = 2	用来设置提示框浮层的边框宽
textstyle_opts = opts.TextStyleOpts（font_size = 16，color = 'red'）	用来设置提示框文字样式，参考文字样式配置项（TextStyleOpts）的内容进行设置

4.3.9 ToolboxOpts（工具箱配置项）

如图 4-13 所示为图表的工具箱。

工具箱配置项主要用来设置是否显示工具栏组件、工具栏组件布局朝向、工具栏组件离容器左右上下距离（容器可以理解成画布）、各工具配置项等。工具箱配置项需要在全局配置项（set_global_opts()）中进行设置，工具箱配置项语法格式为：

toolboxtip_opts = opts.ToolboxOpts()

下面以柱状图 Bar()为例演示工具箱配置项的一些常用配置项用法。

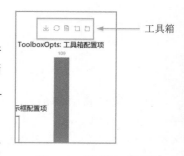

图 4-13　图表的工具箱

```
b = Bar()
b.set_global_opts(
    toolbox_opts = opts.ToolboxOpts (
        is_show = True,
        orient = 'horizontal',
        pos_left = '10%',
        pos_right = '20%',
        pos_top = '12%',
        pos_bottom = '20%'
        ),
)
```

上面代码中 b = Bar() 的作用是指定 b 为柱状图方法。

"set_global_opts()" 函数为全局配置项，工具箱配置项 "toolbox_opts = opts.ToolboxOpts()" 为全局配置项的参数。工具箱配置项的参数在其右侧括号内进行设置，用逗号隔开。表 4-10 为上述代码中工具箱配置项的参数。

表4-10　工具箱配置项的参数

参　　数	作　　用
is_show = True	用来设置是否显示工具栏组件
orient = 'horizontal'	用来设置工具栏按钮的布局朝向，可选项有' horizontal '（水平）和' vertical '（垂直）
pos_left = '10%'	用来设置工具栏组件离容器（画布）左侧的距离，"10%" 为距离值。其值可以是像 10 这样的具体像素值，也可以是像 '10%' 这样相对于容器高宽的百分比
pos_right = '20%'	用来设置工具栏组件离容器（画布）右侧的距离，"20%" 为距离值。其值可以是像 20 这样的具体像素值，也可以是像 '20%' 这样相对于容器高宽的百分比
pos_top = '12%'	用来设置工具栏组件离容器（画布）上侧的距离，"12%" 为距离值。其值可以是像 12 这样的具体像素值，也可以是像 '12%' 这样相对于容器高宽的百分比
pos_bottom = '20%'	用来设置工具栏组件离容器（画布）下侧的距离，"20%" 为距离值。其值可以是像 20 这样的具体像素值，也可以是像 '20%' 这样相对于容器高宽的百分比

4.3.10　VisualMapOpts（视觉映射配置项）

如图 4-14 所示为图表的视觉映射。

视觉映射配置项主要用来设置是否显示视觉映射组件、视觉映射组件最小值、视觉映射组件最大值、两端的文本、视觉映射组件过渡颜色、视觉映射组件大小、视觉映射图元及文字标签的透明度、视觉映射组件放置方式、视觉映射组件距离容器左右上下的距离（容器可以看成画布）、是否为分段型、是否反转视觉映射组件、图形宽度和高度、视觉映射组件的背景色、视觉映射组件的边框线宽、文字样式等。视觉映射配置项需要在全局配置项（set_global_opts()）中进行设置，视觉映射配置项语法格式为：

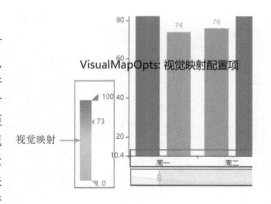

图 4-14　图表的视觉映射

visualmap_opts = opts.VisualMapOpts()

下面以柱状图 Bar() 为例演示视觉映射配置项的一些常用配置项用法。

```
b = Bar()
b.set_global_opts(
    visualmap_opts = opts.VisualMapOpts(
        is_show = True,
        orient = 'vertical',
        pos_left = '10%',
        pos_right = '20%',
        pos_top = '12%',
```

```
            pos_bottom ='20%'
            type_ = 'color',
            min_ =2,
            max_ =60,
            range_text ='High',
            range_color =['red','green'],
            is_piecewise = False,
            is_inverse = False,
            item_width =10,
            item_height =30,
            background_color ='gray',
            border_color ='red',
            border_width = 2,
            textstyle_opts = opts.TextStyleOpts(font_size =12)
        ),
)
```

上面代码中 b = Bar()的作用是指定 b 为柱状图方法。

"set _ global _ opts ( )"函数为全局配置项, 视觉映射配置项" visualmap _ opts = opts. VisualMapOpts()"为全局配置项的参数。视觉映射配置项的参数在其右侧括号内进行设置, 用逗号隔开。表 4-11 为上述代码中视觉映射配置项的参数。

表 4-11 视觉映射配置项的参数

参　　数	作　　用
is_show = True	用来设置是否显示视觉映射组件
orient = ' vertical '	用来设置视觉映射组件的布局朝向, 可选项有' horizontal '（水平）和' vertical '（垂直）
pos_left ='10%'	用来设置视觉映射组件离容器（画布）左侧的距离, "10%"为距离值。其值可以是像 10 这样的具体像素值, 也可以是像 '10%' 这样相对于容器高宽的百分比
pos_right ='20%'	用来设置视觉映射组件离容器（画布）右侧的距离, "20%"为距离值。其值可以是像 20 这样的具体像素值, 也可以是像 '20%' 这样相对于容器高宽的百分比
pos_top ='12%'	用来设置视觉映射组件离容器（画布）上侧的距离, "12%"为距离值。其值可以是像 20 这样的具体像素值, 也可以是像 '20%' 这样相对于容器高宽的百分比
pos_bottom ='20%'	用来设置视觉映射组件离容器（画布）下侧的距离, "20%"为距离值。其值可以是像 20 这样的具体像素值, 也可以是像' 20%' 这样相对于容器高宽的百分比
type_ = ' color '	用来设置映射过渡类型, 可选项有' color '和' size '
min_ = 2	用来设置指定视觉映射组件的最小值
max_ = 60	用来设置指定视觉映射组件的最大值
range_text =' High '	用来设置视觉映射组件的两端文字
range_color = [' red ',' green ']	用来设置视觉映射组件过渡颜色
is_piecewise = False	用来设置视觉映射组件是否为分段型
is_inverse = False	用来设置是否反转视觉映射组件
item_width =10	用来设置图形的宽度, 即长条的宽度
item_height =30	用来设置图形的高度, 即长条的高度

（续）

参　数	作　用
background_color = ' gray '	用来设置视觉映射组件的背景色
border_color = ' red '	用来设置视觉映射组件的边框颜色
border_width = 2	用来设置视觉映射组件的边框线宽
textstyle_opts = opts. TextStyleOpts（font_size = 12）	用来设置视觉映射组件的文字样式，参考文字风格配置项（TextStyleOpts）的内容进行设置

4.3.11　DataZoomOpts（区域缩放配置项）

如图 4-15 所示为图表的区域缩放。

区域缩放配置项主要用来设置是否显示区域缩放组件、区域缩放组件类型、数字窗口范围的起始数值、区域缩放组件控制的坐标轴、是否锁定选择区域大小、区域缩放组件离容器上下左右的距离等。区域缩放配置项需要在全局配置项（set_global_opts()）中进行设置，区域缩放配置项语法格式为：

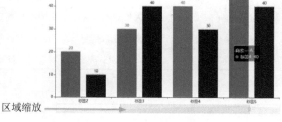

图 4-15　图表的区域缩放

datazoom_opts = opts. DataZoomOpts()

下面以柱状图 Bar() 为例演示区域缩放配置项的一些常用配置项用法。

```
b = Bar()
b.set_global_opts(
    datazoom_opts = opts.DataZoomOpts (
        is_show = True,
        pos_left ='10%',
        pos_right ='20%',
        pos_top ='12%',
        pos_bottom ='20%'
        type_ = 'slider',
        is_realtime = True,
        range_start = 20,
        range_end = 80,
        orient = 'horizontal'
        ),
)
```

上面代码中 b = Bar() 的作用是指定 b 为柱状图方法。

"set_global_opts()" 函数为全局配置项，区域缩放配置项 "datazoom_opts = opts. DataZoomOpts()" 为全局配置项的参数。区域缩放配置项的参数在其右侧括号内进行设置，用逗号隔开。表 4-12 为上述代码中区域缩放配置项的参数。

表 4-12　区域缩放配置项的参数

参　　　数	作　　　用
is_show = True	用来设置是否显示区域缩放组件。如果设置为 false，不会显示，但是数据过滤的功能还存在
pos_left = '10%'	用来设置区域缩放组件离容器（画布）左侧的距离，"10%" 为距离值。其值可以是像 20 这样的具体像素值，也可以是像 '20%' 这样相对于容器高宽的百分比
pos_right = '20%'	用来设置区域缩放组件离容器（画布）右侧的距离，"20%" 为距离值。其值可以是像 20 这样的具体像素值，也可以是像 '20%' 这样相对于容器高宽的百分比
pos_top = '12%'	用来设置区域缩放组件离容器（画布）上侧的距离，"12%" 为距离值。其值可以是像 20 这样的具体像素值，也可以是像 '20%' 这样相对于容器高宽的百分比
pos_bottom = '20%'	用来设置区域缩放组件离容器（画布）下侧的距离，"20%" 为距离值。其值可以是像 20 这样的具体像素值，也可以是像 '20%' 这样相对于容器高宽的百分比
type_ = 'slider'	用来设置区域缩放组件类型，可选项有 'slider' 和 'inside'
is_realtime = True	用来设置拖动时，是否实时更新系列的视图。如果设置为 False，则只在拖曳结束的时候更新
range_start = 20	用来设置数据窗口范围的起始百分比。范围是 0 ~ 100，表示 0% ~ 100%
range_end = 80	用来设置数据窗口范围的结束百分比。范围是 0 ~ 100
orient = 'horizontal'	用来设置区域缩放布局方式是横还是竖。可选值为 'horizontal' 和 'vertical'

4.4　系统配置项

系统配置项可通过 set_series_opts() 方法来设置图表的图元样式、文字样式、标签、线样式、分割线、标记点、标记线、涟漪特效、区域填充、分隔区域、次级刻度等。接下来会详细讲解一些常用配置项。

4.4.1　LabelOpts（标签配置项）

如图 4-16 所示为图表的标签。

标签配置项主要用来设置是否显示标签、标签的位置、标签文字颜色、标签文字大小、标签文字字体风格、标签文字字体的粗细、标签文字字体类型、标签旋转、刻度标签与轴线间的距离、坐标轴刻度标签的显示间距、标签距离图形元素的距离、标签文字水平对齐方式、文字垂直对齐方式、标签内容格式等。标签配置项可以在系统配置项（set_series_opts()）或 y 坐标系列数配置项（.add_yaxis()）中进行设置，标签配置项语法格式为：

label_opts = opts. LabelOpts()

下面以柱状图 Bar() 为例演示标签配置项的一些常用配置项用法。

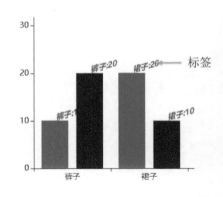

图 4-16　图表的标签

```
b = Bar()
b.set_series_opts(
    label_opts = opts.LabelOpts(
```

```
        is_show = True,
        position = 'top',
        color ='blue',
        distance =10,
        font_size = 12,
        font_style ='italic',
        font_weight ='bold',
        font_family ='Microsoft YaHei',
        rotate =15,
        margin = 8,
        interval =0,
        horizontal_align ='left',
        vertical_align ='top',
        formatter ='{b}:{c}'
        )
)
```

上面代码中 b = Bar() 的作用是指定 b 为柱状图方法。

"set_series_opts()"函数为系统配置项，标签配置项"label_opts = opts. LabelOpts()"为系统配置项的参数。标签配置项的参数在其右侧的括号内进行设置，用逗号隔开。表 4-13 为上述代码中标签配置项的参数。

表 4-13 标签配置项的参数

参　　数	作　　用
is_show = True	用来设置是否显示标签
position = 'top'	用来设置标签的位置，可选项有'top'、'left'、'right'、'bottom'、'inside'、'insideLeft'、'insideRight'、'insideTop'、'insideBottom'、'insideTopLeft'、'insideBottomLeft'、'insideTopRight'、'insideBottomRight'
color ='blue'	用来设置文字的颜色
distance =10	用来设置距离图形元素的距离，当 position 为字符描述值（如'top'、'insideRight'）时有效
font_size = 12	用来设置标签文字的字体大小
font_style ='italic'	用来设置标签文字字体的风格，可选项有'normal'、'italic'、'oblique'
font_weight ='bold'	用来设置标签文字字体的粗细，可选项有'normal'、'bold'、'bolder'、'lighter'
font_family = 'MicrosoftYaHei'	用来设置标签文字的字体系列，还可以是'serif'、'monospace'、'Arial'、'Courier New'、'Microsoft YaHei'
rotate =15	用来设置标签旋转，从 –90°到90°，正值是逆时针
margin = 8	用来设置刻度标签与轴线之间的距离
interval =0	用来设置坐标轴刻度标签的显示间隔，在类目轴中有效。可以设置成0，强制显示所有标签；如果设置为1，表示隔一个标签显示一个标签；如果值为2，表示隔两个标签显示一个标签，以此类推
horizontal_align ='left'	用来设置文字水平对齐方式，默认自动，可选项有'left'、'center'、'right'
vertical_align ='top'	用来设置文字垂直对齐方式，默认自动，可选项有'top'、'middle'、'bottom'

（续）

参　数	作　用
formatter = ' {b}：{c} '	用来设置标签内容格式，不同图表类型下的 {a}，{b}，{c}，{d} 含义不一样 ● 折线（区域）图、柱状（条形）图、K 线图：{a}（系列名称），{b}（类目值），{c}（数值），{d}（无） ● 散点图（气泡）图：{a}（系列名称），{b}（数据名称），{c}（数值数组），{d}（无） ● 地图：{a}（系列名称），{b}（区域名称），{c}（合并数值），{d}（无） ● 饼图、仪表盘、漏斗图：{a}（系列名称），{b}（数据项名称），{c}（数值），{d}（百分比）

4.4.2 TextStyleOpts（文字样式配置项）

文字样式配置项主要用来设置文字颜色、文字字体风格、主标题文字字体的粗细、文字字体系列、文字字体大小、文字水平对齐方式和垂直对齐方式、行高、文字块背景色、文字块边框颜色、文字块边框宽度、文字块圆角、文字块的宽度、文字块高度等。文字样式配置项可以在系统配置项（set_series_opts()）或 y 坐标系列数配置项（.add_yaxis()）中进行设置，文字样式配置项语法格式为：

textstyle_opts = opts. TextStyleOpts()

下面以柱状图 Bar() 为例演示文字样式配置项的一些常用配置项用法。

```
b = Bar()
b.set_series_opts(
    textstyle_opts = opts.TextStyle Opts (
        is_show = True,
        position = 'top',
        color ='blue',
        distance =10,
        font_size = 12,
        font_style ='italic',
        font_weight ='bold',
        font_family ='Microsoft YaHei',
        rotate =15,
        margin = 8,
        interval =0,
        horizontal_align ='left',
        vertical_align ='top',
        formatter ='{b}:{c}'
    )
)
```

上面代码中 b ＝Bar()的作用是指定 b 为柱状图方法。

"set_series_opts()"函数为系统配置项，文字样式配置项"textstyle_opts = opts. TextStyleOpts()"为系统配置项的参数。文字样式配置项的参数在其右侧的括号内进行设置，用逗号隔开。表4-14 为上述代码中文字样式配置项的参数。

表 4-14 文字样式配置项的参数

参　数	作　用
is_show = True	用来设置是否显示标签
position = ' top '	用来设置标签的位置，可选项有' top '、' left '、' right '、' bottom '、' inside '、' insideLeft '、' insideRight '、' insideTop '、' insideBottom '、' insideTopLeft '、' insideBottomLeft '、' insideTopRight '、' insideBottomRight '
color = ' blue '	用来设置文字的颜色
distance = 10	用来设置距离图形元素的距离，当 position 为字符描述值（如 ' top '、' insideRight '）时有效
font_size = 12	用来设置标签文字的字体大小
font_style = ' italic '	用来设置标签文字字体的风格，可选项有' normal '、' italic '、' oblique '
font_weight = ' bold '	用来设置标签文字字体的粗细，可选项有' normal '、' bold '、' bolder '、' lighter '
font_family = ' Microsoft YaHei '	用来设置标签文字的字体系列，可选项有 ' serif '、' monospace '、' Arial '、' Courier New '、' Microsoft YaHei '
rotate = 15	用来设置标签旋转，从 −90° 到 90°。正值是逆时针
margin = 8	用来设置刻度标签与轴线之间的距离
interval = 0	用来设置坐标轴刻度标签的显示间隔，在类目轴中有效。可以设置成 0，强制显示所有标签；如果设置为 1，表示隔一个标签显示一个标签；如果值为 2，表示隔两个标签显示一个标签，以此类推
horizontal_align = ' left '	用来设置文字水平对齐方式，默认自动，可选项有' left '、' center '、' right '
vertical_align = ' top '	用来设置文字垂直对齐方式，默认自动，可选项有' top '、' middle '、' bottom '
formatter = ' {b} : {c} '	用来设置标签内容格式，不同图表类型下的 {a}、{b}、{c}、{d} 含义不一样 • 折线（区域）图、柱状（条形）图、K 线图：{a}（系列名称），{b}（类目值），{c}（数值），{d}（无） • 散点图（气泡）图：{a}（系列名称），{b}（数据名称），{c}（数值数组），{d}（无） • 地图：{a}（系列名称），{b}（区域名称），{c}（合并数值），{d}（无） • 饼图、仪表盘、漏斗图：{a}（系列名称），{b}（数据项名称），{c}（数值），{d}（百分比）

4.4.3 ItemStyleOpts（图元样式配置项）

如图 4-17 所示为图表的图元样式部分。

图元样式配置项主要用来设置图形的颜色、图形的描边颜色、阴线图形的颜色及描边颜色、描边宽度、图形的透明度、区域的颜色等。图元样式配置项可以在系统配置项（set_series_opts()）或 y 坐标系列数配置项（.add_yaxis()）中进行设置，图元样式配置项语法格式为：

itemstyle_opts = opts. ItemStyleOpts( )

下面以柱状图 Bar()为例演示图元样式配置项的一些常用配置项用法。

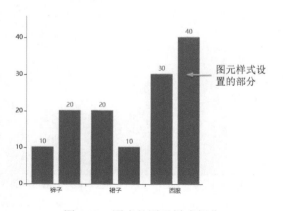

图 4-17 图表的图元样式部分

```
b = Bar()
b.set_series_opts(
    itemstyle_opts = opts.ItemStyleOpts (
        color ='blue',
        border_color = 'red',
        color0 ='green',
        border_color0 = 'orange',
        border_width = 2,
        opacity = 0.5,
        area_color = 'orange'
        )
    )
```

上面代码中 b = Bar() 的作用是指定 b 为柱状图方法。

"set_series_opts()" 函数为系统配置项，图元样式配置项 "itemstyle_opts = opts. ItemStyleOpts ()" 为系统配置项的参数。图元样式配置项的参数在其右侧的括号内进行设置，用逗号隔开。表 4-15 为上述代码中图元样式配置项的参数。

表 4-15　图元样式配置项的参数

参　　数	作　　用
color ='blue'	用来设置图形的颜色。颜色可以是 RGB 格式，如' rgb(255,0,255) '；可以是十六进制颜色色代码，如'#00FF99'；可以是颜色名称，如' red '；还可以设置成渐变色，线性渐变设置方法如下（从红色到绿色渐变）： color = {' type ':' linear ', 　　' x ': 0, 　　' y ': 0, 　　' x2 ': 0, 　　' y2 ': 1, 　　' colorStops ': [　　　　　　{' offset ': 0,' color ':' red '}, 　　　　　　{' offset ': 1,' color ':' green '}], 　　' global ': False 　　} 径向渐变设置方法如下（从红色到绿色渐变）： color = {' type ':' radial ', 　　' x ': 0.5, 　　' y ': 0.5, 　　' r ': 0.5, 　　' colorStops ': [　　　　　　{' offset ': 0,' color ':' red '}, 　　　　　　{' offset ': 1,' color ':' green '}], 　　' global ': False 　　}
border_color = ' red '	用来设置图形描边的颜色
color0 =' green '	用来设置阴线图形的颜色

（续）

参　　数	作　　用
border_color0 = 'orange'	用来设置阴线图形描边的颜色
border_width = 2	用来设置描边线宽，默认不描边
border_type = 'dotted'	用来设置描边类型，可设置为'dashed'（虚线）或'dotted'（点状）
opacity = 0.5	用来设置图形透明度，支持从 0 到 1 的数字，为 0 时不绘制该图形
area_color = 'orange'	用来设置区域的颜色

4.4.4　LineStyleOpts（线样式配置项）

线样式配置项主要用来设置是否显示线、线宽、线透明度、线的类型、线的颜色等。线样式配置项可以在系统配置项（set_series_opts()）或 y 坐标系列数（.add_yaxis()）中进行设置，线样式配置项语法格式为：

linestyle_opts = opts. LineStyleOpts()

下面以折线 Line() 为例演示线样式配置项的一些常用配置项用法。

```
l = Line()
l.set_series_opts(
    linestyle_opts = opts.LineStyleOpts (
        is_show = True,
        width = 2,
        opacity = 1,
        curve = 0,
        type_ = 'solid',
        color = 'green'
        )
)
```

上面代码中 l = Line() 的作用是指定 l 为折线图方法。

"set_series_opts()" 函数为系统配置项，线样式配置项 "linestyle_opts = opts. LineStyleOpts()" 为系统配置项的参数。线样式配置项的参数在其右侧的括号内进行设置，用逗号隔开。表 4-16 为上述代码中线样式配置项的参数。

表 4-16　线样式配置项的参数

参　　数	作　　用
is_show = True	用来设置是否显示
width = 2	用来设置线宽
opacity = 1	用来设置线的透明度，支持从 0 到 1 的数字，为 0 时不绘制该图形
curve = 0	用来设置线的弯曲度，0 表示完全不弯曲
type_ = 'solid'	用来设置线的类型，可选项有'solid'（实线），'dashed'（虚线），'dotted'（点）

（续）

参　　数	作　　用
color = ' green '	用来设置线的颜色。颜色可以是 RGB 格式，如' rgb(255,0,255) '；可以是十六进制颜色代码，如'#00FF99 '；可以是颜色名称，如' red '；还可以设置成渐变色，线性渐变设置方法如下（从红色到绿色渐变）： color =　{' type ': ' linear ', 　　　　' x ': 0, 　　　　' y ': 0, 　　　　' x2 ': 0, 　　　　' y2 ': 1, 　　　　' colorStops ': [　　　　　　　　{' offset ': 0, ' color ': ' red '}, 　　　　　　　　{' offset ': 1, ' color ': ' green '}], 　　　　' global ': False 　　　　} 径向渐变设置方法如下（从红色到绿色渐变）： color =　{' type ': ' radial ', 　　　　' x ': 0.5, 　　　　' y ': 0.5, 　　　　' r ': 0.5, 　　　　' colorStops ': [　　　　　　　　{' offset ': 0, ' color ': ' red '}, 　　　　　　　　{' offset ': 1, ' color ': ' green '}], 　　　　' global ': False 　　　　}

4.4.5　AreaStyleOpts（区域填充样式配置项）

如图 4-18 所示为区域填充效果。

区域填充样式配置项主要用来设置填充透明度、填充的颜色等。区域填充样式配置项可以在系统配置项（set_series_opts()）或 y 坐标系列数（. add_yaxis()）中进行设置，区域填充样式配置项语法格式为：

areastyle_opts = opts. AreaStyleOpts()

下面以折线 Line() 为例演示区域填充样式配置项的一些常用配置项用法。

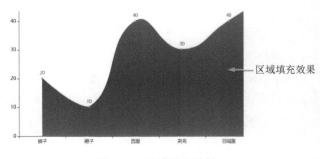

图 4-18　区域填充效果

```
l = Line()
l.add_yaxis ('',[20, 10, 40, 30, 40, 50],
    areastyle_opts = opts.AreaStyleOpts (
        opacity = 1,
        color = {'type': 'linear',
            'x': 0,
```

```
        'y': 0,
        'x2': 0,
        'y2': 1,
        'colorStops': [
            {'offset': 0, 'color': 'red'},
            {'offset': 1, 'color': 'green'}],
        'global': False
        }
    )
)
```

上面代码中 l = Line() 的作用是指定 l 为折线图方法。

".add_yaxis()" 为 y 坐标系列数配置项，区域填充配置项 "areastyle_opts = opts. AreaStyleOpts ()" 为 y 坐标系列数配置项的参数。区域填充样式配置项的参数在其右侧的括号内进行设置，用逗号隔开。表 4-17 为上述代码中区域填充样式配置项的参数。

表 4-17　区域填充样式配置项的参数

参　　数	作　　用
opacity = 1	用来设置线的透明度，支持从 0 到 1 的数字，为 0 时不绘制该图形
color = {'type': 'linear', 　'x': 0, 　'y': 0, 　'x2': 0, 　'y2': 1, 　'colorStops': [　　　{'offset': 0, 'color': 'red'}, 　　　{'offset': 1, 'color': 'green'}], 　'global': False }	用来设置线的颜色。颜色可以是 RGB 格式，如' rgb (255, 0, 255) '；可以是十六进制颜色代码，如'#00FF99'；可以是颜色名称，如' red '；还可以设置成渐变色，线性渐变设置方法如下（从红色到绿色渐变）： color = {'type': 'linear', 　'x': 0, 　'y': 0, 　'x2': 0, 　'y2': 1, 　'colorStops': [　　　{'offset': 0, 'color': 'red'}, 　　　{'offset': 1, 'color': 'green'}], 　'global': False } 径向渐变设置方法如下（从红色到绿色渐变）： color = {'type': 'radial', 　'x': 0.5, 　'y': 0.5, 　'r': 0.5, 　'colorStops': [　　　{'offset': 0, 'color': 'red'}, 　　　{'offset': 1, 'color': 'green'}], 　'global': False }

4.4.6　MarkLineOpts（标记线配置项）

如图 4-19 所示为图表的标记线。

标记线配置项主要用来设置标记线图形是否不响应鼠标事件、标记线数据、标线两端的标记大小、标线数值的精度、标记线样式等。标记线配置项可以在系统配置项（set_series_opts()）或 y 坐标系列数配置项（.add_yaxis()）中进行设置，标记线配置项语法格式为：

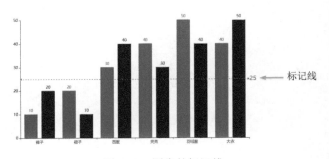

图 4-19　图表的标记线

markline_opts = opts. MarkLineOpts()

下面以柱状图 Bar() 为例演示标记线配置项的一些常用配置项用法。

```
b = Bar()
b.set_series_opts(
    markline_opts = opts.MarkLineOpts (
            is_silent = True,
            data = [opts.MarkLineItem(y = 25)],
            symbol = ('rect','arrow'),
            symbol_size = (8,5),
            precision = 2,
            label_opts = opts.LabelOpts(font_size = 18),
            linestyle_opts = opts.LineStyleOpts(color = 'blue',type_ = 'dashed')
    )
)
```

上面代码中 b = Bar() 的作用是指定 b 为柱状图方法。

"set_series_opts()" 函数为系统配置项，标记线配置项 "markline_opts = opts. MarkLineOpts()" 为系统配置项的参数。标记线配置项的参数在其右侧的括号内进行设置，用逗号隔开。表 4-18 为上述代码中标记线配置项的参数。

表 4-18　标记线配置项的参数

参　　数	作　　用
is_silent = True	用来设置图形是否不响应和触发鼠标事件，默认为 False，即响应和触发鼠标事件
data = [opts. MarkLineItem(y = 25)]	用来设置标记线数据，参考 MarkLineItem()（标记线数据配置项）
symbol = ('rect','arrow')	用来设置标线两端的标记类型，可以是一个数组分别指定两端，也可以是单个统一指定。标记类型包括'circle'、'rect'、'roundRect'、'triangle'、'diamond'、'pin'、'arrow'、'none'
symbol_size = (8,5)	用来设置标线两端的标记大小，可以是一个数组分别指定两端，也可以是单个统一指定
precision = 2	用来设置标线数值的精度，在显示平均值线的时候有用
label_opts = opts. LabelOpts (font_size = 18)	用来设置标记线的标签，参考 LabelOpts（标签配置项）的内容进行设置
linestyle_opts = opts. LineStyleOpts (color = 'blue',type_ = 'dashed')	用来设置标记线样式，参考 LineStyleOpts（线样式配置项）的内容进行设置

4.4.7　MarkLineItemOpts（标记线数据项）

标记线数据项主要用来设置标注名称、特殊标注类型、x/y 数据坐标、起点和终点坐标、标记类型、标记大小等。标记线数据项在 MarkLineOpts（标记线配置项）中进行设置，标记线数据项语法格式为：

data = [opts. MarkLineItem()]

下面以柱状图 Bar() 为例演示标记线数据项的一些常用配置项用法。

```
b = Bar()
b.set_series_opts(
    markline_opts = opts.MarkLineOpts(
        data = [opts.MarkLineItem(
            name = '数据',
            type_ = 'min',
            y = 25,
            x = '裤子',
            symbol = ('rect','arrow'),
            symbol_size = (8,5)
            )],
    )
)
```

上面代码中 b = Bar() 作用是指定 b 为柱状图方法。

"set_series_opts()" 函数为系统配置项，标记线配置项 "markline_opts = opts. MarkLineOpts()" 为系统配置项的参数，标记线数据项 "data = [opts. MarkLineItem()" 为标记线配置项的参数。标记线数据项的参数在其右侧的括号内进行设置，用逗号隔开。表 4-19 为上述代码中标记线数据项的参数。

表 4-19　标记线数据项的参数

参　　数	作　　用
name = '数据'	用来设置标记线的标注名称
type_ = 'min'	用来设置特殊的标注类型，标注最大值、最小值等。可选项有' min ' 最大值、' max ' 最大值、' average ' 平均值。注意，如果设置了 x 或 y 坐标数据，此项将不起作用
y = 25	用来设置 y 坐标数据
x = '裤子'	用来设置 x 坐标数据
symbol = (' rect ',' arrow ')	用来设置标记线两端的标记类型，可以是一个数组分别指定两端，也可以是单个统一指定。标记类型包括' circle ', ' rect ', ' roundRect ', ' triangle ', ' diamond ', ' pin ', ' arrow ', ' none '
symbol_size = (8,5)	用来设置标线两端的标记大小，可以是一个数组分别指定两端，也可以是单个统一指定

4.4.8　MarkPointOpts（标记点配置项）

如图 4-20 所示为图表的标记点。

113

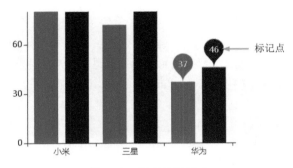

图 4-20　图表的标记点

标记点配置项主要用来设置标记点数据、标记点图形、标记点大小、标记点标签配置等。标记点配置项可以在系统配置项（set_series_opts()）或 y 坐标系列数配置项（.add_yaxis()）中进行设置，标记点配置项语法格式为：

markpoint_opts = opts. MarkPointOpts()

下面以柱状图 Bar() 为例演示标记点配置项的一些常用配置项用法。

```
b = Bar()
b.set_series_opts(
    markpoint_opts = opts.MarkPointOpts (
        data = [opts.MarkPointItem(name ='数据',type_ ='max')],
        symbol ='pin',
        symbol_size = 50,
        label_opts = opts.LabelOpts(font_size =18)
        )
)
```

上面代码中 b = Bar() 的作用是指定 b 为柱状图方法。

"set_series_opts()" 函数为系统配置项，标记点配置项 "markpoint_opts = opts. MarkPointOpts()" 为系统配置项的参数。标记点配置项的参数在其右侧的括号内进行设置，用逗号隔开。表 4-20 为上述代码中标记点配置项的参数。

表 4-20　标记点配置项的参数

参　数	作　用
data = ［opts. MarkPointItem （name ='数据',type_ =' max')］	用来设置标记点数据，参考 MarkPointItem()（标记点数据配置项）的内容进行设置
symbol =' pin'	用来设置标记的图形，标记类型包括 ' circle '、' rect '、' roundRect '、' triangle '、' diamond '、' pin '、' arrow '、' none '或图形
symbol_size = 50	用来设置标记图形大小。可以设置成诸如 10 这样单一的数字，也可以用数组分开表示宽和高，例如［20,10］表示标记宽为 20，高为 10
label_opts = opts. LabelOpts（font_size = 18）	用来设置标记点的标签，参考 LabelOpts（标签配置项）的内容进行设置

4.4.9　MarkPointItemOpts（标记点数据项）

标记点数据项主要用来设置标注名称、特殊标注类型、x/y 数据坐标、起点和终点坐标、标记类型、标记大小等。标记点数据项在 MarkPointOpts（标记点配置项）中进行设置，标记点数据项语法格式为：

data = ［opts. MarkPointItem()］

下面以柱状图 Bar()为例演示标记点数据项的一些常用配置项用法。

```
b = Bar()
b.set_series_opts(
    markpoint_opts = opts.MarkPointOpts (
        data = [opts.MarkPointItem(
            name = '数据',
            type_ = 'max',
            y = 25,
            x = '裤子',
            symbol = 'pin',
            symbol_size = 50,
            itemstyle_opts = opts.ItemStyleOpts(color = 'blue')
        )],
    )
)
```

上面代码中 b = Bar()的作用是指定 b 为柱状图方法。

"set_series_opts()" 函数为系统配置项，标记点配置项 "markpoint_opts = opts. MarkPointOpts ()" 为系统配置项的参数，标记点数据项 "data = ［opts. MarkPointItem()］" 为标记点配置项的参数。标记点数据项的参数在其右侧的括号内进行设置，用逗号隔开。表 4-21 为上述代码中标记点数据项的参数。

表 4-21　标记点数据项的参数

参　　数	作　　用
name = '数据'	用来设置标记点的标注名称
type_ = ' max '	用来设置特殊的标注类型，用于标注最大值、最小值等。可选项有' min ' 最大值、' max ' 最大值、' average ' 平均值。注意，如果设置了 x 或 y 坐标数据，此项将不起作用
y = 25	用来设置 y 坐标数据
x = '裤子'	用来设置 x 坐标数据
symbol = ' pin '	用来设置标记点图形，标记类型包括 ' circle '、' rect '、' roundRect '、' triangle '、' diamond '、' pin '、' arrow '、' none '或图形
symbol_size = 50	用来设置标记点大小，可以设置成诸如 10 这样单一的数字，也可以用数组分开表示宽和高，例如 ［20,10］表示标记宽为 20，高为 10
itemstyle_opts = opts. ItemStyleOpts（color = ' blue '）	用来设置标记点的样式，参考 ItemStyleOpts（图元样式配置项）的内容进行设置

第5章 销售数据分析报告必会图表

5.1 案例1：销售目标进度分析——仪表盘图

对于企业销售管理来说，两个最核心指标莫过于销售额和回款额了。而企业通常每年都会设定销售目标额、回款目标额两个指标作为销售的年度考评KPI指标。

下面来讲解如何制作销售进度分析图表，让人可以直观地看出销售任务完成情况。

5.1.1 销售目标进度分析图表代码详解

销售任务完成率可以用仪表盘图表来直观显示。具体为先统计出销售任务完成率，然后用 Python 程序 Pyecharts 模块中的 Gauge 来绘制仪表盘图表。如图 5-1 所示为销售任务仪表盘图表。

具体代码如下。

图 5-1 销售任务仪表盘图表

```
01  from pyecharts import options as opts          #导入 Pyecharts 模块中的 Options
02  from pyecharts.charts import Gauge             #导入 Pyecharts 模块中的 Gauge
03  rate = 0.557                                   #指定销售任务进度率
04  g = Gauge()                                    #指定 g 为仪表盘方法
05  g.add("',[ ('销售完成率',rate* 100)],axisline_opts = opts.AxisLineOpts(linestyle_opts =
    opts.LineStyleOpts(color = [ (rate, '#37a2da'), (1, '#d2cfd5')], width = 30)), title_la-
    bel_opts = opts.LabelOpts(font_size = 18,color ='black',font_family ='Microsoft YaHei
    '),detail_label_opts = opts.LabelOpts(formatter ='{value}%',font_size = 23, color ='
    red'))
                                                   #制作仪表盘图表
06  g.render(path='e:\\练习\\图表\\仪表盘.html')     #将图表保存到"仪表盘.html"文件
```

提示：在运行上述代码前要先安装 Pyecharts 模块。方法是打开命令提示符窗口，然后输入"pip install pyecharts"，按〈Enter〉键开始安装。

代码详解

第 01 行代码：作用是导入 Pyecharts 模块中的 Options，并指定模块的别名为"opts"。

第 02 行代码：作用是导入 Pyecharts 模块中 charts 子模块中的 Gauge。

第 03 行代码：作用是新建变量 rate，并将销售任务进度率（完成的销售额/销售目标额）保存到变量中。

第 04 行代码：作用是指定 g 为仪表盘方法。

第 05 行代码：作用是根据指定的数据制作仪表盘图表。代码中"add()"函数的作用是添加图表的数据和设置各种配置项。代码中"''"用来设置仪表盘上面的标签，引号中没有内容表示不添加标签，如果想添加标签，在引号中加入标签内容即可；"[('销售完成率',rate * 100)]"参数用来设置仪表盘内部的标签和百分比数字；"axisline_opts = opts. AxisLineOpts()"参数用来设置仪表盘的颜色、宽度等，仪表盘的颜色用一个多维列表来设置，"(1,"#d2cfd5")"参数中，1 表示设置颜色结束的位置，仪表盘起始位置为 0，中间位置为 0.5，结束位置为 1，"#d2cfd5"为十六进制颜色代码，"width = 30"参数用来设置仪表盘宽度；"title_label_opts = opts. LabelOpts()"参数用来设置仪表盘内部文字标签的字号、字体、颜色等；"detail_label_opts = opts. LabelOpts()"参数用来设置百分比数字标签的字号、颜色及格式，如果想去掉数字标签的"%"，将参数中的"'{value}%'"修改为"'{value}'"即可。

第 06 行代码：作用是将图表保存成网页格式文件。render()函数的作用是保存图表，默认将会在根目录下生成一个 render. html 的文件。此函数可以用 path 参数设置文件保存位置。代码中将图表保存到 e 盘"练习"文件夹"图表"文件夹中的"仪表盘. html"文件中。

提示：打开此网页格式文件，可以右击鼠标，从"打开方式"菜单中选择浏览器来打开，同时可以将打开的图表截图插入 PPT 或 Excel 文件中。

5.1.2 代码为我所用——零基础制作自己的仪表盘图

套用代码 1：制作自己的仪表盘图表

1）将案例中第 03 行代码中的"0.557"，更换为要制作图表的销售完成率的值，即可制作不同数据的仪表盘图表。

2）将案例中第 05 行代码中的"销售完成率"更换为需要的名称。

3）将案例中第 06 行代码中的"e:\\练习\\图表\\仪表盘. html"更换为其他名称，注意要修改文件保存的路径。

套用代码 2：制作不同形状的仪表盘图表

1）案例中第 05 行代码中的"(color = [(rate, '#37a2da'), (1, '#d2cfd5')]"用来设置仪表盘颜色；"#37a2da"和"#d2cfd5"为颜色的十六进制代码，可以改变仪表盘的颜色；"rate"和"1"为颜色结束的刻度，修改它们可以改变颜色所在仪表盘的位置刻度。

2）案例中第 05 行代码中的"(font_size = 18, color = ' black ', font_family = ' Microsoft YaHei ')"用来设置仪表盘内文本标签（即"销售完成率"）的字体、字号和颜色，修改"18"可以改变字号大小，修改"black"为其他颜色，可以改变文本颜色，修改"Microsoft YaHei"为其他字体，可以改变文本字体。

3）案例中第 05 行代码中的"(formatter = '{value}%', font_size = 23, color = ' red ')"用来设置仪表盘内数字标签（即 55.7%）的字号、颜色、百分号等。去掉"%"，将会只显示数字，不显示百分号，修改"23"可以改变数字大小，修改"red"可以改变数字颜色。

5.2 案例 2：销售回款分析——柱形折线组合图

对于销售回款方面的分析，首先统计出当前时间段的应收账款、累计回款、累计回款率（累计回款率 = 累计回款/应收账款）这三个关键指标，然后用仪表盘进行展示。

接着按照产品线进行分解，对比每个产品线的应收款和回款金额数据情况。然后按照时间流逝维度进行分析，统计出当前时间区间的月度累计回款金额和月度累计应收金额，同时计算累计回款率。

最后分别按照大区和销售进行分解，统计对应大区和个人的应收账款、实际回款，计算出大区和个人的回款率。这样一来，企业整体到销售个人的销售业绩状况就一目了然了。

下面讲解如何制作销售回款数据的分析图表，主要为应收账款图形、累计回款图形、回款率图形。

5.2.1　销售回款分析图表代码详解

本例中，应收账款图形和累计回款图形制作成双柱形图，回款率图形制作成折线图。如果是单个项目的回款率，可以制作成水滴图表或仪表盘图表。

具体为让 Python 程序自动读取 e 盘 "练习\图表" 文件夹 "销售回款明细.xlsx" 工作簿中的数据。然后使用 Pyecharts 模块中的 Bar() 和 Line() 函数来绘制。如图 5-2 所示为销售回款分析图。

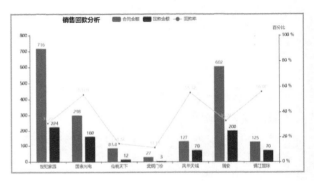

图 5-2　销售回款分析图

具体代码如下。

```
01  import pandas as pd                                    #导入 Pandas 模块
02  from pyecharts import options as opts                  #导入 Pyecharts 模块中的 Options
03  from pyecharts.charts import Bar,Line,Grid             #导入 Pyecharts 模块中的 Bar,Line,Grid
04  df=pd.read_excel(r'e:\练习\图表\销售回款明细.xlsx')        #读取制作图表的数据
05  df_list = df.values.tolist()                          #将 DataFrame 格式数据转换为列表
06  x=[]                                                   #新建列表 x
07  y1=[]                                                  #新建列表 y1
08  y2=[]                                                  #新建列表 y2
09  y3=[]                                                  #新建列表 y3
10  for data in df_list:                                  #遍历数据列表 df_list
11      x.append(data[1])                                 #将 data 中的第 2 个元素加入列表 x
12      y1.append(data[2])                                #将 data 中的第 3 个元素加入列表 y1
13      y2.append(data[3])                                #将 data 中的第 4 个元素加入列表 y2
14      y3.append('%.2f'%(data[4]*100))                   #将 data 中的第 5 个元素乘 100 后加入列表 y3
15  b = Bar()                                             #指定 b 为柱形图的方法
16  l = Line()                                            #指定 l 为折线图的方法
```

```
17  g = Grid ()                                      #指定 g 为组合图的方法
18  b.add_xaxis(x)                                   #添加柱形图 x 轴数据
19  b.add_yaxis('合同金额', y1,color ='#2F4F4F',category_gap ='35%',z =0)
                                                     #添加柱形图的第 1 个 y 轴数据
20  b.add_yaxis('回款金额', y2,color = '#DC143C',category_gap ='35%',z =0)
                                                     #添加柱形图的第 2 个 y 轴数据
21  b.set_global_opts(title_opts =opts.TitleOpts(title ='销售回款分析',pos_left ='20%'))
                                                     #设置柱形图的标题及位置
22  b.extend_axis(yaxis =opts.AxisOpts(type_ ='value', name ='百分比',min_ =0,
    max_ =100, position ='right', axislabel_opts =opts.LabelOpts(formatter ='{value} %')))
                                                     #添加第 2 个 y 轴(折线用)
23  l.add_xaxis(x)                                   #添加折线图的 x 轴数据
24  l.add_yaxis('回款率',y3,yaxis_index = 1,symbol ='circle',linestyle_opts = opts.
    LineStyleOpts(color ='cyan',width =1.5), label_opts =opts.LabelOpts(color ='cyan'))
                                                     #添加折线图的 y 轴数据
25  b.overlap(l)                                     #将折线图和柱形图叠加在一起
26  g.add(chart = b,grid_opts = opts.GridOpts(),is_control_axis_index = True)
                                                     #将柱形图和折线图组合
27  g.render(path ='e:\\练习\\图表\\柱形折线组合图.html')
                                                     #将图表保存到"柱形折线组合图.html"文件
```

代码详解

第 01 行代码：作用是导入 Pandas 模块，并指定模块的别名为"pd"。

第 02 行代码：作用是导入 Pyecharts 模块中的 Options，并指定模块的别名为"opts"。

第 03 行代码：作用是导入 Pyecharts 模块中 charts 子模块中的 Bar、Line 和 Grid。

第 04 行代码：作用是读取 Excel 工作簿中的数据。代码中"read_excel()"函数的作用是读取 Excel 工作簿，"r"为转义符，用来将路径中的"\"转义。如果不用转义符，可以用"\\"代替"\"。

第 05 行代码：作用是将 DataFrame 格式数据转换为列表。代码中 tolist() 函数用于将矩阵(matrix)和数组(array)转化为列表(制作柱形图表时需要用列表形式的数据)。"df.values"用于获取 DataFrame 格式数据中的数据部分。

第 06 ~ 09 行代码：作用是新建空列表。用于后面存放制作图表的数据。

第 10 行代码：作用是遍历第 05 行代码中生成的数据列表 df_list (图 5-3 所示为 df_list 列表中存放的数据)中的元素。

[['王晓刚', '世纪家园', 716.0, 224, 0.3128491620111732], ['李萌', '国家光电', 298.0, 160, 0.5369127516778524], ['晓蕊', '仙桃天下', 83.8, 12, 0.1431980906921241], ['贺佳', '武钢门诊', 27.0, 3, 0.1111111111111111], ['吴军', '风华天城', 127.0, 70, 0.5511811023622047], ['多齐齐', '瑞安', 602.0, 200, 0.33222591362126247], ['伍氏琦', '锦江国际', 125.0, 70, 0.56]]

图 5-3 df_list 列表中存放的数据

当 for 循环第 1 次循环时，将 df_list 列表中的第 1 个元素"['王晓刚','世纪家园',716.0,224,0.3128491620111732]"存放在 data 变量中，然后执行下面缩进部分的代码(第 11 ~ 14 行代码)。接着再运行第 10 行代码，执行第 2 次循环；当执行最后一次循环时，将最后一个元素存放在 data 变量中，然后执行缩进部分代码，完成后结束循环，执行非缩进部分代码。

第 11 行代码：作用是将 data 变量中保存的元素列表中的第 2 个元素（0 为第 1 个元素）添加到列表 x 中。

第 12 行代码：作用是将 data 变量中保存的元素列表中的第 3 个元素添加到列表 y1 中。

第 13 行代码：作用是将 data 变量中保存的元素列表中的第 4 个元素添加到列表 y2 中。

第 14 行代码：作用是将 data 变量中保存的元素列表中的第 5 个元素乘以 100，然后保留 2 位小数之后，添加到列表 y3 中。代码中"data［4］*100"的意思是第 5 个元素乘以 100（这样就会按百分比的形式显示），"'%.2f'%"的意思是保留 2 位小数。

第 15 行代码：作用是指定 b 为柱形图的方法。

第 16 行代码：作用是指定 l 为折线图的方法。

第 17 行代码：作用是指定 g 为组合图的方法。

第 18 行代码：作用是添加柱形图 x 轴数据，即将数据中"工程名称"列数据添加为 x 轴数据。

第 19 行代码：作用是添加柱形图的第 1 个 y 轴数据，即将数据中"合同金额"列数据添加为第 1 个 y 轴数据。代码中的参数"合同金额"为设置的图例名称，"color = '#2F4F4F'"用于设置柱形图颜色。"category_gap = '35%'"用来设置同一系列的柱间距离，默认为类目间距的 20%。"z = 0"用于设置图形的前后顺序，z 值小的图形会被 z 值大的图形覆盖遮挡。

第 20 行代码：作用是添加柱形图的第 2 个 y 轴数据，即将数据中"回款金额"列数据添加为第 2 个 y 轴数据。代码中的参数"回款金额"为设置的图例名称，"color = ''#DC143C'"用于设置柱形图颜色。"category_gap = '35%'"用来设置同一系列的柱间距离，默认为类目间距的 20%。"z = 0"用于设置图形的前后顺序，z 值小的图形会被 z 值大的图形覆盖遮挡。

第 21 行代码：作用是设置柱形图的标题及位置。set_global_opts()函数用来设置全局配置，opts.TitleOpts()用来设置图表的名称。其中，"title = '销售回款分析'"用来设置图表名称，"pos_left = '20%'"用来设置图表名称位置，即距离最左侧的距离。还可以用过"pos_top"来设置距离顶部的距离。

第 22 行代码：作用是添加第 2 个 y 轴，即为折线设置 y 轴。"extend_axis()"函数的作用是设置第 2 个 y 轴。其参数中"yaxis = opts.AxisOpts(type_ = 'value', name = '百分比', min_ = 0, max_ = 100, position = 'right'"用来设置第 2 个 y 轴。"name = '百分比'"设置 y 轴的名称，"min_ = 0, max_ = 100"设置 y 轴的最小和最大刻度，"position = 'right'"用来设置第 2 个 y 轴的位置，在右侧。"axislabel_opts = opts.LabelOpts(formatter = '{value} %')"用来设置第 2 个 y 轴刻度单位。

第 23 行代码：作用是添加折线图的 x 轴数据，与柱形图的 x 轴相同。

第 24 行代码：作用是添加折线图的 y 轴数据。add_yaxis()函数参数中"回款率"为设置的图例名称；"yaxis_index = 1"用来选择 y 轴，"0"表示第 1 个 y 轴，"1"表示第 2 个 y 轴；"symbol = 'circle'"用来设置转折点的形状（'circle'为圆形）；"linestyle_opts = opts.LineStyleOpts(color = 'cyan', width = 1.5)"用来设置折线的样式，"color = 'cyan'"参数用来设置折线颜色，"width = 1.5"用来设置折线粗细。"label_opts = opts.LabelOpts(color = 'cyan')"用来设置折线标签文字的颜色。

第 25 行代码：作用是将折线图和柱形图叠加在一起。

第 26 行代码：作用是将柱形图和折线图组合。"chart = b"用来设置组合的图表实例，b 为 Bar()柱形图；"grid_opts = opts.GridOpts()"为直角坐标系网格配置项（可以设置 grid 组件的高度、距离等）；"is_control_axis_index = True"用来设置是否由自己控制 Axis 索引。

第 27 行代码：作用是将图表保存成网页格式文件。render()函数的作用是保存图表，默认将会在根目录下生成一个 render. html 文件。此函数可以用 path 参数设置文件保存位置。代码中将图表保存到 e 盘"练习"文件夹下"图表"文件夹中的"柱形折线组合图. html"文件中。

5.2.2　代码为我所用——零基础制作自己的柱形折线组合图

套用代码1：制作自己的组合图表

1）将案例第 04 行代码中的"e:\练习\图表\销售回款明细. xlsx"更换为其他文件名，可以根据其他工作簿数据制作图表，注意要加上文件的路径。

2）将案例第 11 ~ 14 行代码中"data [1]"方括号中的数字进行调整，在数据列表中作为对应 x 轴和 y 轴数据的序号。注意：第 1 个元素为 0。

3）将案例第 19 行代码中的"合同金额"更换为需要的图例名称。

4）将案例第 20 行代码中的"回款金额"更换为需要的图例名称。

5）将案例第 21 行代码中的"销售回款分析"更换为需要的图表名称。

6）将案例第 24 行代码中的"回款率"更换为需要的折线图例名称。

7）将案例第 27 行代码中的"e:\\练习\\图表\\柱形折线组合图. html"更换为需要的图表名称。注意文件的路径。

套用代码2：制作不同形状的组合图表

1）案例第 19 行代码中，修改"color = '#2F4F4F'"的值，可以修改柱形的颜色。"#2F4F4F"为十六进制颜色代码。

2）案例第 20 行代码中，修改"color = #DC143C'"的值，可以修改柱形的颜色。"#DC143C"为十六进制颜色代码。

3）案例第 24 行代码中，改变"opts. LineStyleOpts(color = 'cyan', width = 1.5)"中参数"color = 'cyan'"的值"cyan"，可以改变折线的颜色；改变"width = 1.5"参数的值"1.5"，可以改变折线的粗细。

4）案例第 24 行代码中，改变"label_opts = opts. LabelOpts(color = 'cyan')"中参数"color = 'cyan'"的值"cyan"，可以改变折线标签文字的颜色。

5）案例第 24 行代码中，改变"symbol = 'circle'"参数的值，可以改变转折点的形状。如可修改为'rect'（矩形），'roundRect'（圆角矩形），'triangle'（三角形），'diamond'（菱形），'pin'（大头针），'arrow'（箭头），'none'（无）。

5.3　案例3：销售额占比分析——圆饼图（突出显示）

销售数据分析图表一般为各种产品的销售额图表、销量图表等。为了能够清晰地看到每个产品全年销售额所占公司总销售额的比重情况，下面用一个饼图来显示讲解。

5.3.1　销售额占比分析图表代码详解

本例主要制作公司销售额占比分析图表。具体为让 Python 程序自动读取 e 盘"练习\图表"文件夹"销售额明细. xlsx"工作簿中的数据。然后使用 Matplotlib 模块中的 pie()函数来绘制。如

图 5-4 所示为绘制好的圆饼图。

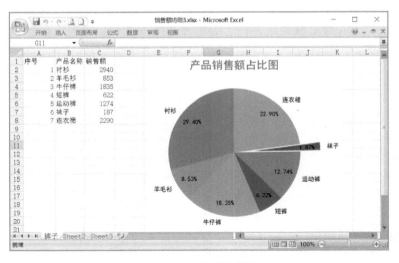

图 5-4　绘制好的圆饼图

具体代码如下。

```
01  import pandas as pd                                      #导入 Pandas 模块
02  import matplotlib.pyplot as plt                          #导入 Matplotlib 模块
03  import xlwings as xw                                     #导入 xlwings 模块
04  df = pd.read_excel(r'e:\练习\图表\销售额明细 3.xlsx')   #读取制作图表的数据
05  fig = plt.figure()                                       #创建一个绘图画布
06  plt.rcParams['font.sans-serif'] = ['SimHei']             #解决中文显示乱码的问题
07  plt.rcParams['axes.unicode_minus'] = False               #解决负号无法正常显示的问题
08  x = df['产品名称']        #指定数据中的"产品名称"列作为各类别的标签
09  y = df['销售额']          #指定数据中"销售额"列作为计算列表的占比
10  plt.pie(y, labels = x, labeldistance = 1.1, autopct = '%.2f%%', pctdistance = 0.8, star-
    tangle = 90, radius = 1.0, explode = [0,0,0,0,0,0.3,0])   #制作饼图图表
11  plt.title('产品销售额占比图', fontdict = {'color':'red','size':18}, loc = 'center')
                                                             #为图表添加标题
12  app = xw.App(visible = True)                             #打开 Excel 程序
13  wb = app.books.open(r'e:\练习\图表\销售额明细 3.xlsx')    #打开 Excel 工作簿
14  sht = wb.sheets[0]                                       #选择第一个工作表
15  sht.pictures.add(fig, name = '销售额占比图表', update = True, left = 200)
                                                             #在工作表中插入绘制的图表
16  wb.save()                                                #保存 Excel 工作簿
17  wb.close()                                               #关闭打开的 Excel 工作簿
18  app.quit()                                               #退出 Excel 程序
```

代码详解

第 01 行代码：作用是导入 Pandas 模块，并指定模块的别名为 "pd"。

第 02 行代码：作用是导入 Matplotlib 模块中的 pyplot 子模块，并指定模块的别名为 "plt"。

第 03 行代码：作用是导入 xlwings 模块，并指定模块的别名为 "xw"。即在程序中 "xw" 就代表 "xlwings"。

第 04 行代码：作用是读取 Excel 工作簿中的数据。代码中"read_excel()"函数的作用是读取 Excel 工作簿，"r"为转义符，用来将路径中的"\"转义。如果不用转义符，可以用"\\"代替"\"。

第 05 行代码：作用是创建一个绘图画布。代码中"figure()"函数的作用是创建绘图画布。此函数的语法为：

figure(num = None,figsize = None,dpi = None,facecolor = None,edgecolor = None, frameon = True)

figure()函数参数功能见表 5-1。

表 5-1　figure()函数参数功能

参　　数	功　　能
num	指定图像编号或名称，数字为编号，字符串为名称
figsize	指定 figure 的宽和高，单位为英寸。如 figure =(15,8)表示画布宽为 15，高为 8
dpi	指定绘图对象的分辨率，即每英寸多少个像素，默认为 80，1 英寸等于 2.5cm，A4 纸是 21cm ×30cm 的纸张
facecolor	设置背景颜色
edgecolor	设置边框颜色
frameon	设置是否显示边框

第 06 行代码：作用是为图表中中文文本设置默认字体，以避免中文显示乱码的问题。

第 07 行代码：作用是解决坐标值为负数时无法正常显示负号的问题。

第 08 行代码：作用是指定数据中的"产品名称"列作为各类别的标签。

第 09 行代码：作用是指定数据中"销售额"列作为计算列表的占比。

第 10 行代码：作用是根据指定的数据制作饼图。代码中"pie()"函数的作用是制作饼图，参数 explode 用来指定突出显示的部分，0 表示不突出，0.3 表示突出 30%。此函数的语法为：

pie(x,explode = None,labels = None,colors = None,autopct = None,pctdistance = 0.6,

shadow = False, labeldistance = 1.1, startangle = None, radius = None, counterclock = True,

wedgeprops = None, textprops = None, center = (0,0), frame = False)

pie()函数参数功能见表 5-2。

表 5-2　pie()函数参数功能

参　　数	功　　能
x	指定绘图的数据
explode	指定饼图某些部分的突出显示，即设置饼块相对于饼圆半径的偏移距离，取值为小数，默认值为 None
labels	为饼图添加标签说明，类似于图例说明。字符串列表。默认值为 None
colors	指定饼图的填充颜色，颜色会循环使用。默认值为 None，使用当前色彩循环
autopct	自动添加百分比显示，可以采用格式化的方法显示；取值为 None 或字符串或可调用对象，默认值为 None。如果值为格式字符串，标签将被格式化，如果值为函数，将被直接调用
pctdistance	设置百分比标签与圆心的距离，默认值为 0.6，autopct 不为 None 则该参数生效
shadow	设置是否添加饼图的阴影效果；默认值为 False

（续）

参　　数	功　　能
labeldistance	设置各扇形标签（图例）与圆心的距离；默认值为 1.1。如果设置为 None，标签不会显示，但是图例可以使用标签
startangle	设置饼图的初始摆放角度；默认值为 0，即从 x 轴开始。角度逆时针旋转
radius	设置饼图的半径大小，默认值为 1.0
counterclock	设置是否让饼图按逆时针顺序呈现，默认值为 True
wedgeprops	设置饼图内外边界的属性，如边界线的粗细、颜色等；字典类型，默认值为 None
textprops	设置饼图中文本的属性，如字体大小、颜色等；字典类型，默认值为 None
center	指定饼图的中心点位置，默认为原点（0，0）
frame	设置是否要显示饼图背后的图框，如果设置为 True，需要同时控制图框 x 轴、y 轴的范围和饼图的中心位置；默认为 False
rotatelabels	设置饼图外标签是否按饼块角度旋转，默认为 False

第 11 行代码：作用是为图表添加标题。代码中"title（）"函数用来设置图表的标题。此函数的语法为：

title（label,fontdict = None,loc = None,pad = None,y = None）

title（）函数参数功能见表 5-3。

表 5-3　title（）函数参数功能

参　　数	功　　能
label	设置标题文本内容
fontdict	一个字典，用来控制标题文本的字体、字号和颜色
loc	设置图表标题的显示位置，默认为'center'（水平居中），样式还包括'left'（水平居左）和'right'（水平居右）
pad	设置图表标题离图表坐标系顶部的距离，默认为 None
y	设置图表标题的垂直位置，默认为 None，自动确定

第 12 行代码：作用是启动 Excel 程序，并把程序存储在 app 变量中。参数 visible 用来设置程序是否可见，True 表示可见（默认），False 表示不可见。

第 13 行代码：作用是打开"练习"文件夹下"图表"中的"销售额明细 3. xlsx"工作簿。"r"为转义符。

第 14 行代码：作用是选择第一个工作表。0 表示第一个，1 表示第二个。

第 15 行代码：作用是在工作表中插入图片。代码中"pictures. add（）"函数用于插入图片。此函数的语法为：

add（image,link_to_file = False,save_with_document = True,left = 0,top = 0,width = None, height = None, name = None, update = False）

此函数的参数见表 5-4。

第 16 行代码：作用是保存工作簿。

第 17 行代码：作用是关闭打开的工作簿。

第 18 行代码：作用是退出 Excel 程序。

表 5-4　pictures. add () 函数参数功能

参　　数	功　　能
image	要插入的图片文件
link_to_file	要链接的文件
save_with_document	将图片与文档一起保存
left	图片左上角相对于文档左上角的位置（以磅为单位）
top	图片左上角相对于文档顶部的位置（以磅为单位）
width	图片的宽度，以磅为单位（输入 "-1" 可保留现有文件的宽度）
height	图片的高度，以磅为单位（输入 "-1" 可保留现有文件的高度）
name	设置图表的名称
update	移动和缩放图表，True 为允许，False 为不允许

5.3.2　代码为我所用——零基础制作自己的圆饼图

套用代码 1：制作自己的圆饼图表

1）将案例第 04 行代码中的 "e:\练习\图表\销售额明细 3. xlsx" 更换为其他文件名，可以对其他工作簿数据制作图表，注意要加上文件的路径。

2）将案例第 08 行代码中的 "产品名称" 更换为数据中所销售产品名称的列标题。

3）将案例第 09 行代码中的 "销售额" 更换为数据中销售量的列标题。

4）将案例第 11 行代码中的 "产品销售额占比图" 更换为需要的图表名称。

5）将案例第 13 行代码中的 "e:\练习\图表\销售额明细 3. xlsx" 更换为与第 04 行代码中相同的名称。

套用代码 2：制作不同突出位置的圆饼图表

1）案例第 10 行代码 "pie()" 函数的参数中，改变 labeldistance 的值可以改变圆饼中扇形与圆心的距离；改变 pctdistance 参数的值可以改变百分比标签与圆心的距离；改变 radius 参数的值可以改变圆饼的大小。

2）案例第 10 行代码中，改变 explode 参数的值可以改变要进行突出的扇形及突出的距离。根据产品名称数量来编写 explode 参数的值，不突出的值为 0，突出的值为小数，比如突出 20%，就将值设为 0.2。例如让第 2 个产品的扇形突出 0.2，就将 explode 参数的值设置为 "[0,0.2,0,0,0,0,0]"。

5.4　案例 4：产品销量分析——圆环图

产品销量分析有两个方面作用：一方面通过分析近几年产品的总体销售额、销量，与行业标准相比较，了解企业的业绩状况并判断企业的业绩变化类型；另一方面可以分析一年中各种产品的销量占比，分析畅销产品，找到消费者青睐的产品。下面讲解如何制作产品销量占比分析图表。

5.4.1　产品销量分析图表代码详解

本例中用一个圆环图表来显示各种产品的销量情况。具体为让 Python 程序自动读取 e 盘 "练

习\图表"文件夹"产品销量统计.xlsx"工作簿中的数据。然后使用 Matplotlib 模块中的 pie()
函数来绘制。如图 5-5 所示为绘制好的圆环图。

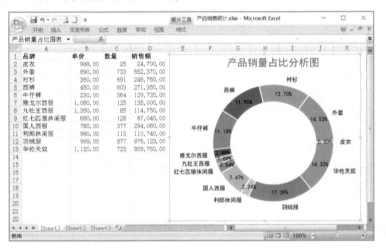

图 5-5　绘制好的圆环图

具体代码如下。

```
01  import pandas as pd                                    #导入 Pandas 模块
02  import matplotlib.pyplot as plt                        #导入 Matplotlib 模块
03  import xlwings as xw                                   #导入 xlwings 模块
04  df = pd.read_excel(r'e:\练习\图表\产品销售统计.xlsx')      #读取制作图表的数据
05  fig = plt.figure()                                     #创建一个绘图画布
06  plt.rcParams['font.sans-serif'] = ['SimHei']           #解决中文显示乱码的问题
07  plt.rcParams['axes.unicode_minus'] = False             #解决负号无法正常显示的问题
08  x = df['品牌']         #指定数据中的"产品名称"列作为各类别的标签
09  y = df['数量']         #指定数据中"销售额"列作为计算列表的占比
10  plt.pie(y,labels = x,labeldistance = 1.1,autopct = '%.2f%%',pctdistance = 0.85,radius = 1.
    0,wedgeprops = {'width':0.3,'linewidth':2,'edgecolor':'white'})   #制作圆环图表
11  plt.title('产品销量占比分析图',fontdict = {'color':'red','size':18},loc ='center')
                                                           #为图表添加标题
12  app = xw.App(visible = True)                           #打开 Excel 程序
13  wb = app.books.open(r'e:\练习\图表\产品销售统计.xlsx')     #打开 Excel 工作簿
14  sht = wb.sheets[0]                                     #选择第一个工作表
15  sht.pictures.add(fig,name ='产品销量占比图表',update = True,left =200)
                                                           #在工作表中插入绘制的图表
16  wb.save()                                              #保存 Excel 工作簿
17  wb.close()                                             #关闭打开的 Excel 工作簿
18  app.quit()                                             #退出 Excel 程序
```

代码详解

第 01 行代码：作用是导入 Pandas 模块，并指定模块的别名为"pd"。

第 02 行代码：作用是导入 Matplotlib 模块中的 pyplot 子模块，并指定模块的别名为"plt"。

第 03 行代码：作用是导入 xlwings 模块，并指定模块的别名为"xw"，即在程序中"xw"就

代表"xlwings"。

第 04 行代码：作用是读取 Excel 工作簿中的数据。代码中"read_excel()"函数的作用是读取 Excel 工作簿，"r"为转义符，用来将路径中的"\"转义。如果不用转义符，可以用"\\"代替"\"。

第 05 行代码：作用是创建一个绘图画布。代码中"figure()"函数的作用是创建绘图画布。figure()函数用法参考表 5-1。

第 06 行代码：作用是为图表中中文文本设置默认字体，以避免中文显示乱码。

第 07 行代码：作用是解决坐标值为负数时无法正常显示负号的问题。

第 08 行代码：作用是指定数据中的"品牌"列作为各类别的标签。

第 09 行代码：作用是指定数据中的"数量"列作为计算列表的占比。

第 10 行代码：作用是根据指定的数据制作饼图。代码中"pie()"函数的作用是制作饼图。此函数的语法及用法参考表 5-2。

第 11 行代码：作用是为图表添加标题。代码中"title()"函数用来设置图表的标题。此函数的语法及用法参考表 5-3。

第 12 行代码：作用是启动 Excel 程序，并把程序存储在 app 变量中。参数 visible 用来设置程序是否可见，True 表示可见（默认），False 不可见。

第 13 行代码：作用是打开 e 盘"练习"文件夹下"图表"中的"产品销售统计.xlsx"工作簿，"r"为转义符。

第 14 行代码：作用是选择第一个工作表。0 表示第一个，1 表示第二个。

第 15 行代码：作用是在工作表中插入图片。代码中"pictures.add()"函数用于插入图片。此函数的语法及用法参考表 5-4。

第 16 行代码：作用是保存工作簿。

第 17 行代码：作用是关闭打开的工作簿。

第 18 行代码：作用是退出 Excel 程序。

5.4.2　代码为我所用——零基础制作自己的圆环图

套用代码 1：制作自己的圆环图表

1）将案例第 04 行代码中的"e：\练习\图表\产品销售统计.xlsx"更换为其他文件名，可以对其他工作簿数据制作图表，注意要加上文件的路径。

2）将案例第 08 行代码中的"品牌"更换为数据中所销售产品名称的列标题。

3）将案例第 09 行代码中的"数量"更换为数据中销售量的列标题。

4）将案例第 11 行代码中的"产品销量占比分析图"更换为需要的图表名称。

5）将案例第 13 行代码中的"e：\练习\图表\产品销售统计.xlsx"更换为与第 04 行代码中相同的名称。

套用代码 2：制作不同形状的圆环图表

1）案例第 10 行代码中的"pie()"函数的参数中，改变 labeldistance 的值可以改变圆环中扇形与圆心的距离；改变 pctdistance 参数的值可以改变百分比标签与圆心的距离；改变 radius 参数的值可以改变圆环的大小。

2）案例第 10 行代码中，改变"wedgeprops"参数的值可以改圆环形状。其中改变"width"对应的值"0.3"可以改变圆环的宽度；改变"linewidth"参数对应的值可以改变圆环线条宽度；

改变"edgecolor"参数对应的值可以改变圆环线条颜色。

5.5 案例5：销售费用分析——玫瑰圆环图

销售费用分析包括销售费用占营业收入比例分析及销售费用内部结构分析。销售费用结构分析是指分析销售费用具体由哪些明细项目构成，以及这些明细项目占销售费用比例的情况。其中销售费用占营业收入分析可以用仪表盘图表或水滴图表等，销售费用结构分析可以使用饼图或圆环图表等来显示销售费用占比情况。

5.5.1 销售费用分析图表代码详解

本例中将用玫瑰圆环图来显示各种销售费用的占比情况。具体为让 Python 程序自动读取 e 盘"练习\图表"文件夹"销售费用明细.xlsx"工作簿中的数据。然后使用 Pyecharts 模块中的 Pie() 函数来绘制。如图 5-6 所示为销售费用占比图表。

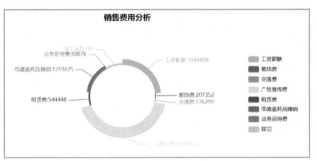

图 5-6　销售费用占比图表

具体代码如下。

```
01  from pyecharts import options as opts        #导入 Pyecharts 模块中的 Options
02  from pyecharts.charts import Pie              #导入 Pyecharts 模块中的 Pie
03  import pandas as pd                           #导入 pandas 模块
04  df = pd.read_excel(r'e:\练习\图表\销售费用明细.xlsx')      #读取制作图表的数据
05  x = df['销售费用项目']                         #指定数据中的"销售费用项目"列作为各类别的
06  标签
07  y = df['金额']                                #指定数据中"金额"列作为计算列表的占比
08  p = Pie()                                    #指定 p 为饼图的方法
09  p.add('',[list(z) for z in zip(x,y)],radius =['30%','40%'],center =[300,200],rose-
    type ='radius')                              #制作玫瑰图图表
    p.set_global_opts( title_opts = opts.TitleOpts(title ='销售费用分析',pos_left ='28%
    '),legend_opts = opts.LegendOpts( orient ='vertical', pos_top='20%', pos_left ='65%'
    ))                                           #设置标题和图例
10  p.set_series_opts(label_opts = opts.LabelOpts(formatter ='{b}: {c}'))  #设置数据系列
11  p.set_colors(['orange','blue','grey','cyan','purple','red','green','Lime'])  #设置花瓣颜色
12  p.render(path ='e:\练习\图表\玫瑰图.html')   #将图表保存到"玫瑰图.html"文件
```

代码详解

第 01 行代码：作用是导入 Pyecharts 模块中的 Options，并指定模块的别名为 "opts"。

第 02 行代码：作用是导入 Pyecharts 模块中 charts 子模块中的 Pie。

第 03 行代码：作用是导入 Pandas 模块，并指定模块的别名为 "pd"。

第 04 行代码：作用是读取 Excel 工作簿中的数据。代码中 "read_excel()" 函数的作用是读取 Excel 工作簿，"r" 为转义符，用来将路径中的 "\" 转义。如果不用转义符，可以用 "\\" 代替 "\"。

第 05 行代码：作用是指定数据中的 "销售费用项目" 列作为各类别的标签。

第 06 行代码：作用是指定数据中 "金额" 列作为计算列表的占比。

第 07 行代码：作用是指定 p 为圆饼图方法。

第 08 行代码：作用是根据指定的数据制作圆饼图表。代码中 "add()" 函数的作用是用于添加图表的数据和设置各种配置项。代码中 """ 用来设置圆饼图上面的标签，引号中没有内容表示不添加标签；"[list(z) for z in zip(x,y)]" 的作用是用数据中的 "销售费用项目" 列和 "金额" 列创建一个元组为元素的列表。其中 "list(z)" 用来创建一个列表 z；zip() 函数返回一个以元组为元素的列表，"for z in zip(x,y)" 遍历 "zip(x,y)" 形成的元组，然后存储在 z 变量中。代码中 "radius = ['30%', '40%']" 用于设置玫瑰图的大小和宽度，其中 "30%" 用于设置玫瑰圆的大小，"40%" 用于设置扇形环的宽度。

第 09 行代码：作用是设置全局配置项。set_global_opts() 函数的作用是设置全局配置项。其中 "title_opts = opts.TitleOpts（title ='销售额占比'），pos_left ='28%'" 参数用来设置标题项，"pos_left ='28%'" 用于设置标题的位置（即距离左侧的距离）；"legend_opts = opts.LegendOpts（orient ='vertical', pos_top ='20%', pos_left ='65%'）" 参数用来设置图例项，"orient ='vertical'" 表示图例垂直排列，如果为 "orient ='horizontal'" 则表示图例水平排列，"pos_top" 用来设置图例距离顶部的距离，"pos_left" 用来设置图例距离最左侧的距离。

第 10 行代码：作用是设置系统配置项。set_series_opts() 函数的作用是设置系统配置项。其中，"label_opts = opts.LabelOpts(formatter ='{b}：{c}')" 用来设置标签项；"formatter ='{b}：{c}'" 用来设置标签项的格式，在饼图、仪表盘、漏斗图中，{a} 为系列名称，{b} 为数据项名称，{c} 为数值，{d} 为百分比。

第 11 行代码：作用是设置圆饼图中扇形的颜色。set_colors() 函数用来设置图表中各板块的颜色，各种颜色以列表的形式列出。

第 12 行代码：作用是将图表保存成网页格式文件。render() 函数的作用是保存图表，默认将会在根目录下生成一个 render.html 文件。此函数可以用 path 参数设置文件保存位置。代码中将图表保存到 e 盘 "练习" 文件夹下 "图表" 文件夹中的 "玫瑰图.html" 文件中。

5.5.2 代码为我所用——零基础制作自己的玫瑰圆环图

套用代码 1：制作自己的玫瑰图表

1）将案例第 04 行代码中的 "e：\练习\图表\销售费用明细.xlsx" 更换为其他文件名，可以对其他工作簿数据制作图表，注意要加上文件的路径。

2）将案例第 05 行代码中的 "销售费用项目" 更换为数据中所销售产品名称的列标题。

3）将案例第 06 行代码中的 "金额" 更换为数据中销售量的列标题。

4）将案例第 09 行代码中的 "销售费用分析" 更换为需要的图表名称。

5）将案例中第 12 行代码中的 "e:\\练习\\图表\\玫瑰图.html" 更换为需要的图表名称。

套用代码 2：制作不同颜色的玫瑰图表

1）将案例第 09 行代码中的 "orient = 'vertical '" 修改为 "orient = ' horizontal '"，图表中的图例将会水平排列；修改 "pos_top = '20% '" 参数中的数值 20%，可以调整图例距顶部的距离；修改 "pos_left = '65% '" 参数中的数值 65%，可以调整图例距左侧的距离。

2）在案例第 11 行代码中，改变 "['orange '，'blue '，'grey '，'cyan '，'purple '，'red '，'green '，'Lime ']" 参数的值（比如颜色顺序、颜色种类），可以改变玫瑰图中各个扇形圆环的颜色。

5.6 案例6：市场占有率分析——圆饼图

市场占有率是指企业某种产品的市场销售量占该市场同种商品总销售量的份额，根据市场占有率可以了解市场需求及企业所处的市场地位。市场占有率可以在很大程度上反映企业的竞争地位和盈利能力，是企业非常重视的一个指标。下面讲解如何制作市场占有率分析图表。

5.6.1 市场占有率分析图表代码详解

本例中用一个圆饼图表来显示各种产品的销量占比情况。具体为让 Python 程序自动读取 e 盘 "练习\图表" 文件夹 "销售额明细.xlsx" 工作簿中的数据。然后使用 Pyecharts 模块中的 Pie() 函数来绘制。如图 5-7 所示为市场占有率分析图。

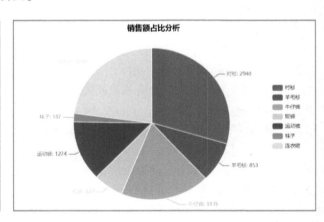

图 5-7　市场占有率分析图

具体代码如下。

```
01  from pyecharts import options as opts        #导入 Pyecharts 模块中的 Options
02  from pyecharts.charts import Pie               #导入 Pyecharts 模块中的 Pie
03  import pandas as pd                            #导入 pandas 模块
04  df=pd.read_excel(r'e:\练习\图表\销售额明细.xlsx')     #读取制作图表的数据
05  x=df['产品名称']              #指定数据中的"产品名称"列作为各类别的标签
06  y=df['销售额']               #指定数据中"销售额"列作为计算列表的占比
07  p = Pie()                   #指定 p 为饼图的方法
08  p.add("",[list(z) for z in zip(x,y)])        #制作饼图图表
```

```
09  p.set_global_opts( title_opts = opts.TitleOpts(title ='销售额占比分析', pos_left ='43%
    '), legend_opts = opts.LegendOpts( orient ='vertical', pos_top ='30%',pos_right ='10%
    '))                     #设置标题和图例
10  p.set_series_opts (label_opts = opts.LabelOpts (formatter ='{b}: {c}'), itemstyle_opts =
    opts.ItemStyleOpts(border_color = 'white',border_width =2))    #设置标签及图形样式
11  p.set_colors(['red','blue','orange','lightgreen','purple','grey','lightblue'])
                         #设置扇形颜色
12  p.render(path ='e:\\练习\\图表\\圆饼图-销售额明细.html')
                     #将图表保存到"圆饼图-销售额明细.html"文件
```

代码详解

第 01 行代码：作用是导入 Pyecharts 模块中的 Options，并指定模块的别名为"opts"。

第 02 行代码：作用是导入 Pyecharts 模块中 charts 子模块中的 Pie。

第 03 行代码：作用是导入 Pandas 模块，并指定模块的别名为"pd"。

第 04 行代码：作用是读取 Excel 工作簿中的数据。代码中"read_excel()"函数的作用是读取 Excel 工作簿，"r"为转义符，用来将路径中的"\"转义。如果不用转义符，可以用"\\"代替"\"。

第 05 行代码：作用是指定数据中的"产品名称"列作为各类别的标签。

第 06 行代码：作用是指定数据中"销售额"列作为计算列表的占比。

第 07 行代码：作用是指定 p 为圆饼图方法。

第 08 行代码：作用是根据指定的数据制作圆饼图表。代码中"add()"函数的作用是添加图表的数据和设置各种配置项。代码中""""用来设置圆饼图上面的标签，引号中没有内容表示不添加标签。"[list(z) for z in zip(x,y)]"的作用是用数据中的"产品名称"列和"销售额"列创建一个以产品名称和销售额组成的元组为元素的列表。其中"list(z)"用来创建一个列表 z；zip()函数返回一个以元组为元素的列表，"for z in zip(x,y)"遍历"zip(x,y)"形成的元组，然后存储在 z 变量中。如图 5-8 所示为"[list(z) for z in zip(x,y)]"创建的列表。

[('衬衫', 2940), ('羊毛衫', 853), ('牛仔裤', 1835), ('短裤', 622), ('运动裤', 1274), ('袜子', 187), ('连衣裙', 2290)]

图 5-8 "[list(z) for z in zip(x,y)]"创建的列表

第 09 行代码：作用是设置全局配置项。set_global_opts()函数的作用是设置全局配置项。其中"title_opts = opts.TitleOpts（title ='销售额占比分析', pos_left ='43%')"参数用来设置图表标题，参数"title ='销售额占比分析'"用来设置标题名称，"pos_left ='43%'"用来设置标题距离最左侧的距离；"legend_opts = opts.LegendOpts(orient ='vertical',pos_top ='30%',pos_right ='10%')"参数用来设置图例项，"orient ='vertical'"表示图例垂直排列，如果为"orient ='horizontal'"则表示图例水平排列，"pos_top ='30%'"用来设置图例距离顶部的距离，"pos_right ='10%'"用来设置图例距离最右侧的距离。

第 10 行代码：作用是设置系统配置项。set_series_opts()函数的作用是设置系统配置项。其中，"label_opts = opts.LabelOpts(formatter ='{b}: {c}')"用来设置标签项。"formatter ='{b}: {c}'"用来设置标签项的格式，在饼图、仪表盘、漏斗图中，{a} 为系列名称，{b} 为数据项名称，{c} 为数值，{d} 为百分比；"itemstyle_opts = opts.ItemStyleOpts(border_color = 'white',border_width =2)"用来设置饼图扇形边框颜色。参数"border_color = 'white'"用来设置边框颜色为白

色，"border_width = 2"用来设置扇形描边宽度。

第 11 行代码：作用是设置圆饼图中扇形的颜色。set_colors()函数用来设置图表中各板块的颜色，各种颜色以列表的形式列出。

第 12 行代码：作用是将图表保存成网页格式文件。render()函数的作用是保存图表，默认将会在根目录下生成一个 render. html 的文件。此函数可以用 path 参数设置文件保存位置。代码中将图表保存到 e 盘"练习"文件夹中"图表"文件夹中的"圆饼图-销售额明细 . html"文件中。

5.6.2   代码为我所用——零基础制作自己的圆饼图

套用代码 1：制作自己的圆饼图表

1）将案例中第 04 行代码中的"e:\练习\图表\销售额明细 . xlsx"更换为其他文件名，可以对其他工作簿数据制作图表，注意要加上文件的路径。

2）将案例中第 05 行代码中的"产品名称"更换为数据中所销售产品名称的列标题。

3）将案例中第 06 行代码中的"销售额"更换为数据中销售量的列标题。

4）将案例中第 09 行代码中的"销售额占比分析"更换为需要的图表名称。

5）将案例中第 12 行代码中的"e:\\练习\\图表\\圆饼图-销售额明细 . html"更换为需要的图表名称。

套用代码 2：制作不同颜色的圆饼图表

1）将案例中第 09 行代码中的"orient = ' vertical '"修改为"orient = ' horizontal '"，图表中的图例将会水平排列；修改"pos_top = '30% '"参数中的数值 30% 可以调整图例距离顶部的距离；修改"pos_right = '10% '"参数中的数值 10% 可以调整图例距离右侧的距离。

2）修改案例中第 10 行代码中"border_color = ' white '"的值"white"为其他颜色，可以改变扇形边框颜色，修改"border_width = 2"的值"2"，可以改变扇形描边宽度。

3）案例中第 11 行代码中，修改"[' red ' , ' blue ' , ' orange ' , ' lightgreen ' , ' purple ' , ' grey ' , ' lightblue ']"参数的值（比如颜色顺序，颜色种类）可以改变圆饼中各个扇形的颜色。

5.7   案例 7：Tableau 制作销售明细——饼图和圆环图

对产品销售明细进行数据可视化分析，可以让管理人员清晰掌握公司产品销售情况和公司分店销量情况，找到并改进销售方面的一些问题。下面讲解如何用 Tableau 分析"销售明细表 . xlsx"工作簿中的销售数据，并制作分析图表。

5.7.1   连接到数据并管理数据源

制作图表的第 1 步是将工作簿数据连接到 Tableau，然后对数据进行管理，方法如下。

1）启动 Tableau 程序，选择"连接"窗格中的"Microsoft Excel"选项，然后从打开的"打开"对话框中选择工作簿文件，单击"打开"按钮，如图 5-8 所示。

2）连接数据后，可以看到"销售明细表 . xlsx"工作簿中包含多个工作表（1 月、2 月等），由于要分析所有工作表中的数据，因此接下来要将所有工作表中的数据合并。首先双击"新建并集"按钮，接着打开"并集"对话框，然后将"连接"窗格中的各个工作表拖到"并集"对话框中的"连接销售明细表 2020"栏下，如图 5-9 所示。

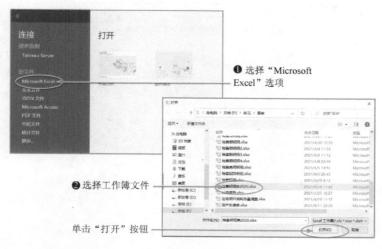

图 5-8　连接到数据

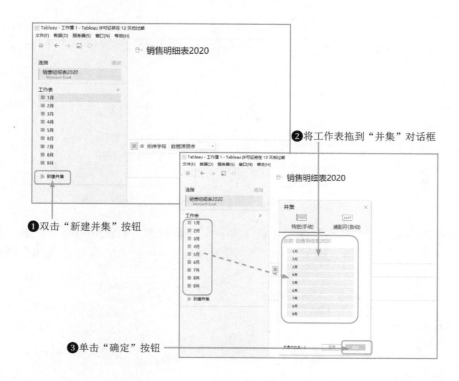

图 5-9　合并工作表

5.7.2　制作产品销量占比圆饼图表

接下来开始在 Tableau 中构建图表，方法如下。

1）首先在 Tableau 程序左下角单击"工作表 1"按钮，切换到工作表页面，如图 5-10 所示。

2）设置图表类型。单击"标记"选项卡中的图表类型下拉列表，然后选择"饼图"选项，如图 5-11 所示。

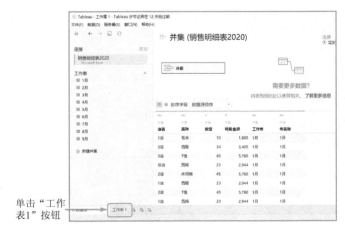

单击"工作
表1"按钮

图 5-10　进入"工作表 1"页面

❶ 单击图表类
型下拉列表

❷ 单击"饼图"选项

图 5-11　设置图表类型

3）开始制作图表。将"数据"窗格中的"品种"字段拖到"标记"选项卡中的"颜色"按钮上，再将"数量"字段拖到"标记"选项卡中的"角度"按钮上，可以看到在视图区自动制作了一个饼图，如图 5-12 所示。

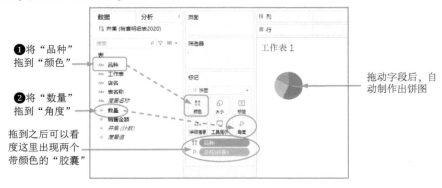

❶ 将"品种"
拖到"颜色"

❷ 将"数量"
拖到"角度"

拖到之后可以看
度这里出现两个
带颜色的"胶囊"

拖动字段后，自
动制作出饼图

图 5-12　构建饼图

4）设置图表标签。将"数据"窗格中的"数量"字段拖到"标记"选项卡中的"标签"按钮上，可以看到在饼图上自动添加了销量的标签，如图 5-13 所示。

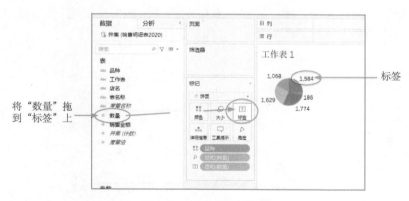

图 5-13　设置图表标签

5）调整视图。在视图区上方单击"标准"下拉列表，选择"整个视图"，调整饼图的视图效果，这样可以看得更加清楚。如果想调整饼图的大小，则在"标记"选项卡中单击"大小"按钮，然后拖动滑块来调整饼图大小，如图 5-14 所示。

图 5-14　调整视图

6）继续设置标签。将数量标签调整为百分比占比标签。在"标记"选项卡中设置标签的"总和（数量）"胶囊的右侧（前面图标和标签图表一样的 T 图标），单击三角按钮，从弹出的菜单中选择"快速表计算"选项下的"合计百分比"命令，将之前添加的数量标签设置为百分比标签，如图 5-15 所示。

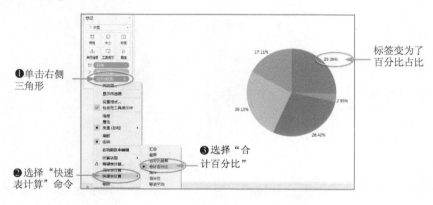

图 5-15　调整标签为百分比

7）继续添加产品品种标签。将"数据"窗格中的"品种"字段拖到"标记"选项卡中的"标签"按钮上，在饼图上添加了第 2 个标签，如图 5-16 所示。

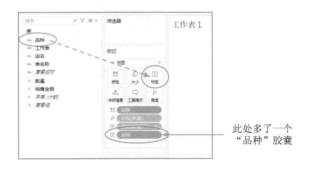

图 5-16 添加品种标签

8）设置标签文本格式。在"标记"选项卡中单击"标签"按钮，在弹出的对话框中单击"字体"下拉按钮，然后从弹出的格式设置对话框中设置标签文本的字体类型、字体大小、加粗、斜体、字体颜色等格式，如图 5-17 所示。

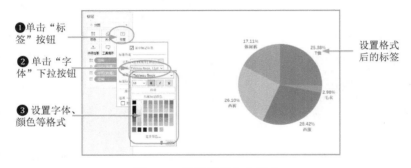

图 5-17 设置标签文本格式

9）设置图表标题格式。在视图区双击标题名称，然后打开"编辑标题"对话框，如图 5-18 所示。在此对话框中输入标题名称可以修改原标题名称，同时可以设置标题字体、字号、颜色等格式，设置好之后，单击"确定"按钮。

图 5-18 设置标题格式

10）设置好后，在导出图表前，可以调整一下图表，鼠标指向图表边框可以拖动调整图表画布大小，如图 5-19 所示。

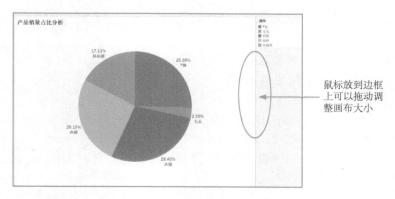

图 5-19　调整图表画布

11）导出图表图像。制作好图表后，可以将图表导出为图像，存到计算机中。单击"工作表"菜单下的"导出"菜单，再选择"图像"命令。接着会打开"导出图像"对话框，在此对话框中可以设置图表要显示的内容及选择图像布局。之后单击"保存"按钮，如图 5-20 所示。

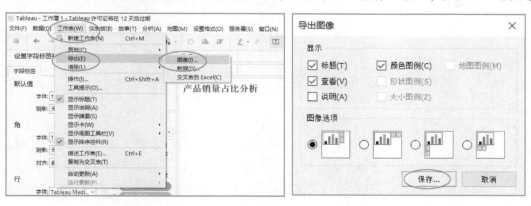

图 5-20　导出图像

12）单击"保存"按钮后，会打开"保存图像"对话框，在此对话框中输入图像名称，选择图像类型（默认为 png 格式文件），然后单击"保存"按钮，如图 5-21 所示。

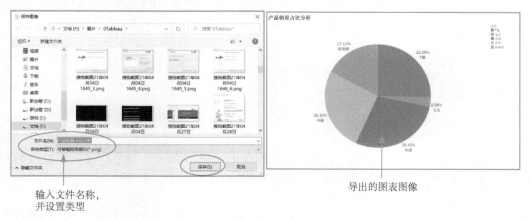

图 5-21　保存图表

5.7.3 制作产品销售额多圆环图表

在 Tableau 中，可以用同一数据源制作多个图表，下面继续制作分析销售额的圆环图表。

1）在程序左下角单击"新建工作表"按钮，新建一个工作表，如图 5-22 所示。

2）单击"标记"选项卡中的图表类型下拉按钮，从列表中选择"饼图"选项，如图 5-23 所示。

单击"新建工作表"按钮

图 5-22 新建工作表

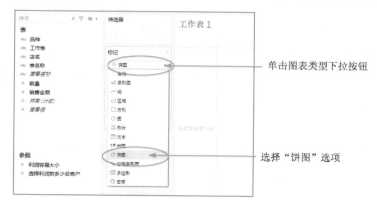

单击图表类型下拉按钮

选择"饼图"选项

图 5-23 选择图表类型

3）开始构建图表。将"数据"窗格中的"销售金额"字段拖到行功能区，接着再次将"销售金额"字段拖到行功能区。这样在行功能区就有两个"总和（销售金额）"胶囊，同时在视图区可以看到两个圆，如图 5-24 所示。

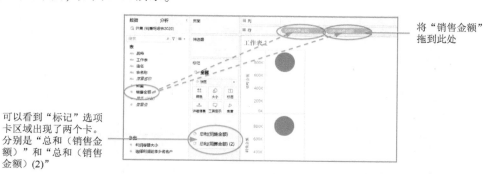

将"销售金额"拖到此处

可以看到"标记"选项卡区域出现了两个卡。分别是"总和（销售金额）"和"总和（销售金额）(2)"

图 5-24 构建图表

4）在右侧的胶囊上单击右键，然后从右键菜单中选择"双轴"命令，将图表设置为双轴。之后在视图区左侧轴上右击，从右键菜单中选择"同步轴"命令，如图 5-25 所示，设置完后可以看到两个圆叠加在了一起，变成了同心圆。

5）设置好双轴之后，开始制作饼图。先单击"标记"选项卡中的"总和（销售金额）"卡，然后将"数据"窗格中的"品种"字段拖到"标记"选项卡中"总和（销售金额）"卡的"颜

色"按钮上；再将"销售金额"字段拖到"总和（销售金额）"卡的"角度"按钮上。如图 5-26
所示。

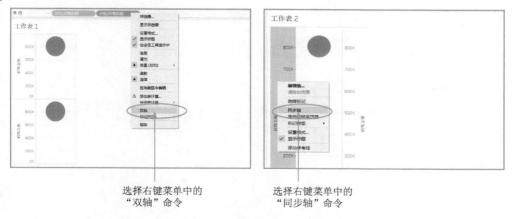

选择右键菜单中的　　　　　　选择右键菜单中的
"双轴"命令　　　　　　　　"同步轴"命令

图 5-25　设置双轴和同步轴

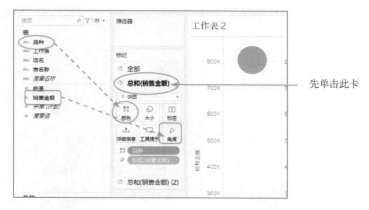

先单击此卡

图 5-26　构架饼图

6）在行功能区中的右侧的"总和（销售金额）"上单击右键，再选择"快速表计算"菜单
下的"排序"命令，如图 5-27 所示。

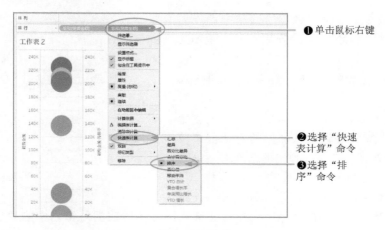

❶单击鼠标右键

❷选择"快速
表计算"命令

❸选择"排
序"命令

图 5-27　排序

7）在"标记"选项卡中的"总和（销售金额）"卡中单击"大小"按钮，然后拖动滑块，调整下面的圆饼大小，如图 5-28 所示。

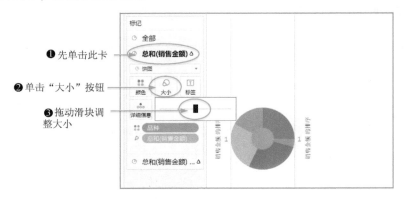

图 5-28　调整下面的饼图大小

8）再调整上面饼图大小和颜色。在"标记"选项卡中，单击"总和（销售金额）（2）"卡，然后单击"大小"按钮，拖动滑块调整大小比下面的饼图略小。再单击"颜色"按钮，将颜色设置为白色，如图 5-29 所示。

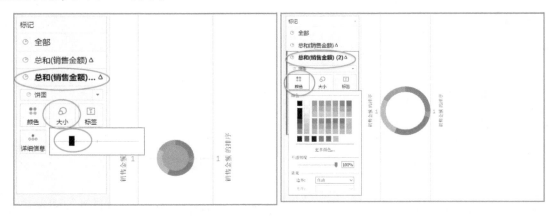

图 5-29　设置上面饼图大小和颜色

9）添加圆环标签。将"数据"窗格中的"品种"字段和"销售金额"字段分别拖到"标记"选项卡下"总和（销售金额）"卡中的"标签"按钮上，可以自动设置好圆环的标签，如图 5-30 所示。

10）设置标签文本格式。单击"总和（销售金额）"卡中的"标签"按钮，从弹出的对话框中单击"文本"下拉按钮，然后在弹出的格式对话框中设置字体、字号、颜色等格式，如图 5-31 所示。

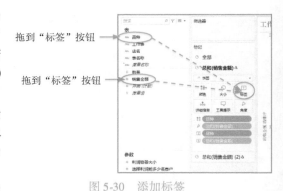

图 5-30　添加标签

11）上面制作的是所有店的产品销售额占比圆环图，接着再来制作各个店的产品销售额占比圆环图。将"数据"窗格中的"店名"字段拖到行功能区中，就会自动制作出各个店的销售额占比图，如图 5-32 所示。

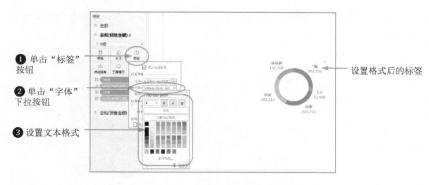

❶ 单击"标签"
按钮

❷ 单击"字体"
下拉按钮

❸ 设置文本格式

设置格式后的标签

图 5-31　设置标签文本格式

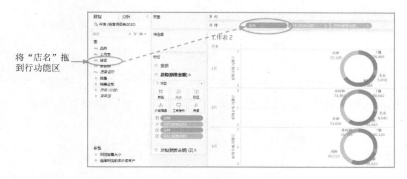

将"店名"拖
到行功能区

图 5-32　制作各店的图表

12）设置标题格式。在视图区的标题上面单击右键，选择右键菜单中的"设置格式"命令，在窗口左侧打开设置格式的对话框，如图 5-33 所示。在此对话框中单击"字体"下拉按钮，然后设置格式。注意图表上的各种标题的格式设置方法相同。

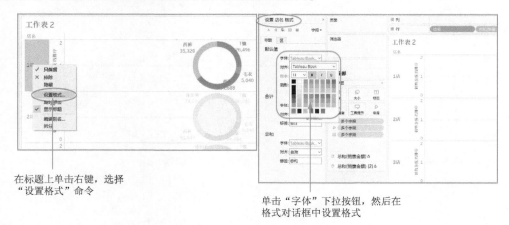

在标题上单击右键，选择
"设置格式"命令

单击"字体"下拉按钮，然后在
格式对话框中设置格式

图 5-33　设置标题格式

5.7.4　导出图像保存工作簿

1）在制作好图表后，可以将图表导出为图像，再插入 PPT 等文件中。单击"工作表"菜单下的"导出"菜单，再选择"图像"命令。然后从打开的"导出图像"对话框选择要显示的内

容及图表布局，并单击"保存"按钮。接着从打开的"保存"对话框中输入文件名称，单击
"保存"按钮，如图 5-34 所示。

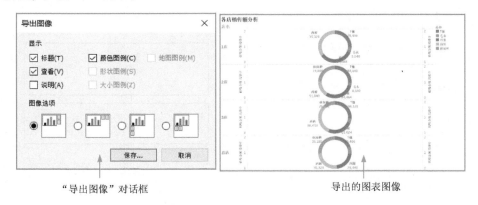

图 5-34　导出图表图像

2）保存 Tableau 文件。选择"文件"菜单下的"另存为"命令，可以将数据源及工作表保存为 Tableau 文件，在下次编辑时，直接打开保存的文件即可继续编辑制作图表，如图 5-35 所示。

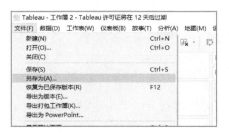

图 5-35　保存 Tableau 文件

第6章　财务数据分析报告必会图表

6.1　案例1：公司业绩分析——多柱形图

公司业绩分析可以预测公司在将来变化的经营环境中所能取得的经营成果，为管理层做出经营管理决策提供重要依据。下面讲解如何制作公司业绩数据的分析图表。

6.1.1　公司业绩分析图表代码详解

本例主要制作公司在各个地区的季度收入图形、公司在全国各季度收入图形。具体为让Python程序自动读取 e 盘"练习 \ 图表"文件夹中"公司收入业绩分析 .xlsx"工作簿中的数据，然后使用 Pyecharts 模块中的 Bar() 函数来绘制。如图 6-1 所示为业绩分析图表。

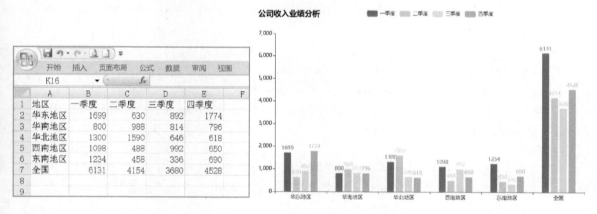

图 6-1　业绩分析图表

具体代码如下。

```
01  import pandas as pd                              #导入 Pandas 模块
02  from pyecharts import options as opts            #导入 Pyecharts 模块中的 Options
03  from pyecharts.charts import Bar                 #导入 Pyecharts 模块中的 Bar
04  df = pd.read_excel(r'e:\练习\图表\公司收入业绩分析.xlsx')   #读取制作图表的数据
05  df_list = df.values.tolist()                     #将 DataFrame 格式数据转换为列表
06  x = []                                           #新建列表 x
07  y1 = []                                          #新建列表 y1
08  y2 = []                                          #新建列表 y2
09  y3 = []                                          #新建列表 y3
10  y4 = []                                          #新建列表 y4
11  for data in df_list:                             #遍历数据列表 df_list
```

```
12    x.append(data[0])                          #将 data 中的第 1 个元素加入列表 x
13    y1.append(data[1])                         #将 data 中的第 2 个元素加入列表 y1
14    y2.append(data[2])                         #将 data 中的第 3 个元素加入列表 y2
15    y3.append(data[3])                         #将 data 中的第 4 个元素加入列表 y3
16    y4.append(data[4])                         #将 data 中的第 5 个元素加入列表 y4
17  b = Bar()                                    #指定 b 为柱形图的方法
18  b.add_xaxis(x)                               #添加柱形图 x 轴数据
19  b.add_yaxis('一季度', y1,color ='#FFA500',category_gap ='35%')
                                                 #添加柱形图的第 1 个 y 轴数据
20  b.add_yaxis('二季度', y2,color ='#00FFFF',category_gap ='35%')
                                                 #添加柱形图的第 2 个 y 轴数据
21  b.add_yaxis('三季度', y3,color ='# FFB6C1',category_gap ='35%')
                                                 #添加柱形图的第 3 个 y 轴数据
22  b.add_yaxis('四季度', y4,color ='# 9932CC',category_gap ='35%')
                                                 #添加柱形图的第 4 个 y 轴数据
23  b.set_global_opts(title_opts =opts.TitleOpts(title ='公司收入业绩分析',pos_left ='5%'))
                                                 #设置柱形图的标题及位置
24  b.render(path ='e:\\练习 \\图表 \\柱形图-业绩.html')
                                                 #将图表保存到"柱形图-业绩.html"文件
```

代码详解

第 01 行代码：作用是导入 Pandas 模块，并指定模块的别名为 "pd"。

第 02 行代码：作用是导入 Pyecharts 模块中的 Options，并指定模块的别名为 "opts"。

第 03 行代码：作用是导入 Pyecharts 模块下 charts 子模块中的 Bar。

第 04 行代码：作用是读取 Excel 工作簿中的数据。代码中 "read_excel()" 函数的作用是读取 Excel 工作簿，"r" 为转义符，用来将路径中的 "\" 转义。如果不用转义符，可以用 "\\" 代替 "\"。

第 05 行代码：作用是将 DataFrame 格式数据转换为列表。代码中 tolist() 函数用于将矩阵（matrix）和数组（array）转化为列表（制作柱形图表时需要用列表形式的数据）。"df.values" 用于获取 DataFrame 格式数据中的数据部分。

第 06 ~ 10 行代码：作用是新建空列表，用于后面存放制作图表的数据。

第 11 行代码：作用是遍历第 05 行代码中生成的数据列表 df_list 中的元素，如图 6-2 所示为 df_list 列表中存放的数据。

[['华东', 1699, 630, 892, 1774], ['华南', 800, 988, 814, 796], ['华北', 1300, 1590, 646, 618], ['西南', 1098, 488, 992, 650], ['东南', 1234, 458, 336, 690]]

图 6-2   df_list 列表中存放的数据

当 for 循环第 1 次循环时，将 df_list 列表中的第 1 个元素 "['华东',1699,630,892,1774]." 存放在 data 变量中，然后执行下面缩进部分的代码（第 12 ~ 16 行代码）。接着再运行第 11 行代码，执行第 2 次循环；当执行最后一次循环时，将最后一个元素存放在 data 变量，然后执行缩进部分代码，完成后结束循环，执行非缩进部分代码。

第 12 行代码：作用是将 data 变量中保存的元素列表中的第 1 个元素添加到列表 x 中。

第13行代码：作用是将data变量中保存的元素列表内的第2个元素添加到列表y1中。

第14行代码：作用是将data变量中保存的元素列表内的第3个元素添加到列表y2中。

第15行代码：作用是将data变量中保存的元素列表内的第4个元素添加到列表y3中。

第16行代码：作用是将data变量中保存的元素列表内的第5个元素添加到列表y4中。

第17行代码：作用是指定b为柱形图的方法。

第18行代码：作用是添加柱形图x轴数据，即将数据中"地区"列数据添加为x轴数据。

第19行代码：作用是添加柱形图的第1个y轴数据，即将数据中"一季度"列数据添加为第1个y轴数据。代码中的参数"一季度"为设置的图例名称，"color = '#FFA500'"用于设置柱形图颜色，"category_gap = '35%'"用来设置同一系列的柱间距离，默认为类目间距的20%。

第20行代码：作用是添加柱形图的第2个y轴数据，即将数据中"二季度"列数据添加为第2个y轴数据。代码中的参数"二季度"为设置的图例名称，"color = "#00FFFF'"用于设置柱形图颜色，"category_gap = '35%'"用来设置同一系列的柱间距离，默认为类目间距的20%。

第21行代码：作用是添加柱形图的第2个y轴数据，即将数据中"三季度"列数据添加为第2个y轴数据。代码中的参数"三季度"为设置的图例名称，"color = "#FFB6C1'"用于设置柱形图颜色，"category_gap = '35%'"用来设置同一系列的柱间距离，默认为类目间距的20%。

第22行代码：作用是添加柱形图的第4个y轴数据，即将数据中"四季度"列数据添加为第4个y轴数据。代码中的参数"四季度"为设置的图例名称，"color = "#9932CC'"用于设置柱形图颜色，"category_gap = '35%'"用来设置同一系列的柱间距离，默认为类目间距的20%。

第23行代码：作用是设置柱形图的标题及位置。set_global_opts()函数用来设置全局配置，opts. TitleOpts()用来设置图表的名称。其中，"title = '公司收入业绩分析'"用来设置图表名称，"pos_left = '5%'"用来设置图表名称位置，即距离最左侧的距离。还可以用过"pos_top"来设置距离顶部的距离。

第24行代码：作用是将图表保存成网页格式文件。render()函数的作用是保存图表，默认将会在根目录下生成一个render. html的文件。此函数可以用path参数设置文件保存位置。代码中将图表保存到e盘"练习"文件夹下"图表"文件夹内的"柱形图-业绩. html"文件中。

6.1.2 代码为我所用——零基础制作自己的多柱形图

套用代码1：制作自己的柱形表

1）将案例中第04行代码中的"e：\练习\图表\公司收入业绩分析. xlsx"更换为其他文件名，可以对其他工作簿数据制作图表，注意要加上文件的路径。

2）将案例中第12~16行代码中"data [0]"方括号中的数字调整为数据列表中对应作为x轴和y轴数据的序号。注意：第一个元素为0。

3）将案例中第19行代码中的"一季度"更换为需要的图例名称。

4）将案例中第20行代码中的"二季度"更换为需要的图例名称。

5）将案例中第21行代码中的"三季度"更换为需要的图例名称。

6）将案例中第22行代码中的"四季度"更换为需要的图例名称。

7）将案例中第23行代码中的"公司收入业绩分析"更换为需要的图表名称。

8）将案例中第24行代码中的"e：\\练习\\图表\\柱形图-业绩. html"更换为需要的图表名称。注意文件的路径。

套用代码2：制作不同颜色的柱形表

1）案例第19行代码中，修改"color = '#FFA500'"的值，可以修改柱形的颜色。"#FFA500"

Python + Tableau 数据可视化之美

为十六进制颜色代码。

2）案例第 20 行代码中，修改"color = '#00FFFF'"的值，可以修改柱形的颜色。"#00FFFF"为十六进制颜色代码。

3）案例第 21 行代码中，修改"color = '#FFB6C1'"的值，可以修改柱形的颜色。"#FFB6C1"为十六进制颜色代码。

4）案例第 22 行代码中，修改"color = '#9932CC'"的值，可以修改柱形的颜色。"#9932CC"为十六进制颜色代码。

6.2 案例 2：财务收入支出分析——面积图

对企业财务收入支出进行分析，可以判断企业的收支情况，根据企业收支情况，管理人员可以做出相应的经营调整。比如，如果收入小于支出，反应的是企业的财务不健康，这时候企业应想办法增加收入，同时也可以对支出做调整，减少不必要的支出，从而改变企业的财务情况。下面讲解如何制作公司收入支出数据的分析图表。

6.2.1 财务收入支出分析图表代码详解

本例中主要制作公司各个月份的收入图形、公司在各个月份的支出图形。具体为让 Python 程序自动读取 e 盘"练习\图表"文件夹下的"财务收入支出分析表.xlsx"工作簿中的数据。然后使用 Pyecharts 模块中的 Line() 函数来绘制。如图 6-3 所示为收入支出分析图表。

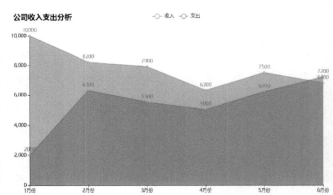

图 6-3　收入支出分析图表

具体代码如下。

```
01  import pandas as pd                              #导入 Pandas 模块
02  from pyecharts import options as opts            #导入 Pyecharts 模块中的 Options
03  from pyecharts.charts import Line                #导入 Pyecharts 模块中的 Line
04  df = pd.read_excel(r'e:\练习\图表\财务收入支出分析表.xlsx')   #读取制作图表的数据
05  df_list = df.values.tolist()                     #将 DataFrame 格式数据转换为列表
06  x = []                                           #新建列表 x
07  y1 = []                                          #新建列表 y1
```

```
08  y2 = []                              #新建列表 y2
09  for data in df_list:                 #遍历数据列表 df_list
10    x.append(data[0])                  #将 data 中的第 1 个元素加入列表 x
11    y1.append(data[1])                 #将 data 中的第 2 个元素加入列表 y1
12    y2.append(data[2])                 #将 data 中的第 3 个元素加入列表 y2
13  l = Line()                           #指定 l 为折线图的方法
14  l.add_xaxis(x)                       #添加折线图 x 轴数据
15  l.add_yaxis('收入', y1, color='#8A2BE2', areastyle_opts = opts.AreaStyleOpts(opacity =
    0.5))                                #添加折线图的第 1 个 y 轴数据
16  l.add_yaxis('支出', y2, color='#FF4500', areastyle_opts = opts.AreaStyleOpts(opacity =
    0.5))                                #添加折线图的第 2 个 y 轴数据
17  l.set_global_opts(title_opts = opts.TitleOpts(title ='公司收入支出分析', pos_left ='5%
    '), xaxis_opts = opts.AxisOpts(axistick_opts = opts.AxisTickOpts(is_align_with_label
    = True), is_scale = False, boundary_gap = False))    #设置图表的标题及位置
18  l.render(path ='e:\\练习\\图表\\面积图-收入支出.html')
                                         #将图表保存到"面积图-收入支出.html"文件
```

代码详解

第 01 行代码：作用是导入 Pandas 模块，并指定模块的别名为"pd"。

第 02 行代码：作用是导入 Pyecharts 模块中的 Options，并指定模块的别名为"opts"。

第 03 行代码：作用是导入 Pyecharts 模块下 charts 子模块中的 Line。

第 04 行代码：作用是读取 Excel 工作簿中的数据。代码中"read_excel()"函数的作用是读取 Excel 工作簿，"r"为转义符，用来将路径中的"\"转义。如果不用转义符，可以用"\\"代替"\"。

第 05 行代码：作用是将 DataFrame 格式数据转换为列表。代码中 tolist() 函数用于将矩阵（matrix）和数组（array）转化为列表（制作柱形图表时需要用列表形式的数据）。"df.values"用于获取 DataFrame 格式数据中的数据部分。

第 06～08 行代码：作用是新建空列表，用于后面存放制作图表的数据。

第 09 行代码：作用是遍历第 05 行代码中生成的数据列表 df_list 中的元素，如图 6-4 所示为 df_list 列表中存放的数据。

[['1月份', 10000, 2000, 0.2], ['2月份', 8200, 6300, 0.7682926829268293], ['3月份', 790
0, 5500, 0.6962025316455697], ['4月份', 6300, 5000, 0.7936507936507936], ['5月份',
7500, 6200, 0.8266666666666667], ['6月份', 6800, 7200, 1.0588235294117647]]

图 6-4　df_list 列表中存放的数据

当 for 循环第 1 次循环时，将 df_list 列表中的第 1 个元素"['1月份',10000,2000,0.2]，"存放在 data 变量中，然后执行下面缩进部分的代码（第 10～12 行代码）。接着再运行第 09 行代码，执行第 2 次循环；当执行最后一次循环时，将最后一个元素存放在 data 变量中，然后执行缩进部分代码，完成后结束循环，执行非缩进部分代码。

第 10 行代码：作用是将 data 变量中保存的元素列表中的第 1 个元素添加到列表 x 中。

第 11 行代码：作用是将 data 变量中保存的元素列表中的第 2 个元素添加到列表 y1 中。

第 12 行代码：作用是将 data 变量中保存的元素列表中的第 3 个元素添加到列表 y2 中。

第 13 行代码：作用是指定 l 为折线图的方法。

第 14 行代码：作用是添加折线图 x 轴数据，即将数据中"月份"列数据添加为 x 轴数据。

第 15 行代码：作用是添加折线图的第 1 个 y 轴数据，即将数据中"收入"列数据添加为第 1 个 y 轴数据。代码中的参数"收入"为设置的图例名称，"color = '#8A2BE2'"用于设置折线面积图颜色，"areastyle_opts = opts. AreaStyleOpts(opacity = 0.5)"用来设置折线面积填充，"opacity = 0.5"用来设置不透明度。

第 16 行代码：作用是添加折线图的第 2 个 y 轴数据，即将数据中"支出"列数据添加为第 2 个 y 轴数据。代码中的参数"支出"为设置的图例名称，"color = "#FF4500'"用于设置折线面积图颜色，"areastyle_opts = opts. AreaStyleOpts(opacity = 0.5)"用来设置折线面积填充，"opacity = 0.5"用来设置不透明度。

第 17 行代码：作用是设置柱形图的标题及位置。set_global_opts()函数用来设置全局配置，opts. TitleOpts()用来设置图表的名称。其中，"title = '公司收入支出分析'"用来设置图表名称，"pos_left = '5%'"用来设置图表名称位置，即距离最左侧的距离。还可以用过"pos_top"来设置距离顶部的距离；"xaxis_opts = opts. AxisOpts(axistick_opts = opts. AxisTickOpts(is_align_with_label = True), is_scale = False, boundary_gap = False)"用来设置坐标轴。其参数"AxisTickOpts()"用来设置坐标轴刻度；"is_scale = False"用来设置是否包含零刻度；"boundary_gap = False"用来设置坐标轴两边是否留白，如图 6-5 所示为留白和不留白的区别。

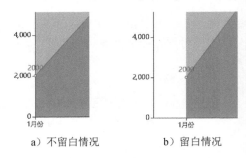

a）不留白情况　　　b）留白情况

图 6-5　参数设置对比

第 18 行代码：作用是将图表保存成网页格式文件。render()函数的作用是保存图表，默认将会在根目录下生成一个 render. html 的文件。此函数可以用 path 参数设置文件保存位置。代码中将图表保存到 e 盘"练习"文件夹下"图表"文件夹内的"面积图-收入支出 . html"文件中。

6.2.2　代码为我所用——零基础制作自己的面积图

套用代码 1：制作自己的折线面积图表

1）将案例第 04 行代码中的"e:\练习\图表\财务收入支出分析表 . xlsx"更换为其他文件名，可以对其他工作簿数据制作图表，注意要加上文件的路径。

2）将案例第 10 ~ 12 行代码中"data [0]"方括号中的数字调整为数据列表中对应作为 x 轴和 y 轴数据的序号。注意：第 1 个元素为 0。

3）将案例第 15 行代码中的"收入"更换为需要的图例名称。

4）将案例第 16 行代码中的"支出"更换为需要的图例名称。

5）将案例第 17 行代码中的"公司收入支出分析"更换为需要的图表名称。

6）将案例第 18 行代码中的"e:\\练习\\图表\\面积图-收入支出 . html"更换为需要的图表名称。注意文件的路径。

套用代码 2：制作不同颜色的折线面积图表

1）案例第 15 行代码中，修改"color = '#8A2BE2'"的值，可以修改折线面积图的颜色。"#8A2BE2"为十六进制颜色代码。

2）案例第 15 行代码中，修改"opacity = 0.5"的值，可以修改折线面积图的透明度。

3）案例中第 16 行代码中，修改"color = '#FF4500'"的值，可以修改折线面积图的颜色。

"#FF4500"为十六进制颜色代码。

4）案例第16行代码中，修改"opacity = 0.5"的值，可以修改折线面积图的透明度。

6.3 案例3：公司费用支出分析——漏斗图

通过分析公司的费用支出，可以清楚地了解公司费用支出情况，对减少不必要支出有很大帮助。下面讲解如何制作公司费用支出数据的分析图表。

6.3.1 公司费用支出分析图表代码详解

本例主要制作公司各部分费用支出的图形。具体为让 Python 程序自动读取 e 盘"练习 \ 图表"文件夹"财务费用支出明细 . xlsx"工作簿中的数据。然后使用 Pyecharts 模块中的 Funnel() 函数来绘制。如图 6-6 所示为费用支出分析图表。

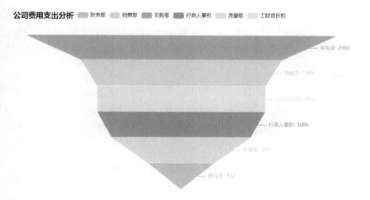

图6-6 费用支出分析图表

具体代码如下。

```
01  import pandas as pd                                #导入 Pandas 模块
02  from pyecharts import options as opts              #导入 Pyecharts 模块中的 Options
03  from pyecharts.charts import Funnel                #导入 Pyecharts 模块中的 Funnel
04  df = pd.read_excel(r'e:\练习\图表\财务费用支出明细.xlsx')   #读取制作图表的数据
05  df_list = df.values.tolist()                       #将 DataFrame 格式数据转换为列表
06  f = Funnel()                                        #指定 f 为漏斗图的方法
07  f.add('费用支出', df_list)                           #制作漏斗图图表
08  f.set_global_opts(title_o pts = opts.TitleOpts('公司费用支出分析',pos_left ='5% '))
                                                       #设置图表的标题
09  f.set_series_opts(label_opts = opts.LabelOpts(formatter='{b}:{c}'))   #设置数据系列
10  f.set_colors(['HotPink','Turquoise','MediumPurple','LightSkyBlue','Khaki','Tan'])
                                                       #设置漏斗颜色
11  f.render(path ='e:\练习\图表\漏斗图-费用支出.html')
                                                       #将图表保存到"漏斗图-费用支出.html"文件
```

代码详解

第 01 行代码：作用是导入 Pandas 模块，并指定模块的别名为"pd"。

第 02 行代码：作用是导入 Pyecharts 模块中的 Options，并指定模块的别名为"opts"。

第 03 行代码：作用是导入 Pyecharts 模块下 charts 子模块中的 Funnel。

第 04 行代码：作用是读取 Excel 工作簿中的数据。代码中"read_excel()"函数的作用是读取 Excel 工作簿，"r"为转义符，用来将路径中的"\"转义。如果不用转义符，可以用"\\"代替"\"。

第 05 行代码：作用是将 DataFrame 格式数据转换为列表。代码中 tolist() 函数用于将矩阵（matrix）和数组（array）转化为列表（制作柱形图表时需要用列表形式的数据）。"df. values"用于获取 DataFrame 格式数据中的数据部分。如图 6-7 所示为 df_list 列表中存放的数据。

```
[['采购部', 2006], ['销售部', 1299], ['行政人事部', 1086]
, ['质量部', 897], ['工程项目部', 1087], ['财务部', 432]]
```

图 6-7　df_list 列表中存放的数据

第 06 行代码：作用是指定 f 为漏斗图方法。

第 07 行代码：作用是根据指定的数据制作漏斗图表。代码中"add()"函数的作用是添加图表的数据和设置各种配置项，"'费用支出'"用来设置漏斗图的标题（可以为空），"df_list"为制作漏斗图的数据。

第 08 行代码：作用是设置全局配置项。set_global_opts() 函数的作用是设置全局配置项。其中"title_opts = opts. TitleOpts(title ='公司费用支出分析')"参数用来设置图表标题；"pos_left ='5%'"用来设置图表名称位置，即距离最左侧的距离。还可以用过"pos_top"来设置距离顶部的距离。

第 09 行代码：作用是设置系统配置项。set_series_opts() 函数的作用是设置系统配置项。其中，"label_opts = opts. LabelOpts（formatter = ' {b} : {c} '）"用来设置标签项，"formatter = ' {b} : {c} '"用来设置标签项的格式，在饼图、仪表盘、漏斗图中，{a} 为系列名称，{b} 为数据项名称，{c} 为数值，{d} 为百分比。

第 10 行代码：作用是设置圆饼图中扇形的颜色。set_colors() 函数用来设置图表中各板块的颜色，各种颜色以列表的形式列出。

第 11 行代码：作用是将图表保存成网页格式文件。render() 函数的作用是保存图表，默认将会在根目录下生成一个 render. html 的文件。此函数可以用 path 参数设置文件保存位置。代码中将图表保存到 e 盘"练习"文件夹下"图表"文件夹内的"漏斗图-费用支出 . html"文件中。

6.3.2　代码为我所用——零基础制作自己的漏斗图

套用代码 1：制作自己的漏斗图表

1）将案例第 04 行代码中的"e：\练习\图表\财务费用支出明细 . xlsx"更换为其他文件名，可以对其他工作簿数据制作图表，注意要加上文件的路径。

2）将案例第 08 行代码中的"公司费用支出分析"更换为需要的图表名称。

5）将案例第 11 行代码中的"e:\\练习\\图表\\漏斗图-费用支出 . html"更换为需要的图表名称。

套用代码 2：制作不同颜色的漏斗图表

1）删除案例第 09 行代码将改变标签指示。

2）案例第10行代码中，改变"〔'HotPink','Turquoise','MediumPurple','LightSkyBlue','Khaki','Tan'〕"参数的值（比如颜色顺序、颜色种类）可以改变漏斗图中各个漏斗的颜色。

6.4 案例4：公司差旅费分析——柱形折线组合图

公司差旅费分析主要为了加强差旅费管理，让管理人员做到对差旅出行的全面掌控，避免灰色消费，从而降低企业差旅出行的成本。下面讲解如何制作公司差旅费数据的分析图表。

6.4.1 公司差旅费分析图表代码详解

本例主要制作差旅费标准金额与实际报销金额分析图表及其超出占比趋势线。

具体为让 Python 程序自动读取 e 盘"练习\图表"文件夹"公司差旅费明细.xlsx"工作簿中的数据。然后使用 Pyecharts 模块中的 Bar() 和 Line() 函数来绘制。如图 6-8 所示为差旅费分析图表。

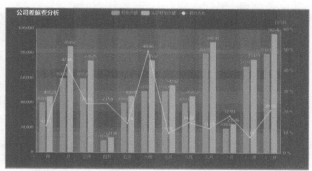

图 6-8 差旅费分析图表

具体代码如下。

```
01  import pandas as pd                              #导入 Pandas 模块
02  from pyecharts import options as opts            #导入 Pyecharts 模块中的 Options
03  from pyecharts.charts import Bar,Line,Grid       #导入 Pyecharts 模块中的 Bar,Line,Grid
04  from pyecharts.globals import ThemeType          #导入 Pyecharts 模块中的 ThemeType
05  df=pd.read_excel(r'e:\练习\图表\公司差旅费明细.xlsx')      #读取制作图表的数据
06  df_list = df.values.tolist()                     #将 DataFrame 格式数据转换为列表
07  x =[]                                            #新建列表 x
08  y1 =[]                                           #新建列表 y1
09  y2 =[]                                           #新建列表 y2
10  y3 =[]                                           #新建列表 y3
11  for data in df_list:                             #遍历数据列表 df_list
12    x.append(data [0])                             #将 data 中的第 1 个元素加入列表 x
13    y1.append(data [1])                            #将 data 中的第 2 个元素加入列表 y1
14    y2.append(data [2])                            #将 data 中的第 3 个元素加入列表 y2
15    y3.append('%.2f'%(data [3] * 100))             #将 data 中的第 4 个元素乘 100 后加入列表 y3
```

```
16  b = Bar()                                              #指定 b 为柱形图的方法
17  l = Line()                                             #指定 l 为折线图的方法
18  g = Grid(theme = ThemeType.PURPLE_PASSION)
                                                           #指定 g 为组合图的方法并设置主题样式
19  b.add_xaxis(x)                                          #添加柱形图 x 轴数据
20  b.add_yaxis('标准金额', y1, color = '#2F4F4F', category_gap = '35%', z = 0)
                                                           #添加柱形图的第 1 个 y 轴数据
21  b.add_yaxis('实际报销金额', y2, color = '#DC143C', category_gap = '35%', z = 0)
                                                           #添加柱形图的第 2 个 y 轴数据
22  b.set_global_opts(title_opts = opts.TitleOpts(title = '公司差旅费分析', pos_left = '20%'))
                                                           #设置柱形图的标题及位置
23  b.extend_axis(yaxis = opts.AxisOpts(type_ = 'value', name = '百分比', min_ = 0, max_ = 100, posi-
    tion = 'right', axislabel_opts = opts.LabelOpts(formatter = '{value} %')))
                                                           #添加第 2 个 y 轴(折线用)
24  l.add_xaxis(x)                                          #添加折线图的 x 轴数据
25  l.add_yaxis('超出占比', y3, yaxis_index = 1)              #添加折线图的 y 轴数据
26  b.overlap(l)                                            #将折线图和柱形图叠加在一起
27  g.add(chart = b, grid_opts = opts.GridOpts(), is_control_axis_index = True)
                                                           #将柱形图和折线图组合
28  g.render(path = 'e:\\练习\\图表\\柱形折线组合图.html')
                                                           #将图表保存到"柱形折线组合图.html"文件
```

代码详解

第 01 行代码：作用是导入 Pandas 模块，并指定模块的别名为"pd"。

第 02 行代码：作用是导入 Pyecharts 模块中的 Options，并指定模块的别名为"opts"。

第 03 行代码：作用是导入 Pyecharts 模块下 charts 子模块中的 Bar、Line 和 Grid。

第 04 行代码：作用是导入 Pyecharts 模块中 globals 子模块中的 ThemeType。

第 05 行代码：作用是读取 Excel 工作簿中的数据。代码中"read_excel()"函数的作用是读取 Excel 工作簿，"r"为转义符，用来将路径中的"\"转义。如果不用转义符，可以用"\\"代替"\"。

第 06 行代码：作用是将 DataFrame 格式数据转换为列表。代码中 tolist() 函数用于将矩阵 (matrix) 和数组 (array) 转化为列表 (制作柱形图表时需要用列表形式的数据)。"df. values"用于获取 DataFrame 格式数据中的数据部分。

第 07 ~ 10 行代码：作用是新建空列表，用于后面存放制作图表的数据。

第 11 行代码：作用是遍历第 06 行代码中生成的数据列表 df_list 中的元素，如图 6-9 所示为 df_list 列表中存放的数据。

```
[['一月', 40000, 45123, 5123, 0.128075], ['二月', 60000, 85462, 25462, 0.42436666666666667]
, ['三月', 60000, 74125, 14125, 0.23541666666666666], ['四月', 10000, 12358, 2358, 0.2358],
['五月', 40000, 45698, 5698, 0.14245], ['六月', 50000, 74532, 24532, 0.49064], ['七月', 50000, 5
4782, 4782, 0.09564], ['八月', 40000, 45872, 5872, 0.1468], ['九月', 80000, 89541, 9541, 0.119
2625], ['十月', 20000, 23586, 3586, 0.1793], ['十一月', 70000, 75423, 5423, 0.0774714285714
2857], ['十二月', 80000, 96546, 16546, 0.206825]]
```

图 6-9 df_list 列表中存放的数据

当 for 循环第 1 次循环时，将 df_list 列表中的第 1 个元素"['一月', 40000, 45123, 5123, 0.128075]"存放在 data 变量中，然后执行下面缩进部分的代码 (第 12 ~ 15 行代码)。接着再运行第 11 行代码，执行第 2 次循环；当执行最后一次循环时，将最后一个元素存放在 data 变量中，然后执行缩进部分代码，完成后结束循环，执行非缩进部分代码。

第 12 行代码：作用是将 data 变量中保存的元素列表中的第 1 个元素添加到列表 x 中。

第 13 行代码：作用是将 data 变量中保存的元素列表中的第 2 个元素添加到列表 y1 中。

第 14 行代码：作用是将 data 变量中保存的元素列表中的第 3 个元素添加到列表 y2 中。

第 15 行代码：作用是将 data 变量中保存的元素列表中的第 4 个元素乘以 100，然后保留 2 位小数之后，添加到列表 y3 中。代码中 "data［3］*100" 的意思是第 4 个元素乘以 100（这样就会按百分比的形式显示），"'%.2f'%" 的意思是保留 2 位小数。

第 16 行代码：作用是指定 b 为柱形图的方法。

第 17 行代码：作用是指定 l 为折线图的方法。

第 18 行代码：作用是指定 g 为组合图的方法。参数 "theme = ThemeType. PURPLE_PASSION" 的作用是将 ThemeType 的 PURPLE_PASSION 主题样式应用在组合图表中。常用的主题还有十几种，见表6-1。

表 6-1　常用主题风格

主　　题	风格描述
theme = ThemeType. CHALK	该风格就像是在黑板上写粉笔字的感觉，故作者称之为 "粉笔风"
theme = ThemeType. DARK	该主题将背景更换成黑色，且整体色调偏暗灰感
theme = ThemeType. ESSOS	该主题源于《权力的游戏》中厄索斯大陆的沙漠色调
theme = ThemeType. INFOGRAPHIC	该主题属于组合式色调，颜色鲜明、亮眼突出
theme = ThemeType. LIGHT	该主题以活泼的黄蓝色为主色调
theme = ThemeType. MACARONS	该主题为马卡龙配色
theme = ThemeType. PURPLE_PASSION	该主题为紫色激情，以紫色调为主
theme = ThemeType. ROMA	该主题跟罗马地标或当地特色有关
theme = ThemeType. ROMANTIC	该主题以红色调为主，突出激情和爱
theme = ThemeType. VINTAGE	该主题为复古风，所有颜色有种怀旧的感觉，色彩偏黄
theme = ThemeType. WALDEN	该主题为瓦尔登湖色彩系列
theme = ThemeType. WONDERLAND	该主题名为仙境，清新的绿色是仙境的标识性色系
theme = ThemeType. WESTEROS	该主题以蓝色为主

第 19 行代码：作用是添加柱形图 x 轴数据，即将数据中 "月份" 列数据添加为 x 轴数据。

第 20 行代码：作用是添加柱形图的第 1 个 y 轴数据，即将数据中 "标准金额" 列数据添加为第 1 个 y 轴数据。代码中的参数 "标准金额" 为设置的图例名称，"color ='#2F4F4F'" 用于设置柱形图颜色，"category_gap ='35%'" 用来设置同一系列的柱间距离，默认为类目间距的 20%。"z = 0" 用于设置图形的前后顺序，z 值小的图形会被 z 值大的图形覆盖遮挡。

第 21 行代码：作用是添加柱形图的第 2 个 y 轴数据，即将数据中 "实际报销金额" 列数据添加为第 2 个 y 轴数据。代码中的参数 "实际报销金额" 为设置的图例名称，"color ="#DC143C'" 用于设置柱形图颜色；"category_gap ='35%'" 用来设置同一系列的柱间距离，默认为类目间距的 20%。"z = 0" 用于设置图形的前后顺序，z 值小的图形会被 z 值大的图形覆盖遮挡。

第 22 行代码：作用是设置柱形图的标题及位置。set_global_opts()函数用来设置全局配置，opts. TitleOpts()用来设置图表的名称。其中，"title ='公司差旅费分析'" 用来设置图表名称，"pos_left ='20%'" 用来设置图表名称位置，即距离最左侧的距离。还可以用过 "pos_top" 来设置距离顶部的距离。

第 23 行代码：作用是添加第 2 个 y 轴数据，即为折线设置 y 轴。"extend_axis()" 函数的作用是设置第 2 个 y 轴。其参数中 "yaxis = opts. AxisOpts(type_ = ' value ', name = '百分比', min_ = 0, max_ = 100, position = ' right '" 用来设置第 2 个 y 轴："name = '百分比'" 设置 y 轴的名称，"min_ = 0，max_ = 100" 设置 y 轴的最小和最大刻度，"position = ' right '" 用来设置第 2 个 y 轴的位置，在右侧。"axislabel_opts = opts. LabelOpts(formatter = '{ value} %')" 用来设置第 2 个 y 轴刻度单位。

第 24 行代码：作用是添加折线图的 x 轴数据，与柱形图的 x 轴相同。

第 25 行代码：作用是添加折线图的 y 轴数据。add_yaxis() 函数参数中 "超出占比" 为设置的图例名称；"yaxis_index = 1" 用来选择 y 轴，"0" 表示第 1 个 y 轴，"1" 表示第 2 个 y 轴。

第 26 行代码：作用是将折线图和柱形图叠加在一起。

第 27 行代码：作用是将柱形图和折线图组合。"chart = b" 用来设置组合的图表实例，b 为 Bar()柱形图；"grid_opts = opts. GridOpts()" 为直角坐标系网格配置项（可以设置 grid 组件的高度、距离等）；"is_control_axis_index = True" 用来设置是否由自己控制 Axis 索引。

第 28 行代码：作用是将图表保存成网页格式文件。render() 函数的作用是保存图表，默认将会在根目录下生成一个 render. html 的文件。此函数可以用 path 参数设置文件保存位置。代码中将图表保存到 e 盘 "练习" 文件夹下 "图表" 文件夹内的 "柱形折线组合图-差旅费 . html" 文件中。

6.4.2 代码为我所用——零基础制作自己的柱形折线组合图

套用代码1：制作自己的组合图表

1）将案例中第 05 行代码中的 "e:\练习\图表\公司差旅费明细 . xlsx" 更换为其他文件名，可以对其他工作簿数据制作图表，注意要加上文件的路径。

2）将案例中第 12 ~ 15 行代码中 "data[1]" 方括号中的数字调整为数据列表中对应作为 x 轴和 y 轴数据的序号。注意：第 1 个元素为 0。

3）将案例第 20 行代码中的 "标准金额" 更换为需要的图例名称。

4）将案例第 21 行代码中的 "实际报销金额" 更换为需要的图例名称。

5）将案例第 22 行代码中的 "公司差旅费分析" 更换为需要的图表名称。

6）将案例第 25 行代码中的 "超出占比" 更换为需要的折线图例名称。

7）将案例第 28 行代码中的 "e:\\练习\\图表\\柱形折线组合图-差旅费 . html" 更换为需要的图表名称。注意文件的路径。

套用代码2：制作不同形状的组合图表

1）案例第 18 行代码中，将 "PURPLE_PASSION" 更换为其他样式，可以更改图标的主题样式，如 "CHALK"（粉笔风格样式）、"MACARONS"（马卡龙样式）、"ROMANTIC"（浪漫样式）、"WALDEN"（瓦尔登湖样式）。

2）案例第 25 行代码中，改变 "opts. LineStyleOpts（color = ' cyan '，width = 1.5）" 的参数 "color = ' cyan '" 的值 "cyan"，可以改变折线的颜色；改变 "width = 1.5" 参数的值 "1.5"，可以改变折线的粗细。

3）案例第 25 行代码中，改变 "symbol = ' circle '" 参数的值，可以改变转折点的形状，如修改为'rect'（矩形），'roundRect'（圆角矩形），'triangle'（三角形），'diamond'（菱形），'pin'（大头针），'arrow'（箭头），'none'（无）。

6.5 案例5：现金流量分析——折线面积组合图

现金流量表包括公司从其持续运营和外部投资来源获得的所有现金流入，以及在特定季度支付商业活动和投资的所有现金流出。对现金流量表内的有关数据进行分析、比较和研究，可以了解企业的财务状况及现金流量情况，发现企业在财务方面存在的问题，预测企业未来的财务状况，揭示企业的支付能力，为管理人员做出决策提供依据。下面讲解如何制作公司现金流数据的分析图表。

6.5.1 现金流量分析图表代码详解

本例主要制作公司各个季度或各月份的现金流入额、现金流出额及现金流净额等的图形。具体为让 Python 程序自动读取 e 盘"练习\图表"文件夹"现金流量表.xlsx"工作簿中的数据，然后使用 Pyecharts 模块中的 Line() 函数来绘制。如图 6-10 所示为现金流分析图表。

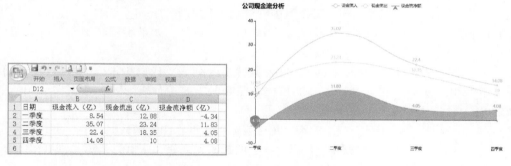

图 6-10　现金流分析图表

具体代码如下。

```
01  import pandas as pd                              #导入 Pandas 模块
02  from pyecharts import options as opts            #导入 Pyecharts 模块中的 Options
03  from pyecharts.charts import Line                #导入 Pyecharts 模块中的 Line
04  df = pd.read_excel(r'e:\练习\图表\现金流量表.xlsx')   #读取制作图表的数据
05  df_list = df.values.tolist()                     #将 DataFrame 格式数据转换为列表
06  x = []                                           #新建列表 x
07  y1 = []                                          #新建列表 y1
08  y2 = []                                          #新建列表 y2
09  y3 = []                                          #新建列表 y3
10  for data in df_list:                             #遍历数据列表 df_list
11    x.append(data[0])                              #将 data 中的第 1 个元素加入列表 x
12    y1.append(data[1])                             #将 data 中的第 2 个元素加入列表 y1
13    y2.append(data[2])                             #将 data 中的第 3 个元素加入列表 y2
14    y3.append('%.2f'%data[3])                      #将 data 中的第 4 个元素加入列表 y3
15  l = Line()                                       #指定 l 为折线图的方法
16  l.add_xaxis(x)                                   #添加折线图 x 轴数据
```

```
17   l.add_yaxis('现金流入', y1,color = '#FF1493',is_smooth = True)
                                        #添加第 1 个折线 y 轴数据
18   l.add_yaxis('现金流出', y2,color ='#00BFFF',is_smooth = True)
                                        #添加第 2 个折线 y 轴数据
19   l.add_yaxis('现金流净额', y3,color ='#FFA500', is_smooth = True,areastyle_opts = opts.
     AreaStyleOpts(opacity = 0.5),symbol =' arrow',markpoint_opts = opts.MarkPointOpts(da-
     ta = [ opts.MarkPointItem(type_ ='min')]))    #添加第 3 个折线面积图 y 轴数据
20   l.set_global_opts(title_opts = opts.TitleOpts(title ='公司现金流分析',pos_left = '5%
     '),xaxis_opts = opts.AxisOpts(axistick_opts = opts.AxisTickOpts(is_align_with_label
     = True),is_scale = False,boundary_gap = False))       #设置图表的标题及位置
21   l.render(path ='e:\\练习\图表\折线面积组合图-现金流.html')
                                        #将图表保存到"折线面积组合图-现金流.html"文件
```

代码详解

第 01 行代码：作用是导入 Pandas 模块，并指定模块的别名为"pd"。

第 02 行代码：作用是导入 Pyecharts 模块中的 Options，并指定模块的别名为"opts"。

第 03 行代码：作用是导入 Pyecharts 模块下 charts 子模块中的 Line。

第 04 行代码：作用是读取 Excel 工作簿中的数据。代码中"read_excel()"函数的作用是读取 Excel 工作簿，"r"为转义符，用来将路径中的"\"转义。如果不用转义符，可以用"\\"代替"\"。

第 05 行代码：作用是将 DataFrame 格式数据转换为列表。代码中 tolist()函数用于将矩阵（matrix）和数组（array）转化为列表（制作柱形图表时需要用列表形式的数据）。"df. values"用于获取 DataFrame 格式数据中的数据部分。

第 06 ~ 09 行代码：作用是新建空列表。用于后面存放制作图表的数据。

第 10 行代码：作用是遍历第 05 行代码中生成的数据列表 df_list 中的元素，如图 6-11 所示为 df_list 列表中存放的数据。

```
[['一季度', 8.54, 12.88, -4.340000000000002], ['二季度', 35.07, 23.24, 11.830000000000002],
['三季度', 22.4, 18.35, 4.049999999999997], ['四季度', 14.08, 10.0, 4.08]]
```

图 6-11   df_list 列表中存放的数据

当 for 循环第 1 次循环时，将 df_list 列表中的第 1 个元素"['一季度',8.54,12.88, -4.3400000000000002]"存放在 data 变量中，然后执行下面缩进部分的代码（第 11 ~ 14 行代码）。接着再运行第 10 行代码，执行第 2 次循环；当执行最后一次循环时，将最后一个元素存放在 data 变量中，然后执行缩进部分代码，完成后结束循环，执行非缩进部分代码。

第 11 行代码：作用是将 data 变量中保存的元素列表中的第 1 个元素添加到列表 x 中。

第 12 行代码：作用是将 data 变量中保存的元素列表中的第 2 个元素添加到列表 y1 中。

第 13 行代码：作用是将 data 变量中保存的元素列表中的第 3 个元素添加到列表 y2 中。

第 14 行代码：作用是将 data 变量中保存的元素列表中的第 4 个元素保留 2 位小数后添加到列表 y3 中。

第 15 行代码：作用是指定 l 为折线图的方法。

第 16 行代码：作用是添加折线图 x 轴数据，即将数据中"日期"列数据添加为 x 轴数据。

第 17 行代码：作用是添加折线图的第 1 个 y 轴数据，即将数据中"现金流入（亿）"列数据添加为第 1 个 y 轴数据。代码中的参数"现金流入"为设置的图例名称，"color ='#FF1493'"设

置折线面积图颜色；"is_smooth = True"用来设置折线是否用平滑曲线，"True"表示用。

第18行代码：作用是添加折线图的第2个y轴数据，即将数据中"现金流出（亿）"列数据添加为第2个y轴数据。代码中的参数"现金流出"为设置的图例名称，"color = "#00BFFF'"设置折线面积图颜色；"is_smooth = True"用来设置折线是否用平滑曲线，"True"表示用。

第19行代码：作用是添加折线面积图的y轴数据，即将数据中"现金流净额（亿）"列数据添加为第3个y轴数据。代码中的参数"现金流净额（亿）"为设置的图例名称，"color = "#FFA500'"设置折线面积图颜色；"is_smooth = True"用来设置折线是否用平滑曲线；"areastyle_opts = opts. AreaStyleOpts(opacity = 0. 5)"用来设置折线面积填充，"opacity = 0. 5"用来设置不透明度；"symbol = ' arrow '"用来设置折线转折点形状，"arrow"表示箭头，还可以设置成其他形状（如圆形"circle"）；"markpoint_opts = opts. MarkPointOpts(data = [opts. MarkPointItem(type_ = ' min ')])"用来设置标记点，"type_ = ' min '"表示对最小值进行标记。

第20行代码：作用是设置柱形图的标题及位置。set_global_opts( )函数用来设置全局配置，opts. TitleOpts( )用来设置图表的名称。其中，"title = '公司现金流分析'"用来设置图表名称，"pos_left = ' 5% '"用来设置图表名称位置，即距离最左侧的距离。还可以用过"pos_top"来设置距离顶部的距离；"xaxis_opts = opts. AxisOpts(axistick_opts = opts. AxisTickOpts(is_align_with_ label = True), is _ scale = False, boundary _ gap = False)"用来设置坐标轴。其参数 "AxisTickOpts( )"用来设置坐标轴刻度，"is_scale = False"用来设置是否包含零刻度，"boundary_gap = False"用来设置坐标轴两边是否留白，如图6-12所示为留白和不留白的区别。

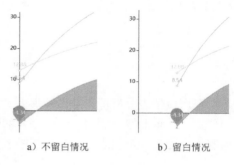

图6-12 参数设置对比

第21行代码：作用是将图表保存成网页格式文件。render( )函数的作用是保存图表，默认将会在根目录下生成一个 render. html 的文件。此函数可以用 path 参数设置文件保存位置。代码中将图表保存到e盘"练习"文件夹下"图表"文件夹内的"折线面积组合图-现金流 . html"文件中。

提示：使用制作的图表时，用浏览器打开图表文件，然后在打开的图表上右击选择"图片另存为"，可以将图表以 png 格式文件保存到计算机，也可以直接截图插入 PPT 等文件中。

6.5.2 代码为我所用——零基础制作自己的折线面积组合图

套用代码1：制作自己的折线面积图表

1）将案例中第04行代码中的"e:\练习\图表\现金流量表 . xlsx"更换为其他文件名，可以对其他工作簿数据制作图表，注意要加上文件的路径。

2）将案例中第11~14行代码中"data [0]"方括号中的数字调整为数据列表中对应作为x轴和y轴数据的序号。注意：第1个元素为0。

3）将案例中第17行代码中的"现金流入"更换为需要的图例名称。

4）将案例中第18行代码中的"现金流出"更换为需要的图例名称。

5）将案例中第19行代码中的"现金流净额"更换为需要的图例名称。

6）将案例中第20行代码中的"公司现金流分析"更换为需要的图表名称。

7）将案例中第21行代码中的"e:\\练习\\图表\\折线面积组合图-现金流 . html"更换为需要的图表名称。注意文件的路径。

套用代码 2：制作不同颜色的折线面积图表

1）案例第 17 行代码中，修改"color = '#FF1493'"的值，可以修改折线面积图的颜色，"#FF1493"为十六进制颜色代码。

2）案例第 17 和 18 行代码中，修改"is_smooth = True"的值为"False"，可以取消折线的平滑曲线。

3）案例第 18 行代码中，修改"color = '#00BFFF'"的值，可以修改折线的颜色，"#00BFFF"为十六进制颜色代码。

4）案例第 19 行代码中，修改"color = '#FFA500'"的值，可以修折线面积图形的颜色，"#FFA500"为十六进制颜色代码。

5）案例第 19 行代码中，修改"opacity = 0.5"的值，可以修改折线面积图的透明度。

6）案例第 19 行代码中，修改"symbol = 'arrow'"的值，可以修改折线转折点的形状，如修改为 'rect'（矩形），'roundRect'（圆角矩形），'triangle'（三角形），'diamond'（菱形），'pin'（大头针），'arrow'（箭头），'none'（无）。

6.6　案例 6：资产负债表分析——带提示框圆环图

资产负债表分析可以帮助管理人员掌握企业的资产分布和结构，了解企业的资本结构、长期偿债能力、短期偿债能力，掌握企业的财务融资能力，预测企业将来的财务状况等。下面讲解如何制作公司资产负债表数据的分析图表。

6.6.1　资产负债表分析图表代码详解

本例主要制作公司年度资产分布图表和负债分布图表。具体为让 Python 程序自动读取 e 盘"练习 \ 图表"文件夹"资产负债表 . xlsx"工作簿中的数据，然后使用 Pyecharts 模块中的 Pie() 函数来绘制。如图 6-13 所示为资产负债表分析图表。

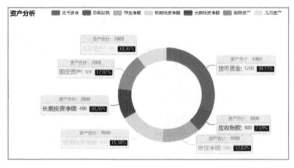
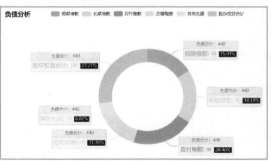

图 6-13　资产负债表分析图表

具体代码如下。

```
01  from pyecharts import options as opts          #导入 Pyecharts 模块中的 Options
02  from pyecharts.charts import Pie               #导入 Pyecharts 模块中的 Pie
03  import pandas as pd                            #导入 pandas 模块
04  df = pd.read_excel(r'e:\练习\图表\资产负债表.xlsx')     #读取制作图表的数据
05  x1 = df['资产项目']                             #指定数据中的"资产项目"列作为各类别的标签
06  y1 = df['金额(百万)']                          #指定数据中"金额(百万)"列作为计算列表的占比
07  x2 = df['负债项目']                             #指定数据中的"负债项目"列作为各类别的标签
08  y2 = df['金额(百万).1']                        #指定数据中"金额(百万).1"列作为计算列表的占比
09  p1 = Pie()                                    #指定 p1 为饼图的方法
10  p1.add('',[list(z) for z in zip(x1,y1)],radius = ['40%','55%'])   #制作圆环图表
11  p1.set_global_opts( title_opts = opts.TitleOpts(title ='资产分析'))   #设置标题和图例
12  p1.set_series_opts(label_opts = opts.LabelOpts(position =' outside', background_color
    ='#eee', border_color ='#aaa', border_width = 1, border_radius = 4, formatter ='{a |资产合
    计:3900}{abg |} \n{hr |} \n {b |{b}:}{c} {per |{d}%} ', rich = { "a": {"color": "#696969",
    "lineHeight": 22, "align": "center"},"abg": {"backgroundColor": "#e3e3e3","width":
    "100%","align": "right","height": 22,"borderRadius": [4, 4, 0, 0]}, "hr": {"borderCol-
    or": "#aaa","width": "100%","borderWidth": 0.5, "height": 0},"b": {"fontSize": 16,
    "lineHeight": 33},"per": {"color": "#eee","backgroundColor": "#334455","padding": [2,
    4],"borderRadius": 2}}))                      #设置标签提示框
13  p1.set_colors(['red','blue','orange','lightgreen','purple','grey','lightblue'])
                                                  #设置圆环颜色
14  p1.render(path ='e:\\练习\\图表\\柱图饼图组成图-资产负债表1.html')
                                                  #将图表保存到"柱图饼图组成图-资产负债表1.html"文件
15  P2 = Pie()                                    #指定 p2 为饼图的方法
16  P2.add('',[list(z) for z in zip(x2,y2)],radius = ['40%','55%'])   #制作圆环图表
17  P2.set_global_opts( title_opts = opts.TitleOpts(title ='负债分析',pos_left ='5%'))
                                                  #设置标题和图例
18  P2.set_series_opts(label_opts = opts.LabelOpts(position =' outside', background_col-
    or ='#eee', border_color ='#aaa', border_width = 1, border_radius = 4, formatter ='{a |负
    债合计:3900}{abg |} \n{hr |} \n {b |{b}:}{c} {per |{d}%} ', rich = { "a": {"color": "#
    696969", "lineHeight": 22, "align": "center"},"abg": {"backgroundColor": "#e3e3e3",
    "width": "100%","align": "right","height": 22,"borderRadius": [4, 4, 0, 0]}, "hr":
    {"borderColor": "#aaa","width": "100%","borderWidth": 0.5, "height": 0},"b": {"fon-
    tSize": 16, "lineHeight": 33},"per": {"color": "#eee","backgroundColor": "#334455",
    "padding": [2, 4],"borderRadius": 2}}))
                                                  #设置标签提示框
19  P2.set_colors(['HotPink','Turquoise','MediumPurple','LightSkyBlue','Khaki','Tan'])
                                                  #设置圆环颜色
20  P2.render(path ='e:\\练习\\图表\\柱图饼图组成图-资产负债表2.html')
                                                  #将图表保存到"柱图饼图组成图-资产负债表2.html"文件
```

代码详解

第01行代码：作用是导入 Pyecharts 模块中的 Options，并指定模块的别名为 "opts"。

第 02 行代码：作用是导入 Pyecharts 模块中 charts 子模块中的 Pie。

第 03 行代码：作用是导入 Pandas 模块，并指定模块的别名为"pd"。

第 04 行代码：作用是读取 Excel 工作簿中的数据。代码中"read_excel()"函数的作用是读取 Excel 工作簿，"r"为转义符，用来将路径中的"\"转义。如果不用转义符，可以用"\\"代替"\"。

第 05 行代码：作用是指定数据中的"资产项目"列作为各类别的标签。

第 06 行代码：作用是指定数据中"金额（百万）"列作为计算列表的占比。

第 07 行代码：作用是指定数据中的"负债项目"列作为各类别的标签。

第 08 行代码：作用是指定数据中"金额（百万）.1"列作为计算列表的占比。由于数据中有两列的列标题都为"金额（百万）"，出现重复，因此第 2 个列标题就会加一个".1"，变成"金额（百万）.1"，如图 6-14 所示。

图 6-14　列标题重复情况的处理

第 09 行代码：作用是指定 p1 为圆饼图方法。

第 10 行代码：作用是根据指定的数据制作圆饼图表。代码中"add()"函数的作用是添加图表的数据和设置各种配置项。代码中"''"用来设置圆饼图上面的标签，引号中没有内容表示不添加标签；"[list(z) for z in zip(x1,y1)]"的作用是用数据中的"资产项目"列和"金额（百万）"列创建一个以资产项目和金额组成的元组为元素的列表。其中"list(z)"用来创建一个列表 z，zip()函数返回一个以元组为元素的列表，"for z in zip(x1,y1)"遍历"zip(x1,y1)"形成的元组，然后存储在 z 变量中。如图 6-15 所示为"[list(z) for z in zip(x1,y1)]"创建的列表；"radius = ['40%', '55%']"用来设置圆环的半径，第 1 个参数为内圆半径，第 2 个参数为外圆半径。

```
[('货币资金', 1200.0), ('应收账款', 300.0), ('存货净额', 500.0), ('短期投资净额', 600.0),
('长期投资净额', 400.0), ('固定资产', 500.0), ('无形资产', 400.0), (nan, nan)]
```

图 6-15　"[list(z) for z in zip(x1,y1)]"创建的列表

第 11 行代码：作用是设置全局配置项。set_global_opts()函数的作用是设置全局配置项。其中"title_opts = opts. TitleOpts(title ='资产分析')"参数用来设置图表标签项。

第 12 行代码：作用是设置系统配置项。set_series_opts()函数的作用是设置系统配置项。其中，"label_opts = opts. LabelOpts()"用来设置标签项，它的参数"position = ' outside '"用来设置标签的位置；"background_color = '#eee '"用来设置文字块背景色；"border_color = '#aaa '"用来设置文字块边框颜色；"border_width = 1"用来设置文字块边框宽度；"border_radius = 4"用来设置文字块的圆角；"formatter ='{a|资产合计:3900} {abg|} \n{hr|} \n {b|{b}} : {c} {per|{d}%} '"用来设置标签项的格式，在饼图、仪表盘、漏斗图中，{a} 为系列名称，{b} 为数据项名称，{c} 为数值，{d} 为百分比；"rich = {}"用来定义标签项中各参数的颜色、框高度、位置等参数。

第 13 行代码：作用是设置圆饼图中扇形的颜色。set_colors()函数用来设置图表中各板块的颜色，各种颜色以列表的形式列出。

第 14 行代码：作用是将图表保存成网页格式文件。render()函数的作用是保存图表，默认将会在根目录下生成一个 render. html 的文件。此函数可以用 path 参数设置文件保存位置。代码中将图表保存到 e 盘"练习"文件夹下"图表"文件夹内的"柱图饼图组成图-资产负债表 1. html"文件中。

第 15 行代码：作用是指定 p2 为圆饼图方法。

第 16 行代码：作用是根据指定的数据制作圆饼图表。代码中"add()"函数的作用是添加图表的数据和设置各种配置项。代码中"''"用来设置圆饼图上面的标签，引号中没有内容表示不添加标签。"[list(z) for z in zip(x2,y2)]"的作用是用数据中的"资产项目"列和"金额（百万）"列创建一个以资产项目和金额组成的元组为元素的列表。其中"list(z)"用来创建一个列表 z；zip()函数返回一个以元组为元素的列表，"for z in zip(x1,y1)"遍历"zip(x2,y2)"形成的元组，然后存储在 z 变量中。"radius = ['40%', '55%']"用来设置圆环的半径，第 1 个参数为内圆半径，第 2 个参数为外圆半径。

第 17 行代码：作用是设置全局配置项。set_global_opts()函数的作用是设置全局配置项。其中"title_opts = opts. TitleOpts(title ='资产分析',pos_left ='5%')"参数用来设置图表标签项。"title ='资产分析'"用来设置图表标题，"pos_left ='5%'"用来设置图表标签距离最左侧的距离。

第 18 行代码：作用是设置系统配置项。set_series_opts()函数的作用是设置系统配置项。其中，"label_opts = opts. LabelOpts()"用来设置标签项，它的参数"position =' outside '"用来设置标签的位置；"background_color ='#eee '"用来设置文字块背景色；"border_color = '#aaa '"用来设置文字块边框颜色；"border_width =1"用来设置文字块边框宽度；"border_radius =4"用来设置文字块的圆角；"formatter =' {a | 负债合计：3900} {abg | } \n | hr | } \n | b | {b} : | {c} | {per | {d} % | '"用来设置标签项的格式，在饼图、仪表盘、漏斗图中，{a} 为系列名称，{b} 为数据项名称，{c} 为数值，{d} 为百分比；"rich = {}"用来定义标签项中各参数的颜色、框高度、位置等参数。

第 19 行代码：作用是设置圆饼图中扇形的颜色。set_colors()函数用来设置图表中各板块的颜色，各种颜色以列表的形式列出。

第 20 行代码：作用是将图表保存成网页格式文件。render()函数的作用是保存图表，默认将会在根目录下生成一个 render. html 的文件。此函数可以用 path 参数设置文件保存位置。代码中将图表保存到 e 盘"练习"文件夹下"图表"文件夹内的"柱图饼图组成图-资产负债表 2. html"文件中。

6. 6. 2　代码为我所用——零基础制作自己的带提示框圆环图

套用代码 1：制作自己的带提示框圆环图表

1）将案例中第 04 行代码中的"e:\练习\图表\资产负债表 . xlsx"更换为其他文件名，可以对其他工作簿数据制作图表，注意要加上文件的路径。

2）将案例中第 05 行代码中的"资产项目"更换为数据中作为各类别标签的列标题。

3）将案例中第 06 行代码中的"金额（百万）"更换为数据中作为计算列表的占比的列标题。

4）将案例中第 07 行代码中的"负债项目"更换为数据中作为各类别标签的列标题。

5）将案例中第 08 行代码中的"金额（百万）. 1"更换为数据中作为计算列表占比的列

标题。

6）将案例中第 11 行代码中的"资产分析"更换为需要的图表名称。

7）将案例中第 12 行代码中的"资产合计：3900"更换为实际的资产数据。

8）将案例中第 14 行代码中的"e:\\练习\\图表\\柱图饼图组成图-资产负债表 1. html"更换为需要的图表名称。

9）将案例中第 17 行代码中的"负债分析"更换为需要的图表名称。

10）将案例中第 18 行代码中的"负债合计：3900"更换为实际的负债数据。

11）将案例中第 20 行代码中的"e:\\练习\\图表\\柱图饼图组成图-资产负债表 2. html"更换为需要的图表名称。

套用代码 2：制作不同形状颜色的提示框圆环图表

1）修改案例中第 10 行代码中的"radius = ['40%', '55%']"中的参数"'40%', '55%'"，可以修改资产分析圆环的形状。

2）修改案例中第 12 行代码中的"background_color = '#eee'"，"border_color = '#aaa'"的参数"#eee"和"#aaa"（颜色十六进制代码），可以改变资产分析图表提示框的背景颜色和边框颜色。

3）修改案例中第 12 行代码中的"rich"的参数（如 lineHeight 的值等），可以修改资产分析图表提示框的高度、颜色等。

4）案例中第 13 行代码中，改变"['red', 'blue', 'orange', 'lightgreen', 'purple', 'grey', 'lightblue']"参数的值可以改变资产分析圆环中各个扇形的颜色，比如颜色顺序、颜色种类等。

5）修改案例中第 16 行代码中的"radius = ['40%', '55%']"中的参数"'40%', '55%'"，可以修改负债分析圆环的形状。

6）修改案例中第 18 行代码中的"background_color = '#eee'"，"border_color = '#aaa'"的参数"#eee"和"#aaa"（颜色十六进制代码），可以改变负债分析图表提示框的背景颜色和边框颜色。

7）修改案例中第 18 行代码中的"rich"的参数（如 lineHeight 的值等），可以修改负债分析图表提示框的高度、颜色等。

8）案例中第 19 行代码中，改变"['HotPink', 'Turquoise', 'MediumPurple', 'LightSkyBlue', 'Khaki', 'Tan']"参数的值可以改变负债分析圆环中各个扇形的颜色，比如颜色顺序、颜色种类等。

6.7 案例 7：Tableau 制作差旅费——柱形图

管理人员在进行差旅费管理时，通常要进行差旅费数据可视化分析，这样可以一目了然地掌握公司员工差旅出行情况。下面讲解如何用 Tableau 制作公司差旅费数据的分析图表。

6.7.1 连接差旅费工作簿数据

制作图表的第 1 步是将差旅费工作簿数据连接到 Tableau，选择"连接"窗格中的"Microsoft Excel"选项，然后从打开的"打开"对话框中选择工作簿文件，单击"打开"按钮，如图 6-16

所示。

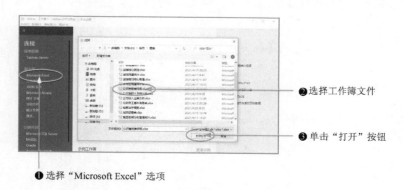

❶选择"Microsoft Excel"选项

❷选择工作簿文件

❸单击"打开"按钮

图 6-16　连接数据

6.7.2　制作差旅费多柱形图表

连接数据后，接下来开始制作图表。

1）在"数据源"窗格中的左下角单击"工作表 1"按钮，如图 6-17 所示。

连接到Tableau
的数据

单击"工作
表1"按钮

图 6-17　打开"工作表 1"窗格

2）将"数据"窗格中的"月份"字段拖到"列"功能区，将"数据"窗格中的"标准金额"字段拖到"行"功能区，再将"数据"窗格中的"实际报销金额"字段拖到"行"功能区，这时在视图区会制作出两个柱形图，如图 6-18 所示。

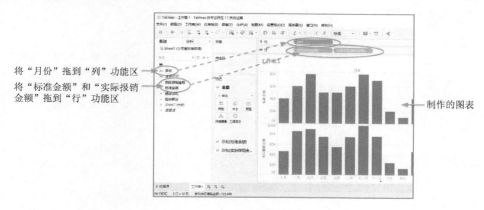

将"月份"拖到"列"功能区

将"标准金额"和"实际报销金额"拖到"行"功能区

制作的图表

图 6-18　制作柱形图

3）单击"智能推荐"下的多柱形图表，视图区的图表会变成一个多柱形图表，如图 6-19 所示。

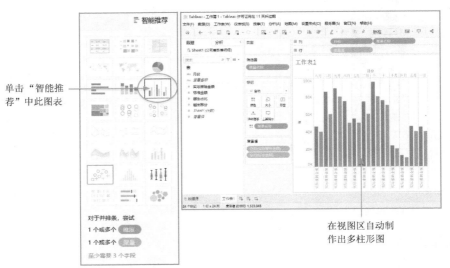

单击"智能推荐"中此图表

在视图区自动制作出多柱形图

图 6-19　制作多柱形图表

4）调整柱子排列顺序。从上图中可以看出"标准金额"为橙色，为靠右边的柱子，现将其调整为靠左边。方法是将"度量值"选项卡中的"总和（实际报销金额）"拖动到最下面，如图 6-20 所示。

5）调整柱子的颜色。首先单击"智能推荐"按钮收起智能推荐列表，然后双击"度量名称"中的"标准金额"图标，打开"编辑颜色[度量名称]"对话框。在此对话框

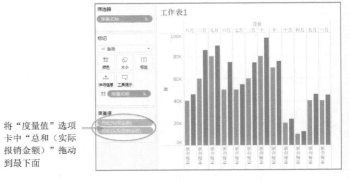

将"度量值"选项卡中"总和（实际报销金额）"拖动到最下面

图 6-20　调整柱形排列

中，先勾选"标准金额"复选框，然后在"选择调色板"中单击要修改的颜色图块，即可调整柱子的颜色，设置好颜色后，最后单击"确定"按钮，如图 6-21 所示。

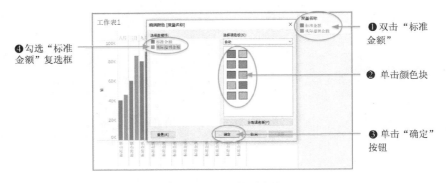

❹勾选"标准金额"复选框

❶双击"标准金额"

❷单击颜色块

❸单击"确定"按钮

图 6-21　调整柱子颜色

6）增加柱形图中的柱子。将"数据"窗格中的"超出部分"字段拖到"度量值"选项卡的最下面，如图6-22所示。

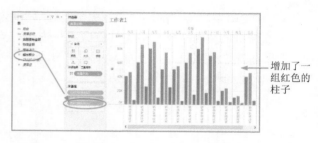

增加了一组红色的柱子

图6-22 增加柱形图中的柱子

7）调整图表中标签排列顺序。从上图中可以看出"月份"标签下面的各个月份是按字母先后顺序排列，而不是按数字顺序排列的。调整标签排列顺序的方法为在"列"功能区的"月份"胶囊上单击右键，然后选择右键菜单中的"排序"命令，打开"排序［月份］"对话框，如图6-23所示。接着单击"数据源顺序"下拉按钮，然后选择"手动"选项。

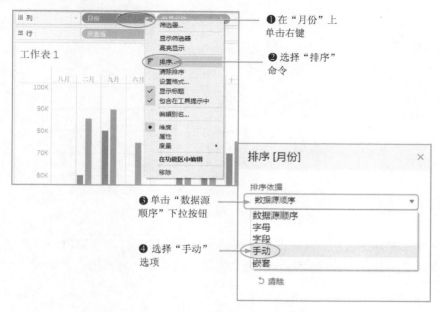

图6-23 设置标签排序

8）在"手动"列表中单击选择"一月"，然后多次单击右侧的"向上"按钮，将"一月"移动到最上面，如图6-24所示。然后再依次调整"二月""三月"等其他月份。调整好后，直接关闭对话框即可。

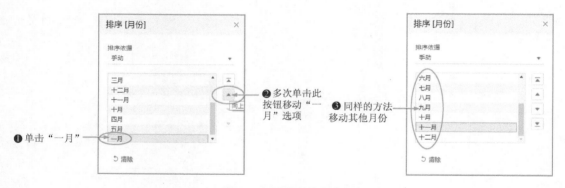

图6-24 调整月份顺序

9）设置图表标签。在"一月"标签上面单击右键，然后选择右键菜单中的"设置格式"命令，会在窗口最左侧打开"设置月份格式"窗格。接着单击"默认值"下面的"字体"下拉按钮，打开格式设置对话框。在此对话框中分别设置字体、字号、加粗、斜体、颜色等格式，如图6-25所示。提示，其他标签的方法参考此设置。

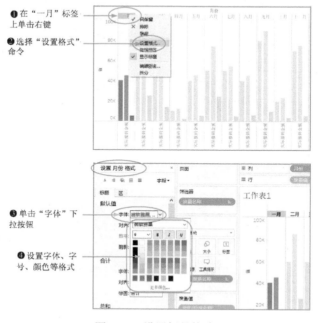

图 6-25　设置标签格式

10）修改坐标轴标签名称。双击图表左侧的坐标轴标签，打开"编辑轴［度量值］"对话框。在此对话框中，单击"轴标题"下面的"标题"文本框，直接输入新的坐标轴标题即可，如图6-26所示。

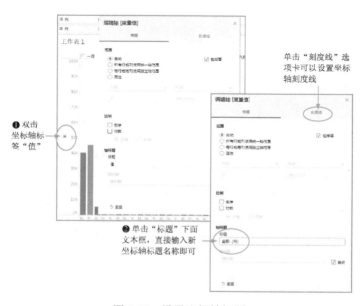

图 6-26　设置坐标轴标题

11）设置图表标题格式。在视图区图表标题上单击右键，选择右键菜单中的"编辑标题"命令，打开"编辑标题"对话框，如图6-27所示。在此对话框中，输入标题名称"公司差旅费分析"，然后选择"公司差旅费分析"文本，再设置标题字体、字号、颜色等格式。设置好后，单击"确定"按钮。

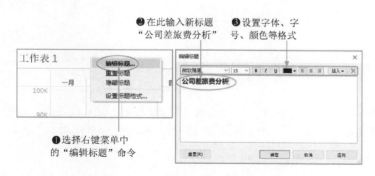

图6-27　设置图表标题格式

6.7.3　导出图像保存工作簿

1）在制作好图表后，可以将图表导出为图像，再插入PPT等文件中。选择"工作表"菜单中"导出"子菜单下的"图像"命令，打开"导出图像"对话框，然后设置图像显示的内容和样式，单击"保存"按钮。接着在打开的"保存"对话框中输入图像名称（图像格式一般默认为png格式即可），并单击"保存"按钮，即可将图表导出为图像，如图6-28所示。

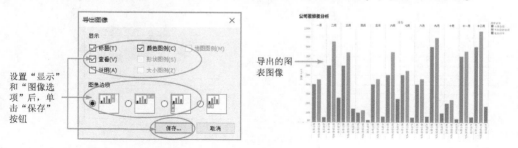

图6-28　导出图表图像

2）保存Tableau工作簿。将制作图表的工作簿保存后，下次可以继续对图表工作簿进行修改编辑。选择"文件"菜单中的"另存为"命令，打开"另存为"对话框，如图6-29所示。在此对话框中输入工作簿的名称，然后单击"保存"按钮。下次要继续编辑保存的工作簿时，选择"文件"菜单中的"打开"命令，然后选择保存的工作簿即可打开之前保存的工作簿。

图6-29　保存工作簿

第7章 HR数据分析报告必会图表

7.1 案例1：公司员工基本情况分析——圆环和圆饼组合图

在公司的经营管理过程中，对员工进行准确的素质结构分析是必需的，这也是制定企业技能培训方案的基本出发点。下面讲解如何制作公司员工基本情况分析图表。

7.1.1 员工基本情况分析图表代码详解

本例主要制作公司员工男女占比图表和员工学历占比图表。具体为让Python程序自动读取e盘"练习\图表"文件夹"公司员工基本信息表.xlsx"工作簿中的数据。然后使用Pyecharts模块中的Pie()函数来绘制。如图7-1所示为公司员工基本情况分析图表。

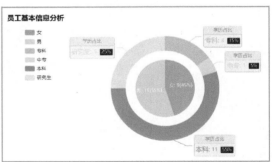

图7-1 公司员工基本情况分析图表

具体代码如下。

```
01  from pyecharts import options as opts        #导入 Pyecharts 模块中的 Options
02  from pyecharts.charts import Pie              #导入 Pyecharts 模块中的 Pie
03  import pandas as pd                           #导入 pandas 模块
04  df = pd.read_excel(r'e:\练习\图表\公司员工基本信息表.xlsx')   #读取制作图表的数据
05  data1 = df.groupby('性别').count()            #将数据按"性别"列进行分组并计数
06  data2 = df.groupby('学历').count()            #将数据按"学历"列进行分组并计数
07  x1 = data1.index                             #选择数据中的索引列("性别"列)用于类别标签
08  y1 = data1['工号']                            #选择数据中"工号"列,用于计算列表的占比
09  x2 = data2.index                             #选择数据中的索引列("学历"列)用于类别标签
10  y2 = data2['工号']                            #选择数据中"工号"列,用于计算列表的占比
11  p = Pie()                                    #指定 p 为饼图的方法
12  p.add(",[list(z) for z in zip(x1,y1)],radius = [0,'30%'],label_opts = opts.LabelOpts
    (position = 'inner',formatter ='{b}: {c}({d}%)'))   #制作圆饼图表
```

168

```
13  p.add('',[list(z) for z in zip(x2,y2)],radius=['40%','55%'],label_opts=opts.Labe-
    lOpts(position='outside',background_color='#eee',border_color='#aaa',border_
    width=1,border_radius=4,formatter='{a|学历占比}{abg|}\n{hr|}\n {b|{b}:}{c} {per|
    {d}%}',rich={'a':{'color':'#696969','lineHeight':22,'align':'center'},'abg':
    {'backgroundColor':'#e3e3e3','width':'100%','align':'right','height':22,'border-
    Radius':[4,4,0,0]},'hr':{'borderColor':'#aaa','width':'100%','borderWidth':
    0.5,'height':0},'b':{'fontSize':16,'lineHeight':33},'per':{'color':'#eee','back-
    groundColor':'#334455','padding':[2,4],'borderRadius':2}}))
                        #制作圆环图表,并设置标签提示框
14  p.set_global_opts(title_opts=opts.TitleOpts(title='员工基本信息分析',pos_left=
    '5%',pos_top='10%'),legend_opts=opts.LegendOpts(pos_left='10%',pos_top='18%',
    orient='vertical'))
                        #设置标题和图例
15  P.set_colors(['HotPink','Turquoise','MediumPurple','LightSkyBlue','Khaki','Tan'])
                        #设置圆环颜色
16  P.render(path='e:\练习\图表\圆饼+圆环-公司员工基本信息分析.html')
                        #将图表保存到"圆饼+圆环-公司员工基本信息分析.html"文件
```

代码详解

第 01 行代码：作用是导入 Pyecharts 模块中的 Options，并指定模块的别名为 "opts"。

第 02 行代码：作用是导入 Pyecharts 模块下 charts 子模块中的 Pie。

第 03 行代码：作用是导入 Pandas 模块，并指定模块的别名为 "pd"。

第 04 行代码：作用是读取 Excel 工作簿中的数据。代码中 "read_excel()" 函数的作用是读取 Excel 工作簿，"r" 为转义符，用来将路径中的 "\" 转义。如果不用转义符，可以用 "\\" 代替 "\"。

第 05 行代码：作用是将数据按 "性别" 列进行分组并计数。代码中 "groupby('性别')" 的作用是按 "性别" 列进行分组，"count()" 函数的作用是计数。如图 7-2 所示为 data1 中分组后的数据。

第 06 行代码：作用是将数据按 "学历" 列进行分组并计数。代码中 "groupby('学历')" 的作用是按 "学历" 列进行分组。如图 7-3 所示为 data2 中分组后的数据。

	工号	姓名	部门	职务	入职时间	工龄	联系电话	学历
性别								
女	9	9	9	9	9	9	9	9
男	11	11	11	11	11	11	11	11

图 7-2　data1 中分组后的数据

	工号	姓名	性别	部门	职务	入职时间	工龄	联系电话
学历								
专科	3	3	3	3	3	3	3	3
中专	1	1	1	1	1	1	1	1
本科	11	11	11	11	11	11	11	11
研究生	5	5	5	5	5	5	5	5

图 7-3　data2 中分组后的数据

第 07 行代码：作用是选择数据中的索引列（"性别" 列），在后面制作图表时作为类别的标签。

第 08 行代码：作用是选择数据中 "工号" 列，在后面制作图表时作为计算列表的占比。

第 09 行代码：作用是选择数据中的索引列（"学历" 列），在后面制作图表时作为类别的标签。

第 10 行代码：作用是选择数据中"工号"列，在后面制作图表时作为计算列表的占比。

第 11 行代码：作用是指定 p 为圆饼图方法。

第 12 行代码：作用是根据指定的数据制作圆饼图表。"add()"函数的作用是添加图表的数据和设置各种配置项。代码中"''"用来设置圆饼图上面的标签，引号中没有内容表示不添加标签；"[list(z) for z in zip(x1,y1)]"的作用是用数据中的"性别"列和"工号"列创建一个以性别和工号组成的元组为元素的列表。其中"list(z)"用来创建一个列表 z，zip()函数返回一个以元组为元素的列表，"for z in zip(x1,y1)"遍历"zip(x1,y1)"形成的元组，然后存储在 z 变量中。如图 7-4 所示为"[list(z) for z in zip(x1,y1)]"创建的列表；"radius = [0,'30%']"用来设置圆饼的半径，第 1 个参数为内圆半径（为 0 时为圆饼），第 2 个参数为外圆半径；"label_opts = opts.LabelOpts(position='inner'"用来设置圆饼标签的位置，"position='inner'"参数用于设置位置为圆内。"formatter='{b}：{c}({d}%)'")"用来设置标签项的格式，在饼图、仪表盘、漏斗图中，{a} 为系列名称，{b} 为数据项名称，{c} 为数值，{d} 为百分比。

$$[('女', 9),('男', 11)]$$

图 7-4 "[list(z) for z in zip(x1,y1)]"创建的列表

第 13 行代码：作用是根据指定的数据制作圆环图表。"add()"函数的作用是添加图表的数据和设置各种配置项。代码中"''"用来设置圆环图上面的标签，引号中没有内容表示不添加标签；"[list(z) for z in zip(x2,y2)]"的作用是用数据中的"学历"列和"工号"列创建一个以学历和工号组成的元组为元素的列表。其中"list(z)"用来创建一个列表 z，zip()函数返回一个以元组为元素的列表，"for z in zip(x2,y2)"遍历"zip(x2,y2)"形成的元组，然后存储在 z 变量中。如图 7-5 所示为"[list(z) for z in zip(x2,y2)]"创建的列表；"radius = ['40%','55%']"用来设置圆环的半径，第 1 个参数为内圆半径，第 2 个参数为外圆半径；"label_opts = opts.LabelOpts()"用来设置标签项，它的参数"position='outside'"用来设置标签的位置，"background_color='#eee'"用来设置文字块背景色，"border_color='#aaa'"用来设置文字块边框颜色，"border_width=1"用来设置文字块边框宽度，"border_radius=4"用来设置文字块的圆角。"formatter='{a|学历占比}{abg|}\n{hr|}\n {b|{b}:}{c} {per|{d}%} '"用来设置标签项的格式，在饼图、仪表盘、漏斗图中，{a} 为系列名称，{b} 为数据项名称，{c} 为数值，{d} 为百分比；"rich = {}"用来定义标签项中各参数的颜色、框高度、位置等参数。

$$[('专科', 3),('中专', 1),('本科', 11),('研究生', 5)]$$

图 7-5 "[list(z) for z in zip(x2,y2)]"创建的列表

第 14 行代码：作用是设置全局配置项。set_global_opts()函数的作用是设置全局配置项。其中"title_opts = opts.TitleOpts(title='员工基本信息分析',pos_left='5%', pos_top='10%')"参数用来设置图表标题项。"title='员工基本信息分析'"用来设置图表标题，"pos_left='5%'"用来设置图表标题距离最左侧的距离，"pos_top='10%'"用来设置图表标题距离顶部的距离。"legend_opts = opts.LegendOpts(pos_left='10%',pos_top='18%',orient='vertical')"用来设置图例，"pos_left = '10%'"用来设置图例距离最左侧的距离，"pos_top='18%'"用来设置图例距离顶部的距离，"orient='vertical'"用来设置图例排列方式，"vertical"为竖排，"horizontal"为横排。

第 15 行代码：作用是设置圆饼图中扇形的颜色。set_colors()函数用来设置图表中各板块的颜色，各种颜色以列表的形式列出。

第 16 行代码：作用是将图表保存成网页格式文件。render()函数的作用是保存图表，默认将会在根目录下生成一个 render. html 的文件。此函数可以用 path 参数设置文件保存位置。代码中将图表保存到 e 盘"练习"文件夹下"图表"文件夹中的"圆饼＋圆环-公司员工基本信息分析. html"文件中。

7.1.2　代码为我所用——零基础制作自己的圆环和圆饼组合图

套用代码1：制作自己的图表

1）将案例第 04 行代码中的"e:\练习\图表\公司员工基本信息表. xlsx"更换为其他文件名，可以对其他工作簿数据制作图表，注意要加上文件的路径。

2）将案例第 08 行和 10 代码中的"工号"更换为数据中作为计算列表的占比的列标题。

3）将案例第 13 行代码中的"学历占比"更换为实际的标签名称。

4）将案例第 13 行代码中的"员工基本信息分析"更换为需要的图表名称。

5）将案例第 16 行代码中的"e:\\练习\\图表\\圆饼＋圆环-公司员工基本信息分析. html"更换为需要的图表名称。注意修改文件路径。

套用代码2：制作不同形状颜色的圆环圆饼图表

1）修改案例第 12 行代码中的"radius = [0,'30%']"中的参数"0,'30%'"为内外圆半径，修改"30%"，可以修改圆饼的直径。

2）修改案例第 13 行代码中的"radius = [' 40% ', '55% ']"中的参数"'40% ','55% '"为内外圆半径，修改这两个值，可以修改圆环的大小。如图 7-6 所示为修改 radius 的值得到的图形。圆饼的 radius 值修改为 [0,'45% ']，圆环的 radius 值修改为 [52,'55% ']。

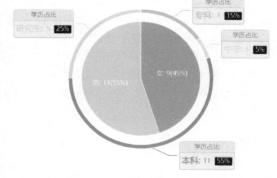

3）修改案例第 13 行代码中的"background_color = '#eee'""border_color = '#aaa'"的参数"#eee"和"#aaa"（颜色十六进制代码），可以改变资产分析图表提示框的背景颜色和边框颜色。

图 7-6　修改 radius 的值得到的图形

4）修改案例第 13 行代码中"rich"的参数（如 lineHeight 的值等），可以修改资产分析图表提示框的高度、颜色等。

5）案例第 15 行代码中，改变"[.'HotPink ', 'Turquoise ', 'MediumPurple ', 'LightSkyBlue ', 'Khaki ', 'Tan ']"参数的值可以改变资产分析圆环及圆饼中各个扇形的颜色，比如颜色顺序，颜色种类等。

7.2　案例2：各部门员工情况分析——多段柱形图

公司员工性别结构是一个比较简单的问题，也是最容易忽视的问题。了解公司员工性别情况，在进行员工培训的时候，可以有针对性地制定不同的培训方案。下面讲解如何制作公司员工性别情况分析图表。

7.2.1　各部门员工情况分析图表代码详解

本例主要制作公司员工男女占比图表。具体为让 Python 程序自动读取 e 盘"练习\图表"文

件夹中的"公司员工基本信息表.xlsx"工作簿中的数据。然后使用 Pyecharts 模块中的 Bar() 函数
来绘制。如图 7-7 所示为各部门员工性别情况分析图。

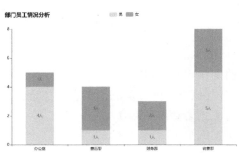

图 7-7　各部门员工性别情况图

具体代码如下。

```
01  import pandas as pd                                    #导入 Pandas 模块
02  from pyecharts import options as opts                  #导入 Pyecharts 模块中的 Options
03  from pyecharts.charts import Bar                        #导入 Pyecharts 模块中的 Bar
04  df = pd.read_excel(r'e:\练习\图表\公司员工基本信息表.xlsx')    #读取制作图表的数据
05  df_man = df[df['性别'] == '男']                          #选择数据中"性别"为"男"的数据
06  df_group1 = df_man.groupby('部门').count()              #将数据按"部门"列进行分组并计数
07  x = df_group1.index.tolist()                           #将分组数据的索引列("部门")转换为列表
08  data_list1 = df_group1.values.tolist()                 #将分组数据转换为列表
09  y1 = []                                                #新建列表 y1
10  y2 = []                                                #新建列表 y2
11  for data in data_list1:                                #遍历数据列表 df_list1
12      y1.append(data[0])                                 #将 data 中的第 1 个元素加入列表 y1
13  df_woman = df[df['性别'] == '女']                        #选择数据中"性别"为"男"的数据
14  df_group2 = df_woman.groupby('部门').count()            #将数据按"部门"列进行分组并计数
15  data_list2 = df_group2.values.tolist()                 #将分组数据转换为列表
16  for data in data_list2:                                #遍历数据列表 df_list2
17      y2.append(data[0])                                 #将 data 中的第 1 个元素加入列表 y2
18  b = Bar()                                              #指定 b 为柱形图的方法
19  b.add_xaxis(x)                                         #添加柱形图 x 轴数据
20  b.add_yaxis('男', y1, stack ='stack1', color ='HotPink', category_gap ='50%')
                                                           #添加柱形图的第 1 个 y 轴数据
21  b.add_yaxis('女', y2, stack ='stack1', color = 'Cyan', category_gap ='50%')
                                                           #添加柱形图的第 2 个 y 轴数据
22  b.set_global_opts(title_opts = opts.TitleOpts(title ='部门员工情况分析', pos_left ='7%'))
                                                           #设置柱形图的标题及位置
23  b.set_series_opts(label_opts = opts.LabelOpts(position =' inside', formatter ='{c}人',
    color ='blue'))                                        #设置柱形图标签
24  b.render(path ='e:\练习 \图表 \柱状图-部门员工情况分析.html')
                                                           #将图表保存到"柱状图-部门员工情况分析.html"文件
```

代码详解

第 01 行代码：作用是导入 Pandas 模块，并指定模块的别名为 "pd"。

第 02 行代码：作用是导入 Pyecharts 模块中的 Options，并指定模块的别名为 "opts"。

第 03 行代码：作用是导入 Pyecharts 模块下 charts 子模块中的 Bar。

第 04 行代码：作用是读取 Excel 工作簿中的数据。代码中 "read_excel()" 函数的作用是读取 Excel 工作簿，"r" 为转义符，用来将路径中的 "\" 转义。如果不用转义符，可以用 "\\" 代替 "\"。

第 05 行代码：作用是从第 04 行中读取的数据中，选择 "性别" 为 "男" 的数据。

第 06 行代码：作用是将数据按 "部门" 列进行分组并计数（统计的是各部门男性人数）。代码中 "groupby('部门')" 的作用是按 "部门" 列进行分组，"count()" 函数的作用是计数。如图 7-8 所示为 df_group1 中分组后的数据。

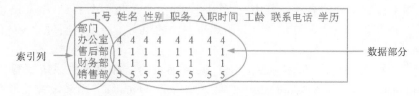

图 7-8　df_group1 中分组后的数据

第 07 行代码：作用是将分组数据的索引列（"部门"）转换为列表，如图 7-9 所示为 x 中的数据。代码中 tolist() 函数用于将矩阵（matrix）和数组（array）转化为列表（制作柱形图表是需要用列表形式的数据）。"df_group1. index" 用于获取数据中的索引列。

['办公室','售后部','财务部','销售部']

图 7-9　x 中的数据

第 08 行代码：作用是将分组数据转换为列表。代码中 "df_group1. values" 用于获取分组数据中的数据部分。如图 7-10 所示为 data_list1 中的数据。

[[4, 4, 4, 4, 4, 4, 4, 4], [1, 1, 1, 1, 1, 1, 1, 1], [1, 1, 1, 1, 1, 1, 1, 1], [5, 5, 5, 5, 5, 5, 5, 5]]

图 7-10　data_list1 中的数据

第 09 行代码：作用是新建空列表 y1，用于后面存放制作图表的男性人数数据。

第 10 行代码：作用是新建空列表 y2，用于后面存放制作图表的女性人数数据。

第 11 行代码：作用是遍历第 08 行代码中生成的数据列表 df_list1 中的元素。当 for 循环第 1 次循环时，将 df_list1 列表中的第 1 个元素 "[4,4,4,4,4,4,4,4]." 存放在 data 变量中，然后执行下面缩进部分的代码（第 12 行代码）。接着再运行第 11 行代码，执行第 2 次循环；当执行最后一次循环时，将最后一个元素存放在 data 变量中，然后执行缩进部分代码，完成后结束循环，执行非缩进部分代码。

第 12 行代码：作用是将 data 变量中保存的元素列表中的第 1 个元素添加到列表 y1 中。

第 13 行代码：作用是从第 04 行中读取的数据中，选择 "性别" 为 "女" 的数据。

第 14 行代码：作用是将数据按 "部门" 列进行分组并计数（统计的是各部门女性人数）。代码中 "groupby('部门')" 的作用是按 "部门" 列进行分组，"count()" 函数的作用是计数。

第 15 行代码：作用是将分组数据转换为列表。代码中 "df_group2. values" 用于获取分组数据中的数据部分。

第 16 行代码：作用是遍历第 15 行代码中生成的数据列表 df_list2 中的元素。

第 17 行代码：作用是将 data 变量中保存的元素列表中的第 1 个元素添加到列表 y2 中。

第 18 行代码：作用是指定 b 为柱形图的方法。

第 19 行代码：作用是添加柱形图 x 轴数据，即将数据中"部门"列数据添加为 x 轴数据。

第 20 行代码：作用是添加柱形图的第一个 y 轴数据。代码中的参数"男"为设置的图例名称，"stack = ' stack1 '"的作用是设置堆积效果，"color = '#HotPink '"用于设置柱形图颜色，"category_gap = '50%'"用来设置同一系列的柱间距离，默认为类目间距的 20%。

第 21 行代码：作用是添加柱形图的第 1 个 y 轴数据。代码中的参数"女"为设置的图例名称，"stack = ' stack1 '"作用是设置堆积效果，"color = '#Cyan '"用于设置柱形图颜色，"category_gap = '50%'"用来设置同一系列的柱间距离。

第 22 行代码：作用是设置柱形图的标题及位置。set_global_opts( ) 函数用来设置全局配置，opts. TitleOpts( )用来设置图表的名称。其中，"title = '部门员工情况分析'"用来设置图表名称，"pos_left = '7%'"用来设置图表名称位置，即距离最左侧的距离。还可以用过"pos_top"来设置距离顶部的距离。

第 23 行代码：作用是设置柱形图标签。"set_series_opts( )"用来设置系统配置，"label_opts = opts. LabelOpts(position = ' inside ',formatter = '{c}人',color = ' blue ')"用来设置柱形图标签位置、颜色等。参数"position = ' inside '"用来设置标签位置，"inside"为内部，"formatter = '{c}人'"用来设置标签项的格式，在饼图、仪表盘、漏斗图中，{a} 为系列名称，{b} 为数据项名称，{c} 为数值，{d} 为百分比。"color = ' blue '"用来设置标签文字的颜色。

第 24 行代码：作用是将图表保存成网页格式文件。render( )函数的作用是保存图表，默认将会在根目录下生成一个 render. html 的文件。此函数可以用 path 参数设置文件保存位置。代码中将图表保存到 e 盘"练习"文件夹下"图表"文件夹中的"柱状图-部门员工情况分析. html"文件中。

7.2.2　代码为我所用——零基础制作自己的多段柱图

套用代码 1：制作自己的柱图图表

1）将案例第 04 行代码中的"e:\练习\图表\公司员工基本信息表. xlsx"更换为其他文件名，可以对其他工作簿数据制作图表，注意要加上文件的路径。

2）将案例第 05 行和 13 行代码中的"性别"修改为性别列的列标题。

3）将案例第 06 行和 14 行代码中的"部门"修改为部门列的列标题。

4）将案例第 22 行代码中的"部门员工情况分析"更换为需要的图表名称。

5）将案例第 24 行代码中的"e:\\练习\\图表\\柱状图-部门员工情况分析. html"更换为需要的图表名称。注意文件的路径。

套用代码 2：制作不同形状的柱图图表

1）案例第 20 行代码中，改变"color = ' HotPink '"的值"HotPink"，可以改变柱形图的颜色；改变"category_gap = '50%'"的值"50%"，可以改变柱形的粗细。

2）案例第 21 行代码中，改变"color = ' Cyan '"的值"Cyan"，可以改变柱形图的颜色；改变"category_gap = '50%'"的值"50%"，可以改变柱形的粗细。

3）案例第 22 行代码中，改变"position = ' inside '"参数的值，可以改变标签的位置。如修改为 'right'（右侧），'left'（左侧）；改变"color = ' blue '"的值可以改变标签文字的颜色。

7.3 案例3：公司离职人员情况分析——玫瑰圆环图

离职数据是企业常见却又敏感的数据，一般公司会统计每个季度的员工离职数据来进行分析，以此来制定适合自己公司的人事制度。下面讲解如何制作公司离职人员情况分析图表。

7.3.1 公司离职人员情况分析图表代码详解

本例主要制作公司员工离职原因分析图表。具体为让 Python 程序自动读取 e 盘 "练习\[BFQ]图表"文件夹中的"人员离职数据.xlsx"工作簿中的数据。然后使用 Pyecharts 模块中的 Pie()函数来绘制。如图 7-11 所示为公司离职人员情况分析图。

 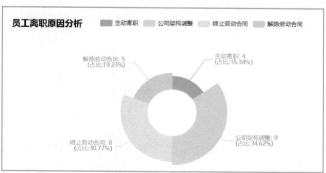

图 7-11 公司离职人员情况分析图

具体代码如下。

```
01  from pyecharts import options as opts          #导入 Pyecharts 模块中的 Options
02  from pyecharts. charts import Pie               #导入 Pyecharts 模块中的 Pie
03  import pandas as pd                             #导入 pandas 模块
04  df = pd. read_excel(r'e:\练习\图表\人员离职数据.xlsx')   #读取制作图表的数据
05  data = df. groupby('变动原因'). count()         #将数据按"变动原因"列进行分组并计数
06  x = data. index          #选择数据中的索引列（"变动原因"列）用于类别标签
07  y = data['人员编号']      #选择数据中"人员编号"列，用于计算列表的占比
08  p = Pie()                                        #指定 p 为饼图的方法
09  p. add('',[list(z) for z in zip(x1,y1)], rosetype ='radius',radius = ['20%', '45%'])
                                                     #制作玫瑰圆环图表
10  p. set_global_opts ( title_opts = opts. TitleOpts (title ='员工离职原因分析',pos_left =
    '13%',pos_top='10%'),legend_opts = opts. LegendOpts(pos_left ='33%',pos_top='10%')
                                                     #设置标题和图例
11  p. set_series_opts(label_opts = opts. LabelOpts(color ='#008B8B',formatter ='{b}: {c} \n
    (占比:{d}%')))                                   #设置标签颜色和文字
12  P. set_colors(['HotPink','Turquoise','Khaki','DeepSkyBlue'])   #设置圆环颜色
13  P. render(path ='e:\\练习\\图表\\玫瑰圆环-人员离职分析.html')
                                      #将图表保存到"玫瑰圆环-公司员工基本信息分析.html"文件
```

代码详解

第 01 行代码：作用是导入 Pyecharts 模块中的 Options，并指定模块的别名为 "opts"。

第 02 行代码：作用是导入 Pyecharts 模块中 charts 子模块中的 Pie。

第 03 行代码：作用是导入 Pandas 模块，并指定模块的别名为 "pd"。

第 04 行代码：作用是读取 Excel 工作簿中的数据。代码中 "read_excel()" 函数的作用是读取 Excel 工作簿，"r" 为转义符，用来将路径中的 "\" 转义。如果不用转义符，可以用 "\\" 代替 "\"。

第 05 行代码：作用是将数据按 "变动原因" 列进行分组并计数。代码中 "groupby('变动原因')" 的作用是按 "性别" 列进行分组，"count()" 函数的作用是计数。如图 7-12 所示为 data 中分组后的数据。

变动原因	人员编号	人员姓名	学历	年度	部门	劳动关系	类型
主动离职	4	4	4	4	4	4	4
公司架构调整	9	9	9	9	9	9	9
终止劳动合同	8	8	8	8	8	8	8
解除劳动合同	5	5	5	5	5	5	5

图 7-12　data 中分组后的数据

第 06 行代码：作用是选择数据中的索引列（"变动原因" 列），在后面制作图表时，将其作为类别的标签。如图 7-13 所示为 x 中选择的数据。

Index(['主动离职', '公司架构调整', '终止劳动合同', '解除劳动合同'], dtype='object', name='变动原因')

图 7-13　x 中选择的数据

第 07 行代码：作用是选择数据中 "人员编号" 列，在后面制作图表时，将其作为计算列表的占比。如图 7-14 所示为 y 中选择的数据。

第 08 行代码：作用是指定 p 为圆饼图方法。

第 09 行代码：作用是根据指定的数据制作玫瑰圆环图表。代码中 "add()" 函数的作用是添加图表的数据和设置各种配置项。代码中 """ 用来设置圆饼图上面的标签，引号中没有内容表示不添加标签；"[list(z) for z in zip(x,y)]" 的作用是用数据中的 "性别" 列和 "工号" 列创建一个以性别和工号组成的元组为元素的列表。其中 "list(z)" 用来创建一个列表 z，zip() 函数返回

变动原因	
主动离职	4
公司架构调整	9
终止劳动合同	8
解除劳动合同	5
Name: 人员编号, dtype: int64	

图 7-14　y 中选择的数据

一个以元组为元素的列表，"for z in zip(x,y)" 遍历 "zip(x,y)" 形成的元组，然后存储在 z 变量中；"rosetype = ' radius '" 用于将饼图制作成南丁格尔图；"radius = ['20%', '45%']" 用来设置饼图圆环的半径，第 1 个参数为内圆半径（为 0 时为圆饼），第 2 个参数为外圆半径。

第 10 行代码：作用是设置全局配置项。set_global_opts() 函数的作用是设置全局配置项。其中 "title_opts = opts. TitleOpts(title ='员工离职原因分析', pos_left = '13%', pos_top = '10%')" 参数用来设置图表标题项。"title ='员工离职原因分析'" 用来设置图表标题，"pos_left = '13%'" 用来设置图表标题距离最左侧的距离，"pos_top = '10%'" 用来设置图表标题距离顶部的距离；"legend_opts = opts. LegendOpts(pos_left = '33%', pos_top = '10%')" 用来设置图例，"pos_left = '33%'" 用来设置图例距离最左侧的距离，"pos_top = '10%'" 用来设置图例距离顶部的距离。

第 11 行代码：作用是设置系统配置项。set_series_opts() 函数的作用是设置系统配置项。其中，"label_opts = opts. LabelOpts(color = '#008B8B', formatter = '{b} : {c} \n(占比:{d} %)')" 用于设置圆环标签文本，"color = '#008B8B'" 参数用于设置标签文本颜色。"formatter = '{b} : {c} \n(占

比：{d}%)')"用来设置标签文本项的格式，在饼图、仪表盘、漏斗图中，{a}为系列名称，{b}为数据项名称，{c}为数值，{d}为百分比，"\n"为换行符。

第12行代码：作用是设置圆饼图中扇形的颜色。set_colors()函数用来设置图表中各板块的颜色，各种颜色以列表的形式列出。

第13行代码：作用是将图表保存成网页格式文件。render()函数的作用是保存图表，默认将会在根目录下生成一个render.html的文件。此函数可以用path参数设置文件保存位置。代码中将图表保存到e盘"练习"文件夹下"图表"文件夹中的"玫瑰圆环-人员离职分析.html"文件中。注意：生成的图表文件可以用浏览器打开，然后在打开的图表上右击鼠标选择图片另存为，可以将图片保存为png格式文件，也可以直接将打开的图表截图成图片，插入文件中。

7.3.2 代码为我所用——零基础制作自己的玫瑰圆环图

套用代码1：制作自己的离职图表

1）将案例第04行代码中的"e:\练习\图表\人员离职数据.xlsx"更换为其他文件名，可以对其他工作簿数据制作图表，注意要加上文件的路径。

2）将案例第05行代码中的"变动原因"更换为数据中人员变动原因列的列标题。

3）将案例第07行代码中的"人员编号"更换为数据中员工编号的列标题（如果没有此标签，可以更换为"姓名"列标题等）。

4）将案例第10行代码中的"员工离职原因分析"更换为需要的图表名称。

5）将案例第13行代码中的"e:\\练习\\图表\\玫瑰圆环-人员离职分析.html"更换为需要的图表名称。注意修改文件路径。

套用代码2：制作不同形状颜色的玫瑰圆环图表

1）案例第09行代码"radius=['20%','45%']"中的参数"'20%','45%''"为内外圆半径，修改这两个参数，可以修改图形的形状。

2）修改案例第11行代码中的"color='#008B8B'"的参数"#008B8B"（颜色十六进制代码），可以改变图表提示文本的颜色。

3）修改案例第11行代码中的"formatter='{b}:{c}\n(占比:{d}%)'"的参数"{b}:{c}\n(占比:{d}%)"，可以修改标签文本的内容。

4）案例第12行代码中，改变"['HotPink','Turquoise','Khaki','DeepSkyBlue']"参数的值（比如颜色顺序，颜色种类）可以改变圆环的颜色。

7.4 案例4：各部门员工离职率分析——多圆环图

上一节讲解了公司员工离职原因图表，本节讲解如何制作公司各部门员工离职率分析图表。

7.4.1 各部门员工离职率分析图表代码详解

具体为根据人员离职数据，使用Pyecharts模块中的Pie()函数来绘制。如图7-15所示为公司各部门员工离职率分析图。

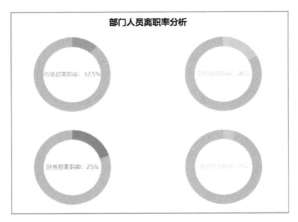

图7-15　公司各部门员工离职率分析图

具体代码如下。

```
01  from pyecharts import options as opts          #导入 Pyecharts 模块中的 Options
02  from pyecharts. charts import Pie               #导入 Pyecharts 模块中的 Pie
03  p = Pie()                                       #指定 p 为饼图的方法
04  p. add(",[list(z) for z in zip(['总人数','离职人数1'],[8,1])],center=['20%','30%'],radius
    =[60,80],is_clockwise = False,label_opts = opts. LabelOpts(formatter ='市场部离职
    率:12.5%', position ='center'))              #制作圆环图表
05  p. add(",[list(z) for z in zip(['总人数','离职人数2'],[5,1])],center=['55%','30%'],
    radius =[60,80], is_clockwise = False,label_opts = opts. LabelOpts(formatter ='办公
    室离职率:20%', position ='center'))           #制作圆环图表
06  p. add(",[list(z) for z in zip(['总人数','离职人数3'],[8,2])],center =['20%','70%'],
    radius =[60,80],is_clockwise = False,label_opts = opts. LabelOpts(formatter ='财务部
    离职率:25%', position ='center'))            #制作圆环图表
07  p. add(",[list(z) for z in zip(['总人数','离职人数4'],[100,5])],center =['55%',
    '70%'],radius =[60,80], is_clockwise = False,label_opts = opts. LabelOpts(formatter
    ='生产部离职率:5%', position ='center'))      #制作圆环图表
08  p. set_global_opts(title_opts = opts. TitleOpts(title ='部门人员离职率分析',pos_left
    =}%',pos_top ='5%'), legend_opts = opts. LegendOpts(is_show = False))
                                                    #设置标题和图例
09  p. set_colors(['Tan','HotPink','Turquoise','MediumPurple','DeepSkyBlue','Khaki'])
                                                    #设置圆环颜色
10  P. render(path ='e:\\练习\\图表\\圆环-人员离职率分析.html')
                                                    #将图表保存到"圆环-人员离职率分析.html"文件
```

代码详解

第01行代码：作用是导入 Pyecharts 模块中的 Options，并指定模块的别名为"opts"。

第02行代码：作用是导入 Pyecharts 模块下 charts 子模块中的 Pie。

第03行代码：作用是指定 p 为圆饼图方法。

第04行代码：作用是根据指定的数据制作第1个圆环图表。代码中"add()"函数的作用是添加图表的数据和设置各种配置项。代码中""用来设置圆饼图上面的标签，引号中没有内容表示不添加标签；"[list(z) for z in zip(['总人数','离职人数1'],[8,1])]"的作用是用 for 循环创建一个以元组为元素的列表。其中"list(z)"用来创建一个列表 z，zip()函数返回一个以元组为元素的列表，"for z in zip(['总人数', '离职人数 1'], [8,1])])" 遍历 "zip(['总人数', '离职人数 1'], [8,1])])" 形成的元组，然后存储在 z 变量中。如图 7-16 所示为 list(z) 列表的数据；"center = ['20%', '30%']" 用于设置饼图的中心（圆心）坐标，数组的第 1 项是横坐标，第 2 项是纵坐标，默认设置成百分比，设置成百分比时第 1 项是相对于图表的宽

[('总人数', 8), ('离职人数1', 1)]

图 7-16　list(z) 列表的数据

度，第 2 项是相对于图表的高度；"radius = [60,80]" 用来设置饼图圆环的半径，第 1 个参数为内圆半径（为 0 时为圆饼），第 2 个参数为外圆半径；"is_clockwise = False" 用于设置饼图的扇区是否是顺时针排布；"label_opts = opts. LabelOpts（formatter ='市场部离职率:12.5%', position ='center')" 用于设置标签的格式，"formatter ='市场部离职率:12.5%'" 参数用于设置标签文本格式，"position ='center'" 参数用于设置标签位置。

第 05 行代码：作用是根据指定的数据制作第 2 个圆环图表，其参数功能和第 04 行代码相同。

第 06 行代码：作用是根据指定的数据制作第 3 个圆环图表，其参数功能和第 04 行代码相同。

第 07 行代码：作用是根据指定的数据制作第 4 个圆环图表，其参数功能和第 04 行代码相同。

第 08 行代码：作用是设置全局配置项。set_global_opts() 函数的作用是设置全局配置项。其中 "title_opts = opts. TitleOpts(title ='部门人员离职率分析', pos_left ='28%', pos_top ='5%')" 参数用来设置图表标题项。"title ='部门人员离职率分析'" 用来设置图表标题，"pos_left ='28%'" 用来设置图表标题距离最左侧的距离，"pos_top ='5%'" 用来设置图表标题距离顶部的距离。"legend_opts = opts. LegendOpts(is_show = False)" 用来设置图例，"is_show = False" 用来设置图例是否显示。

第 09 行代码：作用是设置圆饼图中扇形的颜色。set_colors() 函数用来设置图表中各板块的颜色，各种颜色以列表的形式列出。

第 10 行代码：作用是将图表保存成网页格式文件。render() 函数的作用是保存图表，默认将会在根目录下生成一个 render. html 的文件。此函数可以用 path 参数设置文件保存位置。代码中将图表保存到 e 盘 "练习" 文件夹下 "图表" 文件夹内的 "圆环-人员离职率分析. html" 文件中。注意：生成的图表文件可以用浏览器打开，然后在打开的图表上右击鼠标选择图片另存为，可以将图片保存为 png 格式文件，也可以直接将打开的图表截图成图片插入到文件中。

7.4.2　代码为我所用——零基础制作自己的多圆环图

套用代码 1：制作自己的离职图表

1) 将案例第 04 行代码中的 "[8,1]" 更换为部门总人数和离职人数。将 "市场部离职率:12.5%" 修改为图表中要显示的标签文本。

2) 将案例第 05 行代码中的 "[5,1]" 更换为部门总人数和离职人数。将 "办公室离职率:20%" 修改为图表中要显示的标签文本。

3) 将案例第 06 行代码中的 "[8,2]" 更换为部门总人数和离职人数。将 "财务部离职率:25%" 修改为图表中要显示的标签文本。

4) 将案例第 06 行代码中的 "[100,5]" 更换为部门总人数和离职人数。将 "生产部离职率:5%" 修改为图表中要显示的标签文本。

5) 将案例第 08 行代码中的 "部门人员离职率分析" 更换为需要的图表名称。

6）将案例第10行代码中的"e:\\练习\\图表\\圆环-人员离职率分析.html"更换为需要的图表名称。注意修改文件路径。

套用代码2：制作不同形状颜色的玫瑰圆环图表

1）修改案例第04行、05行、06行、07行代码"radius=［60,80］"中的参数"［60,80］"，可以修改圆环的大小。

2）修改案例第04行代码"center=［'20%','30%'］"中的参数"'20%','30%''"，可以修改所创建圆环的位置。

3）修改案例第05行代码"center=［'55%','30%'］"中的参数"'55%','30%''"，可以修改所创建圆环的位置。

4）修改案例第06行代码"center=［'20%','70%'］"中的参数"'20%','70%''"，可以修改所创建圆环的位置。

5）修改案例第07行代码"center=［'55%','70%'］"中的参数"'55%','70%''"，可以修改所创建圆环的位置。

6）案例第12行代码中，改变"［'Tan','HotPink','Turquoise','MediumPurple','DeepSky-Blue','Khaki'］"参数的值可以改变圆环的颜色，比如颜色顺序、颜色种类等。

7.5　案例5：公司加班数据分析——极坐标图

加班数据是最能反映问题的数据之一，通过公司加班数据的分析，管理层可以时刻关注员工的劳动强度变化，了解加班管理制度是否有问题，了解公司人力需求情况等。下面讲解如何制作公司加班人员情况分析图表。

7.5.1　公司加班数据分析图表代码详解

本例主要制作公司员工加班人数和加班分析图表。具体为让 Python 程序自动读取 e 盘"练习\图表"文件夹中的"加班记录表.xlsx"工作簿中的数据。然后使用 Pyecharts 模块中的 Polar() 函数来绘制。如图 7-17 所示为公司员工加班情况分析图。

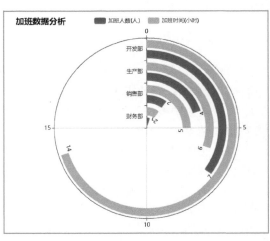

图 7-17　公司员工加班情况分析图

具体代码如下。

```
01  import pandas as pd                          #导入 Pandas 模块
02  from pyecharts import options as opts        #导入 Pyecharts 模块中的 Options
03  from pyecharts. charts importPolar           #导入 Pyecharts 模块中的 Polar
04  df = pd. read_excel(r'e:\练习\图表\加班记录表.xlsx')   #读取制作图表的数据
05  data = df. groupby('所属部门'). aggregate({'加班人':' count','加班时间':' sum'})
                            #将数据按"所属部门"列进行分组并对"加班人"列计数对"加班时间"求和
06  data_sort = data. sort_values(by = ['加班人'])    #对分组后的数据进行排序(升序)
07  x = data_sort. index. tolist()               #将排序后数据的索引列("所属部门")转换为列表
08  data_list = data_sort. values. tolist()      #将排序后的数据转换为列表
09  y1 = []                                       #新建列表 y1
10  y2 = []                                       #新建列表 y2
11  for d in data_list:                           #遍历数据列表 df_list
12      y1. append(d[0])                          #将 d 中的第 1 个元素加入列表 y1
13      y2. append(d[1])                          #将 d 中的第 2 个元素加入列表 y2
14  p = Polar()                                   #指定 p 为极坐标图的方法
15  p. add_schema(radiusaxis_opts = opts. RadiusAxisOpts(data = x, type_ ='category'),
    angleaxis_opts = opts. AngleAxisOpts(is_clockwise = True, max_ =20))
                                                  #设置极坐标的径向坐标轴
16  p. add('加班人数(人)', y1, type_ ='bar',label_opts = opts. LabelOpts(formatter ='{c}'))
                                                  #将 y1 数据制作成极坐标图形
17  p. add('加班时间(小时)', y2, type_ ='bar', label_opts = opts. LabelOpts(formatter ='{c}'))
                                                  #将 y2 数据制作成极坐标图形
18  p. set_global_opts(title_opts = opts. TitleOpts(title ='加班数据分析',pos_left ='18% '))
                                                  #设置柱形图的标题及位置
19  p. render(path ='e:\\练习\\图表\\极坐标-加班数据分析.html')
                                                  #将图表保存到"极坐标-加班数据分析.html"文件
```

代码详解

第 01 行代码：作用是导入 Pandas 模块，并指定模块的别名为"pd"。

第 02 行代码：作用是导入 Pyecharts 模块中的 Options，并指定模块的别名为"opts"。

第 03 行代码：作用是导入 Pyecharts 模块下 charts 子模块中的 Bar。

第 04 行代码：作用是读取 Excel 工作簿中的数据。代码中"read_excel()"函数的作用是读取 Excel 工作簿，"r"为转义符，用来将路径中的"\"转义。如果不用转义符，可以用"\\"代替"\"。

第 05 行代码：作用是将数据按"所属部门"列进行分组，并对"加班人"列计数，对"加班时间"求和。代码中"groupby('所属部门')"的作用是按"所属部门"列进行分组，"aggregate({'加班人':' count','加班时间':' sum'})"的作用是在分组的同时，对"加班人"列计数、对"加班时间"求和。如图 7-18 所示为 data 中分组后的数据。

所属部门	加班人	加班时间
开发部	7	14
生产部	4	6
财务部	1	2
销售部	2	5

图 7-18 data 中分组后的数据

第 06 行代码：作用是对"加班人"列进行排序（默认为升序）。排序是为了制作图表时，按顺序从低到高来制作。如图 7-19 所示为排序后的数据。

第 07 行代码：作用是将排序后数据的索引列（"所属部门"）转换为列表，如图 7-20 所示为 x 中的数据。代码中 tolist() 函数用于将矩阵（matrix）和数组（array）转化为列表（制作柱形图表需要用列表形式的数据）。"data_sort. index" 用于获取数据中的索引列。

所属部门	加班人	加班时间
财务部	1	2
销售部	2	5
生产部	4	6
开发部	7	14

图 7-19　排序后的数据

['财务部', '销售部', '生产部', '开发部']

图 7-20　x 中的数据

第 08 行代码：作用是将排序后的数据转换为列表。代码中 "data_sort. values" 用于获取分组数据中的数据部分。如图 7-21 所示为 data_list 中的数据。

[[1, 2], [2, 5], [4, 6], [7, 14]]

图 7-21　data_list 中的数据

第 09 行代码：作用是新建空列表 y1，用于后面存放制作图表的加班人数数据。

第 10 行代码：作用是新建空列表 y2，用于后面存放制作图表的加班时间数据。

第 11 行代码：作用是遍历第 08 行代码中生成的数据列表 df_list 中的元素。当 for 循环第 1 次循环时，将 df_list 列表中的第 1 个元素 "[1,2]:" 存放在 d 变量中，然后执行下面缩进部分的代码（第 12 行代码）。接着再运行第 11 行代码，执行第 2 次循环；当执行最后一次循环时，将最后一个元素存放在 d 变量中，然后执行缩进部分代码，完成后结束循环，执行非缩进部分代码。

第 12 行代码：作用是将 d 变量中保存的元素列表中的第 1 个元素添加到列表 y1 中。

第 13 行代码：作用是将 d 变量中保存的元素列表中的第 2 个元素添加到列表 y2 中。

第 14 行代码：作用是指定 p 为极坐标图的方法。

第 15 行代码：作用是设置极坐标系径向轴配置项。其参数中，"radiusaxis_opts = opts. RadiusAxisOpts（data = x, type_ = ' category '）" 用来设置极坐标轴标签及类型。其中，"data = x" 用于将 x 列表中的数据设置为极坐标标签，"type_ = ' category '" 用于设置极坐标坐标轴类型。"' category '" 为类目轴；"angleaxis_opts = opts. AngleAxisOpts(is_clockwise = True, max_ = 20)" 用于设置极坐标系角度轴数据项，其中 "is_clockwise = True" 意思是顺时针排列，"max_ = 20" 用于设置极坐标系角度轴刻度最大值。

第 16 行代码：作用是制作第 1 个极坐标图形。add() 函数的参数中，"加班人数（人）" 用于设置图例的名称；"y1" 用于制作极坐标的数据；"type_ = ' bar '" 用于设置极坐标的类型，"bar" 为条形，还有 "line" 为线条；"label_opts = opts. LabelOpts(formatter = '{c}')" 用于设置极坐标图表的标签，"formatter = '{c}'" 参数用于设置标签格式，其中，{a} 为系列名称，{b} 为数据项名称，{c} 为数值，{d} 为百分比。

第 17 行代码：作用是制作第 2 个极坐标图形，与第 16 行代码类似。

第 18 行代码：作用是设置柱形图标签。"set_series_opts()" 用来设置系统配置，"title_opts = opts. TitleOpts(title ='加班数据分析', pos_left = ' 18% ')" 用来设置柱形图标签位置、颜色等。参数 "title ='加班数据分析'" 用来设置图表标题，"pos_left = ' 18% '" 用来设置标题距离最左边的距离。

第 19 行代码：作用是将图表保存成网页格式文件。render() 函数的作用是保存图表，默认将会在根目录下生成一个 render. html 的文件。此函数可以用 path 参数设置文件保存位置。代码中将图表保存到 e 盘"练习"文件夹下"图表"文件夹内的"极坐标-加班数据分析.html"文件中。

7.5.2 代码为我所用——零基础制作自己的极坐标图

套用代码1：制作自己的极坐标图表

1）将案例第 04 行代码中的"e:\练习\图表\加班记录表.xlsx"更换为其他文件名，可以对其他工作簿数据制作图表，注意要加上文件的路径。

2）将案例第 05 行代码中的"所属部门"修改为数据中作为极坐标轴标签的列标题，将"加班人"和"加班时间"修改为人员姓名列标题和加班时间列标题。

3）将案例第 06 行代码中的"加班人"修改为进行计算加班人员数目的列标题。

4）将案例第 18 行代码中的"加班数据分析"更换为需要的图表名称。

5）将案例第 19 行代码中的"e:\\练习\\图表\\极坐标-加班数据分析.html"更换为需要的图表名称。注意文件的路径。

套用代码2：制作不同形状的极坐标图表

1）案例第 15 行代码中，改变"max_ =20"的值20，可以改变极坐标系径向轴刻度。

2）案例第 16 行和 17 行代码中，改变"type_ = 'bar'"的值"bar"（如改为"line"），可以改变极坐标图表的类型。

7.6 案例6：Tableau 制作员工基本信息——仪表板

Tableau 的一个特色功能是允许用户创建仪表板，然后将多个图表集合在一起，这样用户可以通过仪表板来比较较多的数据。下面制作一个员工基本信息仪表板，以此来学习仪表板的使用方法。

7.6.1 连接员工基本信息分析数据

首先在 Tableau 程序首页选择"连接"窗格中的"Microsoft Excel"选项，然后从打开的"打开"对话框中选择工作簿文件，单击"打开"按钮，如图 7-22 所示。

图 7-22　连接数据

7.6.2 制作员工学历分析圆饼图表

接下来开始制作圆饼图表。

1）在"数据源"窗格中的左下角单击"工作表1"按钮，如图7-23所示。

连接到Tableau的数据

单击"工作表1"按钮

图7-23 打开"工作表1"窗格

2）选择图表类型。单击"标记"选项卡中的"自动"下拉按钮，然后从列表中选择"饼图"选项，如图7-24所示。

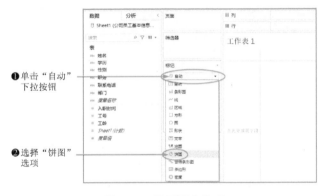

❶单击"自动"下拉按钮

❷选择"饼图"选项

图7-24 设置图表类型

3）制作员工学历分析圆饼图。将"数据"窗格中的"学历"字段拖到"标记"选项卡下的"角度"按钮上，可以看到在视图区出现了一个饼图。接着再将"数据"窗格中的"工号"字段拖到"标记"选项卡下的"角度"按钮上。如图7-25所示。说明：由于一个工号代表一名员工，且工号没有重复，而姓名可能会有重复，所以用工号进行计数。

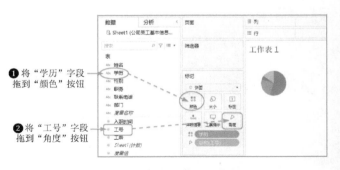

❶将"学历"字段拖到"颜色"按钮

❷将"工号"字段拖到"角度"按钮

图7-25 拖动"学历"字段

4）单击视图区上面的"标准"下拉按钮，选择"整个视图"选项。然后单击"标记"选项卡中的"大小"按钮，调整图表的大小。接着将"数据"窗格中的"学历"字段拖到"标记"选项卡中的"标签"按钮上，如图7-26所示。

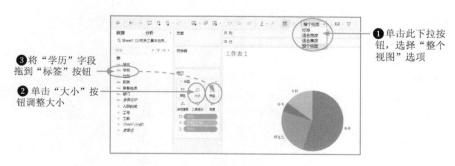

图 7-26　设置标签

5）将"数据"窗格中的"工号"字段拖到"标记"选项卡中的"标签"按钮上。然后在"标记"下方的"总和（工号）"标签项（前面有 T 图标的项）单击右键，选择"度量（总和）"菜单中的"计数"命令，来统计员工的个数，如图 7-27 所示。

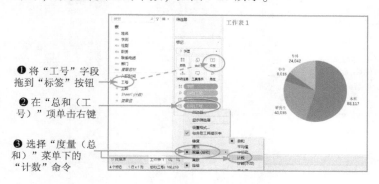

图 7-27　设置人数标签

6）设置饼图颜色。单击"标记"选项卡下的"颜色"按钮，再单击"边界"下拉按钮，然后单击"白色"颜色块，将饼图扇形边框设置为白色。如图 7-28 所示。

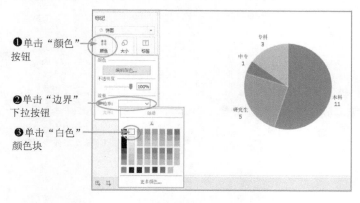

图 7-28　设置扇形边框颜色

7）设置标签。在视图区的标签上单击右键，选择右键菜单中的"设置格式"命令。接着从打开的"设置字体格式"窗格中单击"默认值"中的"工作表"下拉按钮，然后从打开的格式设置对话框中设置字体、字号、颜色等格式，如图 7-29 所示。

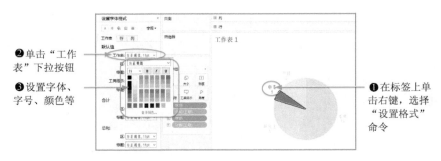

❷单击"工作
表"下拉按钮

❸设置字体、
字号、颜色等

❶在标签上单
击右键，选择
"设置格式"
命令

图 7-29　设置标签

8）设置标题格式。在视图区的标题上单击右键，选择右键菜单中的"编辑标题"命令。然后在打开的"编辑标题"对话框中输入新标题名称，并选中标题文本，设置其格式，如图 7-30 所示。

❶在标题上单击右
键，选择"编辑标
题"命令

❷输入新标题名称，
并选中标题文本

❸设置标题
字体、颜色
等格式

图 7-30　设置标题格式

9）修改工作表名称。在右下角的"工作表 1"上双击鼠标，当"工作表 1"变成蓝色背景时（也可以右击鼠标，选择"重命名"命令），输入新的名称"员工学历分析"，将工作表名称修改为"员工学历分析"，如图 7-31 所示。

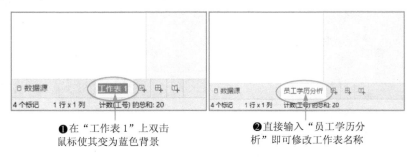

❶在"工作表 1"上双击
鼠标使其变为蓝色背景

❷直接输入"员工学历分
析"即可修改工作表名称

图 7-31　修改工作表名称

7.6.3　制作各部门员工学历分析多饼图表

上面制作了公司员工学历分析图表，接下来制作各部门员工学历分析图表。

1）在上一节制作的圆饼图中，在"员工学历分析"工作表名称上单击右键，选择右键菜单中的"复制"命令，如图 7-32 所示。

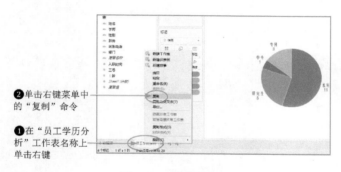

② 单击右键菜单中的"复制"命令

① 在"员工学历分析"工作表名称上单击右键

图 7-32 复制图表

2）修改工作表名称。双击复制的"员工学历分析（2）"工作表名称，然后输入"部门员工学历分析"新名称，如图 7-33 所示。

图 7-33 修改工作表名称

3）开始制作部门员工学历分析图表。将"数据"窗格中的"部门"字段拖到"列"功能区，如图 7-34 所示。

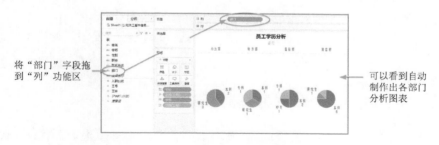

将"部门"字段拖到"列"功能区

可以看到自动制作出各部门分析图表

图 7-34 制作部门员工学历分析图表

4）设置标签和标题格式。在标签上单击右键，选择"设置格式"命令，然后在打开的"设置字体格式"窗格中，设置字体的格式。在标题上单击右键，选择"编辑标题"命令。在打开的"编辑标题"对话框中输入新标题，然后设置标题字体格式。最后在"部门"标签上单击右键，在右键菜单中选择"隐藏列字段标签"命令，将"部门"标签隐藏，如图 7-35 所示。

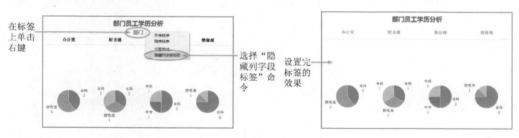

在标签上单击右键

选择"隐藏列字段标签"命令

设置完标签的效果

图 7-35 设置标签和标题格式

7.6.4　制作员工性别分析圆环图表

1）在程序下方单击"新建工作表"按钮，新建一个工作表，然后双击工作表名称，将工作表的名称修改为"员工性别分析"，如图7-36所示。

图 7-36　新建工作表

2）单击"标记"选项卡中"自动"下拉按钮，选择"饼图"命令（将图表类型设置为饼图）。接着将"数据"窗格中的"工号"字段拖到"行"功能区，然后再次将"工号"字段拖到"行"功能区。接下来在"行"功能区右侧的"总和（工号）"胶囊上单击右键，选择右键菜单中的"双轴"命令，如图7-37所示。

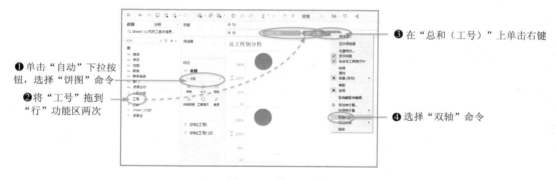

图 7-37　设置双轴

3）在"行"功能区"总和（工号）"胶囊上单击右键，选择右键菜单中的"快速表计算"子菜单中的"排序"命令。同样将在另一个"总和（工号）"的"快速表计算"设置为"排序"，如图7-38所示。

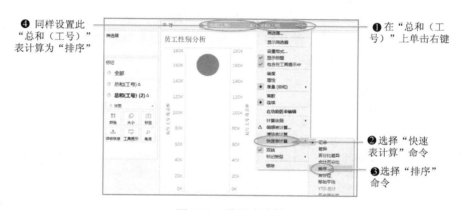

图 7-38　设置表计算

4）单击"标记"选项卡中的"总和（工号）"卡，打开此选项卡。然后将"数据"窗格中的"性别"字段拖到"标记"选项卡"总和（工号）"卡中的"颜色"按钮；接着再将"数据"窗格中"工号"字段拖到"标记"选项卡"总和（工号）"卡中的"角度"按钮；接下来单击视图区上面的"标准"下拉按钮，选择"整个视图"选项；最后单击"总和（工号）"卡中的"大小"按钮，拖动滑块调整饼图大小，如图7-39所示。

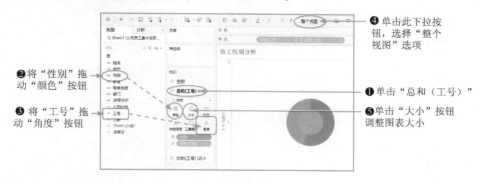

图 7-39　构建饼图

5）单击"标记"选项卡中"总和（工号）"卡中的"颜色"按钮，再单击"边界"下拉按钮，将边框颜色设置为青色；接着单击"总和（工号）（2）"卡中的"颜色"按钮，单击白色颜色块，将颜色设置为白色，单击"边界"下拉按钮，将边框颜色设置为青色；最后单击"大小"按钮，调整其大小，如图7-40所示。

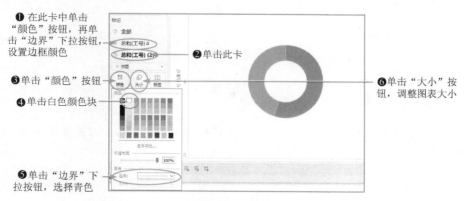

图 7-40　设置图表颜色

6）添加标签。先单击"标记"选项卡中的"总和（工号）"卡，打开此选项卡。将"数据"窗格中的"性别"字段拖到"总和（工号）"卡中的"标签"按钮上；将"数据"窗格中的"工号"字段拖到"总和（工号）"卡中的"标签"按钮上。接着在下方的"总和（工号）"选项上单击右键，选择右键菜单内"度量（总和）"菜单中的"计数"命令。再选择右键菜单内"快速表计算"菜单中的"合计百分比"命令，将性别人数设置为按百分比标注，如图7-41所示。

7）设置标签和标题格式。首先在标签上单击右键，选择"设置格式"命令，然后在打开的"设置字体格式"窗格中设置标签字体、颜色等格式；接着在标题上单击右键，选择右键菜单中的"编辑标题"命令，然后在打开的对话框中设置标题名称及字体格式。最后在左侧坐标轴标签上单击右键，然后取消勾选右键菜单中的"显示标签"复选框，如图7-42所示。

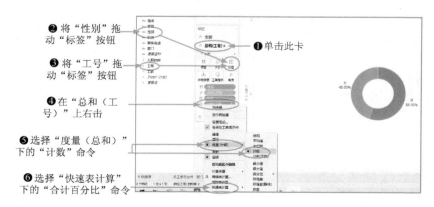

❷将"性别"拖动"标签"按钮

❸将"工号"拖动"标签"按钮

❹在"总和（工号）"上右击

❺选择"度量（总和）"下的"计数"命令

❻选择"快速表计算"下的"合计百分比"命令

❶单击此卡

图 7-41　添加标签

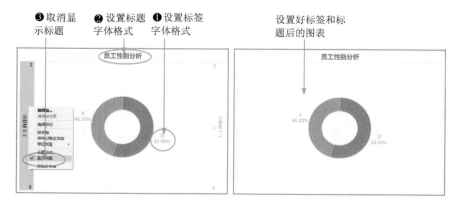

❸取消显示标题　❷设置标题字体格式　❶设置标签字体格式

设置好标签和标题后的图表

图 7-42　设置标签和标题格式

7.6.5　制作员工入职时间分析折线图表

1）在程序下方单击"新建工作表"按钮，新建一个工作表，然后双击工作表名称，将工作表的名称修改为"员工入职时间分析"，如图 7-43 所示。

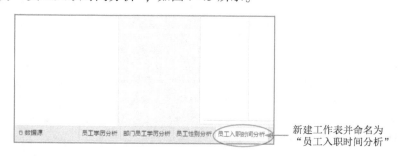

新建工作表并命名为"员工入职时间分析"

图 7-43　新建工作表

2）开始构建图表。将"数据"窗格中的"入职时间"字段拖到"列"功能区，然后在"总和（入职时间）"上单击右键，选择右键菜单中的"维度"命令，如图 7-44 所示。

3）将"数据"窗格中的"工号"字段拖到"行"功能区，然后在"总和（工号）"上单击右键，选择右键菜单中"度量（总和）"子菜单下的"计数"命令，如图 7-45 所示。

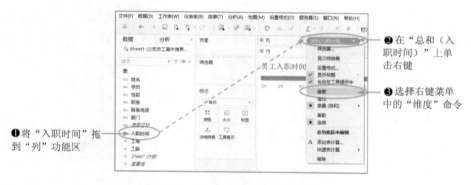

❶将"入职时间"拖到"列"功能区

❷在"总和（入职时间）"上单击右键

❸选择右键菜单中的"维度"命令

图 7-44　设置"列"功能区

❶将"工号"拖到"行"功能区

❷在"总和（工号）"上单击右键

❸选择"度量（总和）"命令

❹选择"计数"命令

图 7-45　设置"行"功能区

4）设置图表类型。在"标记"选项卡中单击"自动"下拉按钮，单击选择"区域"，将图表类型设置为"区域"。接着再单击"颜色"按钮，将颜色设置为橙色，如图 7-46 所示。

5）添加第 2 个图表。将"数据"窗格中的"工号"字段拖到"行"功能区，然后在新拖来的"总和（工号）"上单击右键，选择右键菜单中"度量（总和）"子菜单下的"计数"命令。接着再选择右键菜单中的"双轴"命令，如图 7-47 所示。

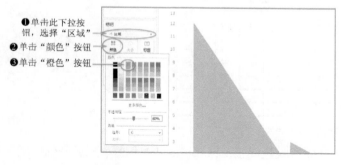

❶单击此下拉按钮，选择"区域"

❷单击"颜色"按钮

❸单击"橙色"按钮

图 7-46　设置图表类型和颜色

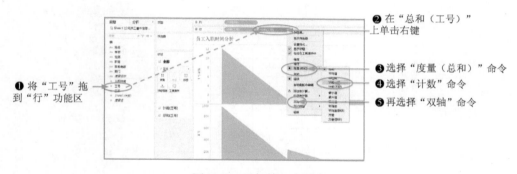

❶将"工号"拖到"行"功能区

❷在"总和（工号）"上单击右键

❸选择"度量（总和）"命令

❹选择"计数"命令

❺再选择"双轴"命令

图 7-47　添加第 2 个图表

6）设置第 2 个图表。在"标记"选项卡中单击"计数（工号）（2）"卡，然后单击图表类型设置下拉按钮，选择"线"；接着单击"颜色"按钮，选择绿色颜色块，再单击"标记"选项中的"全部"按钮。最后单击"大小"按钮，调整线条粗细，如图 7-48 所示。

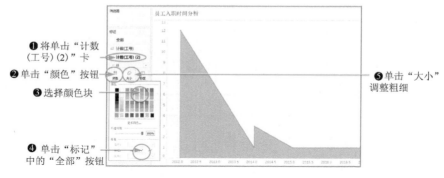

图 7-48　设置第 2 个图表

7）添加标签。将"数据"窗格中的"工号"字段拖到"标记"选项卡"计数（工号）（2）"卡中的"标签"按钮上，然后在下面的"总和（工号）"上单击右键，选择右键菜单中"度量（总和)"子菜单下的"计数"命令，如图 7-49 所示。

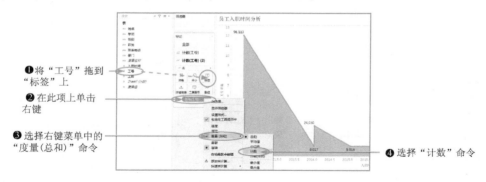

图 7-49　添加标签

8）设置标签及标题格式。在标签、标题及轴标题上单击右键，选择右键菜单中的"设置格式"或"编辑标题"选项，然后从打开的设置格式对话框中设置字体格式，具体参考上一节第 7 步设置。同时在右侧轴标题上单击右键，取消勾选右键菜单中的"显示标题"复选框，如图 7-50 所示。

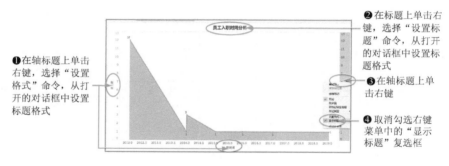

图 7-50　设置标签及标题格式

7.6.6 制作员工工龄分析柱形图表

1）新建一个工作表，命名为"员工工龄分析"，接着将"数据"窗格中的"工龄"字段拖到"行"功能区，将"工号"字段拖到"列"功能区，如图 7-51 所示。

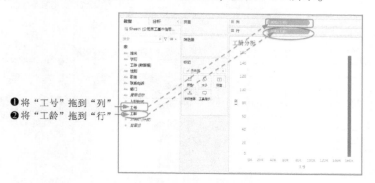

图 7-51 构建图表

2）设置图表。在"总和（工龄）"胶囊上单击右键，选择"维度"命令，在"总和（工号）"胶囊上单击右键，选择"度量（总和）"子菜单中的"计数"命令。如图 7-52 所示。

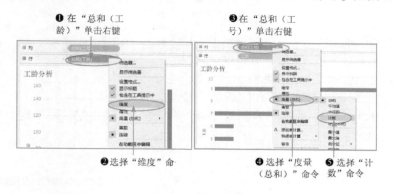

图 7-52 设置行列

3）设置条形图。单击"标记"选项卡中的"颜色"按钮，将条形图颜色设置为红色，单击"大小"按钮，在打开的对话框中单击"固定"按钮，再单击"对齐"下拉按钮，选择"居中"命令，如图 7-53 所示。

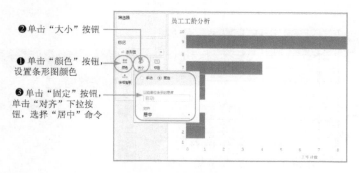

图 7-53 设置条形图

4）在左侧坐标轴标题（工龄）处单击右键，选择右键菜单中的"设置格式"，然后从窗口左侧打开的"设置工龄格式"对话框中，单击"默认值"栏中"字体"下拉按钮，设置字体、字号、颜色等格式。接着再单击"比例"栏中的"数字"下拉按钮，选择"数字（自定义）"选项，然后将"小数点"设置为0，在"前缀/后缀"栏右边文本框中输入"年"，如图 7-54 所示。

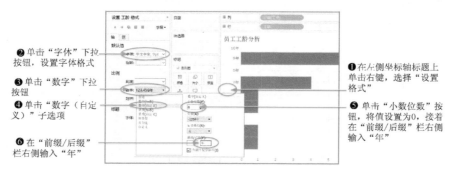

图 7-54　设置左侧坐标轴

5）在下方坐标轴标题（工号计数）处单击右键，取消勾选右键菜单中的"显示标题"复选框，如图 7-55 所示。

6）添加标签。将"数据"窗格中的"工号"字段拖到"标记"选项卡中的"标签"按钮上。接着在下方的"总和（工号）"项上单击右键，选择右键菜单中"度量（总和）"子菜单中的"计数"命令。接着再单击"标记"选项卡中的"标签"按钮，在打开的对话框中单击"文本"右侧的按钮，然后在"计数（工号）"右侧输入"人"，并设置标签格式，如图 7-56 所示。

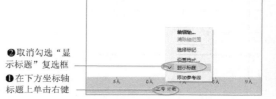

图 7-54　设置下方坐标轴

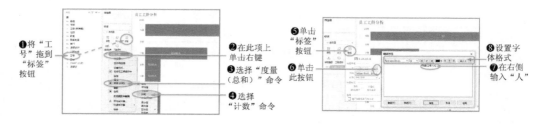

图 7-56　添加标签

7）最后设置图标标题。在标题上双击，然后在打开的"编辑标题"对话框中输入新标题，并设置字体格式，如图 7-57 所示。

7.6.7　制作员工基本信息分析仪表板

1）在 Tableau 程序下面单击"新建仪表板"按钮，新建一个仪表板，并将名称修改为"员工基本信息仪表板"，如图 7-58 所示。

图 7-57　设置标题

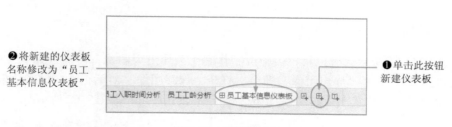

❷将新建的仪表板名称修改为"员工基本信息仪表板"

❶单击此按钮新建仪表板

图 7-58　新建仪表板

2）单击"员工基本信息仪表板"，然后将左侧"对象"栏中"空白"选项拖到右侧容器中，如图 7-59 所示。

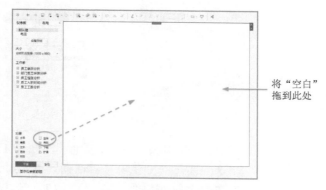

将"空白"拖到此处

图 7-59　设置仪表板对象

3）将"工作表"栏中的各个工作表拖到容器中并排列好，如图 7-60 所示。

4）设置容器及工作表边框及背景。接下来单击"布局"窗格，在容器中单击选择容器或其中一个工作表，再单击"边界"下拉按钮，设置边框线条粗细、颜色、形状。然后再单击"背景"下拉按钮，设置背景颜色，如图 7-61 所示。

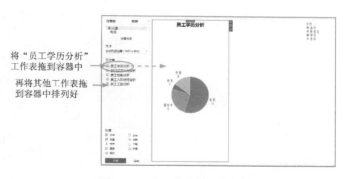

将"员工学历分析"工作表拖到容器中

再将其他工作表拖到容器中排列好

图 7-60　将工作表拖到容器

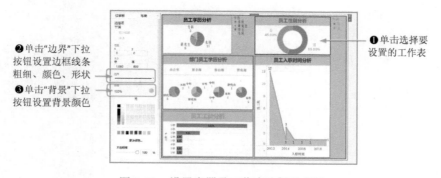

❷单击"边界"下拉按钮设置边框线条粗细、颜色、形状

❸单击"背景"下拉按钮设置背景颜色

❶单击选择要设置的工作表

图 7-61　设置容器及工作表边框及背景

7.6.8 导出图像保存工作簿

1）在制作好仪表板后，可以将仪表板或工作表图表导出为图像，再插入到 PPT 等文件中。选择"仪表板"菜单中的"导出图像"命令，打开"保存图像"对话框，在此对话框中输入仪表板名称（默认为 png 格式图像），然后单击"保存"按钮即可，如图 7-62 所示。

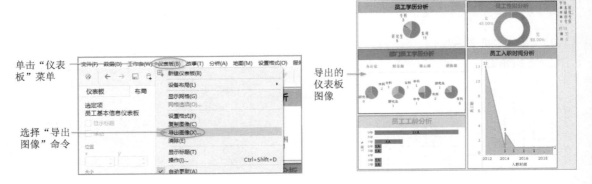

图 7-62　导出仪表板图像

2）保存工作簿。将制作图表的工作簿保存后，下次可以继续对图表工作簿进行修改编辑。选择"文件"菜单中的"另存为"命令，打开"另存为"对话框。在此对话框中，输入工作簿的名称，然后单击"保存"按钮。下次要继续编辑保存的工作簿时，选择"文件"菜单中的"打开"命令，然后选择保存的工作簿即可。

第8章 企业运营数据分析报告必会图表

8.1 案例1：公司产品浏览量分析——横向柱形图

公司产品在网店的浏览量分析可以帮助营销人员了解消费者的喜好等，为提高销量提供线索。比如通过浏览量图表可以看到浏览量最高的产品，了解浏览量最高点是哪一天，为什么忽然浏览量提高了很多，这一天有什么事情发生，以及这一天是什么特殊日子等，通过分析，可以找到提高销量的方法。下面讲解如何制作公司产品浏览量分析图表。

8.1.1 公司产品浏览量分析图表代码详解

本例主要制作公司访客来源分析图表。具体为让 Python 程序自动读取 e 盘"练习\图表"文件夹中的"店铺流量统计.xlsx"工作簿中的数据。然后使用 Pyecharts 模块中的 Bar() 函数来绘制。如图 8-1 所示为公司产品浏览量分析图。

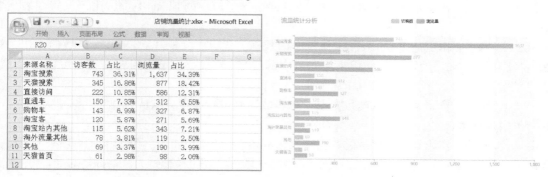

图 8-1 公司产品浏览量分析图

具体代码如下。

```
01  import pandas as pd                           #导入 Pandas 模块
02  from pyecharts import options as opts         #导入 Pyecharts 模块中的 Options
03  from pyecharts.charts import Bar              #导入 Pyecharts 模块中的 Bar
04  from pyecharts.globals import ThemeType       #导入 Pyecharts 模块中的 ThemeType
05  df=pd.read_excel(r'e:\练习\图表\店铺流量统计.xlsx')  #读取制作图表的数据
06  df_sort = df.sort_values(by =['访客数'])         #对数据按"访客数"列进行排序
07  df_list = df_sort.values.tolist()            #将 DataFrame 格式数据转换为列表
08  x =[]                                         #新建列表 x
09  y1 =[]                                        #新建列表 y1
10  y2 =[]                                        #新建列表 y2
11  for data in df_list:                          #遍历数据列表 df_list
```

```
12      x.append(data[0])                                    #将 data 中的第 1 个元素加入列表 x
13      y1.append(data[1])                                   #将 data 中的第 2 个元素加入列表 y1
14      y2.append(data[3])                                   #将 data 中的第 4 个元素加入列表 y2
15  b = Bar(init_opts = opts.InitOpts(theme = ThemeType.MACARONS))
                                                             #指定 b 为柱形图的方法
16  b.add_xaxis(x)                                           #添加柱形图 x 轴数据
17  b.add_yaxis(('访客数', y1)                                #添加柱形图的第 1 个 y 轴数据
18  b.add_yaxis('浏览量', y2)                                 #添加柱形图的第 2 个 y 轴数据
19  b.reversal_axis()                                        #将柱形图设置为横排
20  b.set_global_opts(title_opts = opts.TitleOpts(title ='流量统计分析',pos_left ='5%'))
                                                             #设置柱形图的标题及位置
21  b.set_series_opts(label_opts = opts.LabelOpts(position = 'right'))
                                                             #设置柱形图标签
22  b.render(path ='e:\\练习\\图表\\柱形横图-流量统计.html')
                                                             #将图表保存到"柱形横图-流量统计.html"文件
```

代码详解

第 01 行代码：作用是导入 Pandas 模块，并指定模块的别名为 "pd"。

第 02 行代码：作用是导入 Pyecharts 模块中的 Options，并指定模块的别名为 "opts"。

第 03 行代码：作用是导入 Pyecharts 模块下 charts 子模块中的 Bar。

第 04 行代码：作用是导入 Pyecharts 模块中 globals 子模块的 ThemeType，用于设置图表主题风格。

第 05 行代码：作用是读取 Excel 工作簿中的数据。代码中 "read_excel()" 函数的作用是读取 Excel 工作簿，"r" 为转义符，用来将路径中的 "\" 转义。如果不用转义符，可以用 "\\" 代替 "\"。

第 06 行代码：作用是对读取的数据按 "访客数" 列进行排序，默认为升序。"sort_values()" 函数的作用是排序。

第 07 行代码：作用是将排序后的数据转换为列表。代码中 tolist() 函数用于将矩阵（matrix）和数组（array）转化为列表（制作柱形图表时需要用列表形式的数据）。"df_sort. values" 用于获取数据中的数据部分。

第 08 ~ 10 行代码：作用是新建空列表，用于后面存放制作图表的数据。

第 11 行代码：作用是遍历第 07 行代码中生成的数据列表 df_list 中的元素，如图 8-2 所示为 df_list 列表中存放的数据。

[['天猫首页', 61, 0.029814271749755622, 98, 0.020588235294117647], ['其他', 69, 0.0
3372434017595308, 190, 0.039915966386555462], ['淘外流量其他', 78, 0.03812316715
542522, 119, 0.025], ['淘宝站内其他', 115, 0.05620723362658464, 343, 0.072058823
52941176], ['淘宝客', 120, 0.058665102639296188, 271, 0.056932773109243696], ['购
物车', 143, 0.0698924731182795, 327, 0.068697478991596664], ['直通车', 150, 0.0733
1378299120235, 312, 0.06554621848739496], ['直接访问', 222, 0.10850439882697947
, 586, 0.123109243697479], ['天猫搜索', 345, 0.16862170087976538, 877, 0.18424369
74789916], ['淘宝搜索', 743, 0.36314760508308896, 1637, 0.3439075630252101]]]

图 8-2　df_list 列表中存放的数据

当 for 循环第 1 次循环时，将 df_list 列表中的第 1 个元素 "['天猫首页',61,0.029814271749755622, 98,0.020588235294117647]," 存放在 data 变量中，然后执行下面缩进部分的代码（第 12 ~ 14 行代码）。接着再运行第 11 行代码，执行第 2 次循环；当执行最后一次循环时，将最后一个元素存

放在 data 变量中，然后执行缩进部分代码，完成后结束循环，执行非缩进部分代码。

第 12 行代码：作用是将 data 变量中保存的元素列表中的第 1 个元素添加到列表 x 中。如图 8-3 所示为 x 中存储的数据。

第 13 行代码：作用是将 data 变量中保存的元素列表中的第 2 个元素添加到列表 y1 中。如图 8-4 所示为 y1 中存储的数据。

['天猫首页','其他','淘外流量其他','淘宝站内其他','淘宝客','购物车','直通车','直接访问','天猫搜索','淘宝搜索']

[61, 69, 78, 115, 120, 143, 150, 222, 345, 743]

图 8-3　x 中存储的数据　　　　　　　图 8-4　y1 中存储的数据

第 14 行代码：作用是将 data 变量中保存的元素列表中的第 4 个元素添加到列表 y2 中。

第 15 行代码：作用是指定 b 为柱形图的方法。其参数"init_opts = opts. InitOpts（theme = ThemeType. MACARONS）"用来设置所做图形的主题。常用的主题还有十几种，参考第 5 章。

第 16 行代码：作用是添加柱形图 x 轴数据，即将数据中"来源名称"列添加为 x 轴数据。

第 17 行代码：作用是添加柱形图的第 1 个 y 轴数据，即将数据中"访客数"列添加为第 1 个 y 轴数据。

第 18 行代码：作用是添加柱形图的第 2 个 y 轴数据，即将数据中"浏览量"列添加为第 2 个 y 轴数据。

第 19 行代码：作用是将柱形图设置为横排柱形图。

第 20 行代码：作用是设置柱形图的标题及位置。set_global_opts（）函数用来设置全局配置，opts. TitleOpts（）用来设置图表的名称。其中，"title = '流量统计分析'"用来设置图表名称，"pos_left = '5%'"用来设置图表名称位置，即距离最左侧的距离。还可以用过"pos_top"来设置距离顶部的距离。

第 21 行代码：作用是设置柱形图标签。"set_series_opts（）"用来设置系统配置，"label_opts = opts. LabelOpts（position = ' right'）"用来设置柱形图标签位置、颜色等。参数"position = ' right'"用来设置标签位置，"right"为右侧。

第 22 行代码：作用是将图表保存成网页格式文件。render（）函数的作用是保存图表，默认将会在根目录下生成一个 render. html 文件。此函数可以用 path 参数设置文件保存位置。代码中将图表保存到 e 盘"练习"文件夹下"图表"文件夹内的"柱形横图-流量统计. html"文件中。

8.1.2　代码为我所用——零基础制作自己的横向柱形图

套用代码 1：制作自己的柱形表

1）将案例第 05 行代码中的"e:\练习\图表\店铺流量统计. xlsx"更换为其他文件名，可以对其他工作簿数据制作图表，注意要加上文件的路径。

2）将案例第 12 ~ 14 行代码中"data [0]"方括号中的数字调整为数据列表中对应作为 x 轴和 y 轴数据的序号。注意：第 1 个元素为 0。

3）将案例第 17 行代码中的"访客数"更换为需要的图例名称。

4）将案例第 18 行代码中的"浏览量"更换为需要的图例名称。

5）将案例第 20 行代码中的"流量统计分析"更换为需要的图表名称。

6）将案例第 22 行代码中的"e:\\练习\\图表\\柱形横图-流量统计. html"更换为需要的图表名称。注意文件的路径。

套用代码 2：制作不同主题风格的柱形表

在案例第 15 行代码中，修改"ThemeType. MACARONS"参数，可以修改柱形的主题风格。如修改为"ThemeType. ROMANTIC"，如图 8-5 所示。

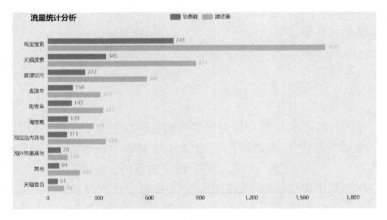

图 8-5　ROMANTIC 主题风格

8.2　案例 2：公司竞品情况分析——地域分析图表

在目前日新月异的营销市场上，充分掌握竞争产品的各种情况，分析竞品在战略、市场、商业模式、产品架构、营销、技术、资源等维度的优缺点，与公司产品的优缺点相比较，可以借鉴学习、扬长避短，确定公司产品的核心竞争力；以便占领更大的市场份额。下面讲解如何制作公司竞品情况分析图表。

8.2.1　公司竞品地域分析图表代码详解

本例主要制作公司竞品地域分布情况分析图表。具体为让 Python 程序自动读取 e 盘"练习\图表"文件夹中的"竞品地域分布情况统计 . xlsx"工作簿中的数据。然后使用 Pyecharts 模块中的 Map()函数来绘制。如图 8-6 所示为公司竞品地域分析情况统计表。

	A	B
1	地域	竞品总量（万）
2	广东	3036
3	浙江	2989
4	上海	2030
5	河北	632
6	北京	2783
7	山东	1390
8	江苏	2355
9	湖北	1893
10	福建	275
11	重庆	1563

图 8-6　公司竞品地域分析情况统计表

具体代码如下。

```
01  import pandas as pd                                    #导入 Pandas 模块
02  from pyecharts import options as opts                  #导入 Pyecharts 模块中的 Options
03  from pyecharts.charts import Map                        #导入 Pyecharts 模块中的 Map
04  df = pd.read_excel(r'e:\练习\图表\竞品地域分布情况统计.xlsx')  #读取制作图表的数据
05  df_list = df.values.tolist()                           #将 DataFrame 格式数据转换为列表
06  x = []                                                 #新建列表 x
07  y = []                                                 #新建列表 y
08  for data in df_list:                                   #遍历数据列表 df_list
09      x.append(data[0])                                  #将 data 中的第 1 个元素加入列表 x
10      y.append(data[1])                                  #将 data 中的第 2 个元素加入列表 y
11  m = Map()                                              #指定 m 为地图的方法
12  m.add("", [list(z) for z in zip(x,y)], 'china')        #制作地图图形
13  m.set_global_opts(title_opts = opts.TitleOpts(title ='竞品地域分布情况分析',pos_left =
    '30%'), visualmap_opts = opts.VisualMapOpts(max_ =3500,is_piecewise =True,
    pos_left ='15%',pos_bottom ='8%'))                     #设置地图图表的标题及图例
14  m.render(path = 'e:\\练习\\图表\\地图-竞品地域分布情况分析.html')
                                      #将图表保存到"地图-竞品地域分布情况分析.html"文件
```

代码详解

第 01 行代码：作用是导入 Pandas 模块，并指定模块的别名为 "pd"。

第 02 行代码：作用是导入 Pyecharts 模块中的 Options，并指定模块的别名为 "opts"。

第 03 行代码：作用是导入 Pyecharts 模块下 charts 子模块中的 Map。

第 04 行代码：作用是读取 Excel 工作簿中的数据。代码中 "read_excel()" 函数的作用是读取 Excel 工作簿，"r" 为转义符，用来将路径中的 "\" 转义。如果不用转义符，可以用 "\\" 代替 "\"。

第 05 行代码：作用是将排序后的数据转换为列表。代码中 tolist() 函数用于将矩阵（matrix）和数组（array）转化为列表（制作柱形图表需要用列表形式的数据）。"df_sort. values" 用于获取数据中的数据部分。

第 06 ~ 07 行代码：作用是新建空列表，用于后面存放制作图表的数据。

第 08 行代码：作用是遍历第 05 行代码中生成的数据列表 df_list 中的元素，如图 8-7 所示为 df_list 列表中存放的数据。

[['广东', 3036], ['浙江', 2989], ['上海', 2030], ['河北', 632], ['北京', 2783], ['山东', 1390], ['江苏', 2355], ['湖北', 1893], ['福建', 275], ['重庆', 1563]]

图 8-7　df_list 列表中存放的数据

当 for 循环第 1 次循环时，将 df_list 列表中的第 1 个元素 "['广东',3036]" 存放在 data 变量中，然后执行下面缩进部分的代码（第 09 ~ 10 行代码）。接着再运行第 08 行代码，执行第 2 次循环；当执行最后一次循环时，将最后一个元素存放在 data 变量中，然后执行缩进部分代码，完成后结束循环，执行非缩进部分代码。

第 09 行代码：作用是将 data 变量中保存的元素列表中的第 1 个元素添加到列表 x 中。

第 10 行代码：作用是将 data 变量中保存的元素列表中的第 2 个元素添加到列表 y 中。

第 11 行代码：作用是指定 m 为地图的方法。

第 12 行代码：作用是制作地图图形，代码中 "add()" 函数的作用是添加图表的数据和设置各种配置项。代码中 """" 用来设置地图上面的标签，引号中没有内容表示不添加标签；"[list (z)for z in zip(x,y)]"的作用是用数据中的"地域"列和"竞品总量（万）"列创建一个以地域和竞品总量组成的元组为元素的列表。其中"list(z)"用来创建一个列表 z，zip()函数返回一个以元组为元素的列表，"for z in zip(x,y)"遍历"zip(x,y)"形成的元组，然后存储在 z 变量中；"'china'"用来选择所用地图。

第 13 行代码：作用是设置柱形图的标题及位置。set_global_opts()函数用来设置全局配置，opts.TitleOpts()用来设置图表的名称。其中，"title ='竞品地域分布情况分析'"用来设置图表名称，"pos_left ='30%'"用来设置图表名称位置，即距离最左侧的距离；"visualmap_opts = opts.VisualMapOpts(max_ = 3500,is_piecewise = True,pos_left = '15%',pos_bottom = '8%')"为地图视觉映射配置项（数据图例），其参数"max_ = 3500"用来设置指定 visualMapPiecewise 组件的最大值，"is_piecewise = True"用来设置分段型视觉映射，"pos_left = '15%'"用来设置视觉映射项距离最左侧的距离，"pos_bottom ='8%'"用来设置视觉映射项距离最底部的距离。

第 14 行代码：作用是将图表保存成网页格式文件。render()函数的作用是保存图表，默认将会在根目录下生成一个 render.html 的文件。此函数可以用 path 参数设置文件保存位置。代码中将图表保存到 e 盘"练习"文件夹下"图表"文件夹内的"地图-竞品地域分布情况分析.html"文件中。

8.2.2 代码为我所用——零基础制作自己的地域图表

1）将案例第 04 行代码中的"e:\练习\图表\竞品地域分布情况统计.xlsx"更换为其他文件名，可以对其他工作簿数据制作图表，注意要加上文件的路径。

2）将案例第 09~10 行代码中"data [0]"方括号中的数字调整为数据列表中对应作为 x 轴和 y 轴数据的序号。注意：第 1 个元素为 0。

3）将案例第 13 行代码中的"竞品地域分布情况分析"更换为需要的图表名称。

4）将案例第 14 行代码中的"e:\\练习\\图表\\地图-竞品地域分布情况分析.html"更换为需要的图表名称。注意文件的路径。

8.3 案例 3：店铺核心数据分析——柱形折线组合图

店铺核心数据分析非常重要，通过分析可以发现店铺的一些问题，并找到问题的关键，以便及时做出调整。店铺核心数据中，访客转化率分析可以帮助管理人员了解产品是否被客户认可，访客的价值如何等；而"客单价"主要分析商品单价和关联销售，在同样的流量下，尽可能把流量引导至"单价高"且"转化率高"的商品，以此来提高销售额。下面讲解如何制作店铺核心数据分析图表。

8.3.1 店铺核心数据分析图表代码详解

本例主要制作公司访客数、支付家数及转化率分析图表。具体为让 Python 程序自动读取 e 盘"练习\图表"文件夹中的"店铺核心数据.xlsx"工作簿中的数据。然后使用 Pyecharts 模块中的 Bar()和 Line()函数来绘制。如图 8-8 所示为店铺核心数据分析图。

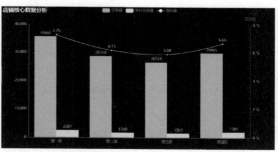

图 8-8　店铺核心数据分析图

具体代码如下。

```
01  import pandas as pd                                    #导入 Pandas 模块
02  from pyecharts import options as opts                  #导入 Pyecharts 模块中的 Options
03  from pyecharts.charts import Bar,Line,Grid             #导入 Pyecharts 模块中的 Bar,Line,Grid
04  from pyecharts.globals import ThemeType               #导入 Pyecharts 模块中的 ThemeType
05  df = pd.read_excel(r'e:\练习\图表\店铺核心数据.xlsx')   #读取制作图表的数据
06  data_x = df['日期']                                    #选择"日期"列数据
07  x = data_x.values.tolist()                            #将选择的"日期"列数据转换为列表
08  data_y1 = df['访客数']                                 #选择"访客数"列数据
09  y1 = data_y1.values.tolist()                          #将选择的"访客数"列数据转换为列表
10  data_y2 = df['支付买家数']                             #选择"支付买家数"列数据
11  y2 = data_y2.values.tolist()                          #将选择的"支付买家数"列数据转换为列表
12  data_y3 = df['转化率']                                 #选择"转化率"列数据
13  y3 = data_y3.values.tolist()                          #将选择的"转化率"列数据转换为列表
14  y4 = ['% .2f'% (i* 100) for i in y3]                  #将 y3 列表中的元素乘以 100 保留 2 位小数
15  b = Bar()                                             #指定 b 为柱形图的方法
16  l = Line()                                            #指定 l 为折线图的方法
17  g = Grid(init_opts = opts.InitOpts(theme = ThemeType.CHALK))
                                                          #指定 g 为组合图的方法,并设置主题样式
18  b.add_xaxis(x)                                        #添加柱形图 x 轴数据
19  b.add_yaxis('访客数', y1, z = 0,gap = 0)              #添加柱形图的第 1 个 y 轴数据
20  b.add_yaxis('支付买家数', y2, z = 0,gap = 0)          #添加柱形图的第 2 个 y 轴数据
21  b.set_global_opts(title_opts = opts.TitleOpts(title ='店铺核心数据分析')
                                                          #设置柱形图的标题及位置
22  b.extend_axis(yaxis = opts.AxisOpts(type_='value', name ='百分比',min_=0,max_=8, position
    =' right', axislabel_opts = opts.LabelOpts(formatter ='{value} %')))
                                                          #添加第 2 个 y 轴( 折线用)
23  l.add_xaxis(x)                                        #添加折线图的 x 轴数据
24  l.add_yaxis('转化率',y4, yaxis_index =1,is_smooth = True)  #添加折线图的 y 轴数据
25  b.overlap(l)                                          #将折线图和柱形图叠加在一起
26  g.add(chart = b,grid_opts = opts.GridOpts(),is_control_axis_index = True)
                                                          #将柱形图和折线图组合
27  g.render(path ='e:\\练习\\图表\\柱形折线组合图-店铺核心数据.html')
                                                          #将图表保存到"柱形折线组合图-店铺核心数据.html"文件
```

代码详解

第 01 行代码：作用是导入 Pandas 模块，并指定模块的别名为"pd"。

第 02 行代码：作用是导入 Pyecharts 模块中的 Options，并指定模块的别名为"opts"。

第 03 行代码：作用是导入 Pyecharts 模块下 charts 子模块中的 Bar、Line 和 Grid。

第 04 行代码：作用是导入 Pyecharts 模块下 globals 子模块的 ThemeType，用于设置图表主题风格。

第 05 行代码：作用是读取 Excel 工作簿中的数据。代码中"read_excel()"函数的作用是读取 Excel 工作簿，"r"为转义符，用来将路径中的"\"转义。如果不用转义符，可以用"\\"代替"\"。

第 06 行代码：作用是选择第 05 行代码中所读取数据中的"日期"列数据。

第 07 行代码：作用是将 06 行选择的数据转换为列表。代码中 tolist()函数用于将矩阵（matrix）和数组（array）转化为列表（制作柱形图表是需要用列表形式的数据）。"data_x.values"用于获取 data_x 数据中的数据部分。如图 8-9 所示为转换列表前后的数据。

```
0    第一周
1    第二周
2    第三周
3    第四周
Name: 日期, dtype: object
```

['第一周', '第二周', '第三周', '第四周']

a）转换为列表前的数据　　　　　　　　b）转换为列表后的数据

图 8-9　转换列表前后的数据

第 08 行代码：作用是选择"访客数"列数据。

第 09 行代码：作用是将 08 行选择的数据转换为列表。

第 10 行代码：作用是选择"支付买家数"列数据。

第 11 行代码：作用是将 10 行选择的数据转换为列表。

第 12 行代码：作用是选择"转化率"列数据。

第 13 行代码：作用是将 12 行选择的数据转换为列表。

第 14 行代码：作用是将 y3 列表中的元素乘以 100 后，再保留 2 位小数。代码中"'%.2f'%"的意思是保留 2 为小数。

第 15 行代码：作用是指定 b 为柱形图的方法。

第 16 行代码：作用是指定 l 为折线图的方法。

第 17 行代码：作用是指定 g 为组合图的方法。其参数"init_opts = opts. InitOpts（theme = ThemeType. MACARONS）"用来设置所做图形的主题。常用的主题还有十几种，可参考第 5 章。

第 18 行代码：作用是添加柱形图 x 轴数据，即将数据中"日期"列数据添加为 x 轴数据。

第 19 行代码：作用是添加柱形图的第 1 个 y 轴数据，即将数据中"访客数"列数据添加为第 1 个 y 轴数据。代码中的参数"访客数"为设置的图例名称，"z = 0"用于设置图形的前后顺序，z 值小的图形会被 z 值大的图形覆盖遮挡，"gap = 0"用来设置不同系列的柱间距离，默认为类目间距的 20%。

第 20 行代码：作用是添加柱形图的第 2 个 y 轴数据，即将数据中"支付买家数"列数据添加为第 2 个 y 轴数据。代码中的参数"支付买家数"为设置的图例名称，"z = 0"用于设置图形的前后顺序，z 值小的图形会被 z 值大的图形覆盖遮挡，"gap = 0"用来设置不同系列的柱间距离，默认为类目间距的 20%。

第 21 行代码：作用是设置柱形图的标题及位置。set_global_opts() 函数用来设置全局配置，opts. TitleOpts()用来设置图表的名称。其中，"title ='店铺核心数据分析'"用来设置图表名称。

第 22 行代码：作用是为折线设置 y 轴。"extend_axis()"函数的作用是设置第 2 个 y 轴。其参数中"yaxis = opts. AxisOpts(type_ =' value ',name ='百分比',min_ = 0,max_ = 100,position =' right '"用来设置 y 轴。"name ='百分比'"设置 y 轴的名称，"min_ = 0,max_ = 8"设置 y 轴的最小和最大刻度，"position =' right '"用来设置 y 轴的位置，在右侧；"axislabel_opts = opts. LabelOpts(formatter =' ｛value｝ %')"用来设置 y 轴刻度。

第 23 行代码：作用是添加折线图的 x 轴数据，与柱形图的 x 轴相同。

第 24 行代码：作用是添加折线图的 y 轴数据。add_yaxis() 函数参数中"转化率"为设置的图例名称；"yaxis_index = 1"用来选择 y 轴，"0"表示第一个 y 轴，"1"表示第二个 y 轴；"is_smooth = True"用来设置折线为平滑折线。

第 25 行代码：作用是将折线图和柱形图叠加在一起。

第 26 行代码：作用是将柱形图和折线图组合。"chart = b"用来设置组合的图表实例，b 为 Bar()柱形图；"grid_opts = opts. GridOpts()"为直角坐标系网格配置项（可以设置 grid 组件的高度、距离等）；"is_control_axis_index = True"用来设置是否由自己控制 Axis 索引。

第 27 行代码：作用是将图表保存成网页格式文件。render() 函数的作用是保存图表，默认将会在根目录下生成一个 render. html 文件。此函数可以用 path 参数设置文件保存位置。代码中将图表保存到 e 盘"练习"文件夹下"图表"文件夹中的"柱形折线组合图-店铺核心数据. html"文件中。

8.3.2 代码为我所用——零基础制作自己的柱形折线组合图

套用代码1：制作自己的组合图表

1）将案例第 05 行代码中的 "e:\练习\图表\店铺核心数据. xlsx" 更换为其他文件名，可以对其他工作簿数据制作图表，注意要加上文件的路径。

2）将案例第 06 行代码中 "日期" 设置为作为 x 轴数据的列的列标题。

3）将案例第 08 行代码中 "访客数" 设置为作为柱形第 1 个 y 轴数据的列的列标题。

4）将案例第 10 行代码中 "支付买家数" 设置为作为柱形第 2 个 y 轴数据的列的列标题。

5）将案例第 12 行代码中 "转化率" 设置为作为折线第 1 个 y 轴数据的列的列标题。

6）将案例第 19 行代码中的 "访客数" 更换为需要的图例名称。

7）将案例第 20 行代码中的 "支付买家数" 更换为需要的图例名称。

8）将案例第 21 行代码中的 "店铺核心数据分析" 更换为需要的图表名称。

9）将案例第 24 行代码中的 "转化率" 更换为需要的折线图例名称。

10）将案例第 27 行代码中的 "e:\\练习\\图表\\柱形折线组合图-店铺核心数据. html" 更换为需要的图表名称。注意文件的路径。

套用代码2：制作不同主题色调的组合图表

1）在案例第 17 行代码中，修改 "ThemeType. CHALK" 参数，可以修改柱形的主题风格，如修改为 "ThemeType. ROMANTIC"。

2）在案例第 24 行代码中，修改参数 "is_smooth = True" 的值为 "False"，可以将折线修改为不平滑的折线。

8.4 案例4：网店每日访问成交数据分析——河流图

上一节介绍了分析店铺核心数据的重要性，接下来讲解如何制作网站每日访问成交数据分析图表。

8.4.1 网店每日访问成交数据分析图表代码详解

本例主要制作公司每天访客数、支付家数、转化率、支付金额、客单价分析图表。具体为让Python 程序自动读取 e 盘"练习 \ 图表"文件夹中的"店铺每日核心数据 .xlsx"工作簿中的数据。然后使用 Pyecharts 模块中的 ThemeRiver( ) 函数来绘制。如图 8-10 所示为网站每日访问成交数据分析图。

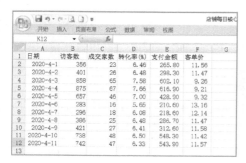
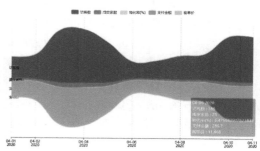

图 8-10　网站每日访问成交数据分析图

具体代码如下。

```
01  import pandas as pd                                   #导入 Pandas 模块
02  from pyecharts import options as opts                 #导入 Pyecharts 模块中的 Options
03  from pyecharts.charts import ThemeRiver               #导入 Pyecharts 模块中的 ThemeRiver
04  from pyecharts.globals import ThemeType               #导入 Pyecharts 模块中的 ThemeType
05  df=pd.read_excel(r'e:\练习\图表\店铺每日核心数据.xlsx')      #读取制作图表的数据
06  data = df.groupby('日期').sum()                        #对读取的数据进行分组求和
07  data_x = data.iloc[0]                                 #选择分组后的第 1 行数据
08  x = data_x.index.tolist()                             #将第 1 行数据中的索引行转换为列表
09  data_y1 = df[['日期','访客数']]                          #选择数据中的"日期"和"访客数"列数据
10  y1 = data_y1.values.tolist()                          #将选择的数据中的数据部分转换为列表
11  y1_list =[]                                           #创建 y1_list 列表
12  for i in y1:                                          #遍历 y1 数据列表
13    i.append('访客数')                                   #将"访客数"添加到列表 i 中
14    y1_list.append(i)                                   #将 i 列表添加到 y1_list 列表中
15  data_y2 = df[['日期','成交家数']]                        #选择数据中的"日期"和"成交家数"列数据
16  y2 = data_y2.values.tolist()                          #将选择的数据中的数据部分转换为列表
17  y2_list =[]                                           #创建 y2_list 列表
```

```
18  for i in y2:                                    #遍历 y2 数据列表
19    i.append('成交家数')                          #将"成交家数"添加到列表 i 中
20    y2_list.append(i)                             #将 i 列表添加到 y2_list 列表中
21  data_y3 = df[['日期','转化率(%)']]               #选择数据中的"日期"和"转化率(%)"列数据
22  y3 = data_y3.values.tolist()                    #将选择的数据中的数据部分转换为列表
23  y3_list = []                                     #创建 y3_list 列表
24  for i in y3:                                     #遍历 y3 数据列表
25    i.append('转化率(%)')                          #将"转化率(%)"添加到列表 i 中
26    y3_list.append(i)                             #将 i 列表添加到 y3_list 列表中
27  data_y4 = df[['日期','支付金额']]                #选择数据中的"日期"和"支付金额"列数据
28  y4 = data_y4.values.tolist()                    #将选择的数据中的数据部分转换为列表
29  y4_list = []                                     #创建 y4_list 列表
30  for i in y4:                                     #遍历 y4 数据列表
31    i.append('支付金额')                          #将"支付金额"添加到列表 i 中
32    y4_list.append(i)                             #将 i 列表添加到 y4_list 列表中
33  data_y5 = df[['日期','客单价']]                  #选择数据中的"日期"和"客单价"列数据
34  y5 = data_y5.values.tolist()                    #将选择的数据中的数据部分转换为列表
35  y5_list = []                                     #创建 y5_list 列表
36  for i in y5:                                     #遍历 y5 数据列表
37    i.append('客单价')                            #将"客单价"添加到列表 i 中
38    y5_list.append(i)                             #将 i 列表添加到 y5_list 列表中
39  y3 = y1_list + y2_list + y3_list + y4_list + y5_list      #将多个列表相加组成新列表 y3
40  t = ThemeRiver(init_opts = opts.InitOpts(theme = ThemeType. INFOGRAPHIC))
                                                     #指定 t 为河流图的方法
41  t.add(series_name = x, data = y3, singleaxis_opts = opts.SingleAxisOpts(pos_top = '30',
    pos_bottom = '50', type_ = 'time'))              #制作河流图
42  t.set_global_opts(tooltip_opts = opts.TooltipOpts(trigger = 'axis', axis_pointer_type
    = 'line'))                                       #设置河流图类型
43  t.render(path = 'e:\\练习\\图表\\河流图-访问数据分析.html')
                                                     #将图表保存到"河流图-访问数据分析.html"文件
```

代码详解

第 01 行代码：作用是导入 Pandas 模块，并指定模块的别名为"pd"。

第 02 行代码：作用是导入 Pyecharts 模块中的 Options，并指定模块的别名为"opts"。

第 03 行代码：作用是导入 Pyecharts 模块下 charts 子模块中的 ThemeRiver。

第 04 行代码：作用是导入 Pyecharts 模块下 globals 子模块的 ThemeType，用于设置图表主题风格。

第 05 行代码：作用是读取 Excel 工作簿中的数据。代码中"read_excel()"函数的作用是读取 Excel 工作簿，"r"为转义符，用来将路径中的"\"转义。如果不用转义符，可以用"\\"代替"\"。如图 8-11 所示为读取的数据（自动生成

	日期	访客数	成交家数	转化率(%)	支付金额	客单价
0	2020-04-01	356	23	6.460674	265.8	11.556522
1	2020-04-02	401	26	6.483791	298.5	11.473077
2	2020-04-03	858	65	7.575758	602.1	9.263077
3	2020-04-04	875	67	7.657143	616.9	9.207463
4	2020-04-05	657	46	7.001522	428.9	9.323913
5	2020-04-06	283	16	5.653710	210.6	13.162500
6	2020-04-07	296	18	6.081081	218.6	12.144444
7	2020-04-08	386	25	6.476684	286.7	11.468000
8	2020-04-09	421	27	6.413302	312.6	11.577778
9	2020-04-10	738	48	6.504065	548.3	11.422917
10	2020-04-11	742	47	6.334232	543.9	11.572340

图 8-11　读取的数据

了索引列 0 ~ 10)。

第 06 行代码：作用是对读取的数据按"日期"列进行分组并求和，代码中"groupby('日期')"函数的作用是分组。分组的目的主要是在后面提取除"日期"列标题外的其他列标题。如图 8-12 所示为分组后的数据（"日期"列作为了索引列）。

第 07 行代码：作用是选择分组数据中的第 1 行数据。选择分组后的数据和选择分组前的数据对比如图 8-13 所示。

图 8-12　分组后的数据

a）选择分组前的数据（从 df 数据中选择）　　b）选择分组后的数据（从 data 中选择）

图 8-13　选择分组后的数据和选择分组前的数据对比

第 08 行代码：作用是将选择的第 1 行数据中的索引行转换为列表，如图 8-14 所示为转换为列表后的数据。

图 8-14　转换为列表后的数据

第 09 行代码：作用是选择第 05 行代码中读取的数据中的"日期"和"访客数"列数据，如图 8-15 所示。

第 10 行代码：作用是将选择的列数据中的数据部分转换为列表，如图 8-16 所示。

图 8-15　选择的列数据

图 8-16　将数据转换为列表

第 11 行代码：作用是创建新列表 y1_list。

第 12 行代码：作用是遍历 y1 列表中的元素。当 for 循环第 1 次循环时，将 y1 列表中的第 1 个元素"[Tunestamp('2020-04-01 00:00:00'),356,'访客数'],"存放在 i 变量中，然后执行下面缩进部分的代码（第 13 ~ 14 行代码）。接着再运行第 12 行代码，执行第 2 次循环；当执行最后一次循环时，将最后一个元素存放在 i 变量中，然后执行缩进部分代码，完成后结束循环，执行非缩进部分代码。

第 13 行代码：作用是将 "访客数" 添加到 i 列表中，添加后的 i 变为如图 8-17 所示的列表。

[[Timestamp('2020-04-01 00:00:00'), 356, '访客数']

图 8-17　i 中存储的数据

第 14 行代码：作用是将 i 列表添加到 y1_list 列表中，如图 8-18 所示为 y1_list 列表中的元素。

[[Timestamp('2020-04-01 00:00:00'), 356, '访客数'], [Timestamp('2020-04-02 00:00:00'), 401, '访客数'], [Timestamp('2020-04-03 00:00:00'), 858, '访客数'], [Timestamp('2020-04-04 00:00:00'), 875, '访客数'], [Timestamp('2020-04-05 00:00:00'), 657, '访客数'], [Timestamp('2020-04-06 00:00:00'), 283, '访客数'], [Timestamp('2020-04-07 00:00:00'), 296, '访客数'], [Timestamp('2020-04-08 00:00:00'), 386, '访客数'], [Timestamp('2020-04-09 00:00:00'), 421, '访客数'], [Timestamp('2020-04-10 00:00:00'), 738, '访客数'], [Timestamp('2020-04-11 00:00:00'), 742, '访客数']]

图 8-18　y1_list 列表中的元素

第 15 行代码：作用是选择第 05 行代码中读取的数据中的 "日期" 和 "成交家数" 列数据。

第 16 行代码：作用是将选择的列数据中的数据部分转换为列表，存储在 y2 中。

第 17 行代码：作用是创建新列表 y2_list。

第 18 行代码：作用是遍历 y2 列表中的元素。当 for 循环第 1 次循环时，将 y2 列表中的第 1 个元素存放在 i 变量中，然后执行下面缩进部分的代码（第 19～20 行代码）。接着再运行第 18 行代码，执行第 2 次循环；当执行最后一次循环时，将最后一个元素存放在 i 变量中，然后执行缩进部分代码，完成后结束循环，执行非缩进部分代码。

第 19 行代码：作用是将 "成交家数" 添加到 i 列表中。

第 20 行代码：作用是将 i 列表添加到 y2_list 列表中。

第 21 行代码：作用是选择第 05 行代码中读取的数据中的 "日期" 和 "转化率（%）" 列数据。

第 22 行代码：作用是将选择的列数据中的数据部分转换为列表，存储在 y3 中。

第 23 行代码：作用是创建新列表 y3_list。

第 24 行代码：作用是遍历 y3 列表中的元素。当 for 循环第 1 次循环时，将 y3 列表中的第 1 个元素存放在 i 变量中，然后执行下面缩进部分的代码（第 25～26 行代码）。接着再运行第 24 行代码，执行第 2 次循环；当执行最后一次循环时，将最后一个元素存放在 i 变量中，然后执行缩进部分代码，完成后结束循环，执行非缩进部分代码。

第 25 行代码：作用是将 "转化率（%）" 添加到 i 列表中。

第 26 行代码：作用是将 i 列表添加到 y3_list 列表中。

第 27 行代码：作用是选择第 05 行代码中读取的数据中的 "日期" 和 "支付金额" 列数据。

第 28 行代码：作用是将选择的列数据中的数据部分转换为列表，存储在 y4 中。

第 29 行代码：作用是创建新列表 y4_list。

第 30 行代码：作用是遍历 y4 列表中的元素。当 for 循环第 1 次循环时，将 y4 列表中的第 1 个元素存放在 i 变量中，然后执行下面缩进部分的代码（第 31～32 行代码）。接着再运行第 30 行代码，执行第 2 次循环；当执行最后一次循环时，将最后一个元素存放在 i 变量中，然后执行缩进部分代码，完成后结束循环，执行非缩进部分代码。

第 31 行代码：作用是将 "支付金额" 添加到 i 列表中。

第 32 行代码：作用是将 i 列表添加到 y4_list 列表中。

第 33 行代码：作用是选择第 05 行代码中读取的数据中的 "日期" 和 "客单价" 列数据。

第 34 行代码：作用是将选择的列数据中的数据部分转换为列表，存储在 y5 中。

第 35 行代码：作用是创建新列表 y5_list。

第 36 行代码：作用是遍历 y5 列表中元素。当 for 循环第 1 次循环时，将 y5 列表中的第 1 个元素存放在 i 变量中，然后执行下面缩进部分的代码（第 37～38 行代码）。接着再运行第 36 行代码，执行第 2 次循环；当执行最后一次循环时，将最后一个元素存放在 i 变量中，然后执行缩进部分代码，完成后结束循环，执行非缩进部分代码。

第 37 行代码：作用是将"客单价"添加到 i 列表中。

第 38 行代码：作用是将 i 列表添加到 y5_list 列表中。

第 39 行代码：作用是将 y1_list 列表、y2_list 列表、y3_list 列表、y4_list 列表、y5_list 列表相加，组成新的列表 y3，如图 8-19 所示为 y3 列表中的数据。

第 40 行代码：作用是指定 t 为河流图的方法。其参数"init_opts = opts. InitOpts（theme = Theme-Type. INFOGRAPHIC）"用来设置所做图形的主题。常用的主题还有十几种，参考第 5 章中的内容。

第 41 行代码：作用是制作河流图表。代码中"add（）"函数的作用是用于添加图表的数据和设置各种配置项。代码中"series_name = x"用来设置系列名称；"data = y3"的作用是添加制作图表的数据；"singleaxis_opts = opts. SingleAxisOpts（pos_

[[['Timestamp('2020-04-01 00:00:00'), 356, '访客数'], [Timestamp('2020-04-02 00:00:00'), 401, '访客数'], [Timestamp('2020-04-03 00:00:00'), 858, '访客数'], [Timestamp('2020-04-04 00:00:00'), 875, '访客数'], [Timestamp('2020-04-05 00:00:00'), 657, '访客数'], [Timestamp('2020-04-06 00:00:00'), 283, '访客数'], [Timestamp('2020-04-07 00:00:00'), 296, '访客数'], [Timestamp('2020-04-08 00:00:00'), 386, '访客数'], [Timestamp('2020-04-09 00:00:00'), 421, '访客数'], [Timestamp('2020-04-10 00:00:00'), 738, '访客数'], [Timestamp('2020-04-11 00:00:00'), 742, '访客数'], [Timestamp('2020-04-01 00:00:00'), 23, '成交客数'], [Timestamp('2020-04-02 00:00:00'), 65, '成交客数'], [Timestamp('2020-04-03 00:00:00'), 67, '成交客数'], [Timestamp('2020-04-04 00:00:00'), 46, '成交客数'], [Timestamp('2020-04-05 00:00:00'), 16, '成交客数'], [Timestamp('2020-04-06 00:00:00'), 18, '成交客数'], [Timestamp('2020-04-07 00:00:00'), 25, '成交客数'], [Timestamp('2020-04-08 00:00:00'), 27, '成交客数'], [Timestamp('2020-04-09 00:00:00'), 48, '成交客数'], [Timestamp('2020-04-10 00:00:00'), 47, '成交客数'], [Timestamp('2020-04-11 00:00:00'), 6.460674157303371, '转化率(%)'], [Timestamp('2020-04-02 00:00:00'), 6.48379052 3690773, '转化率(%)'], [Timestamp('2020-04-03 00:00:00'), 7.575757575757576, '转化率(%)'], [Timesta mp('2020-04-04 00:00:00'), 7.657142857142857, '转化率(%)'], [Timestamp('2020-04-05 00:00:00'), 7.001 52207001522, '转化率(%)'], [Timestamp('2020-04-06 00:00:00'), 5.6537102473498235, '转化率(%)'], [Ti mestamp('2020-04-07 00:00:00'), 6.081081081081082, '转化率(%)'], [Timestamp('2020-04-08 00:00:00'), 6.476683937823833, '转化率(%)'], [Timestamp('2020-04-09 00:00:00'), 6.413301662707839, '转化率(%)'], [Timestamp('2020-04-10 00:00:00'), 6.504065040650407, '转化率(%)'], [Timestamp('2020-04-11 00:00:00'), 6.334231805929918, '转化率(%)'], [Timestamp('2020-04-01 00:00:00'), 265.8, '支付金额'], [Timesta mp('2020-04-02 00:00:00'), 298.3, '支付金额'], [Timestamp('2020-04-03 00:00:00'), 602.1, '支付金额'], [Timestamp('2020-04-04 00:00:00'), 616.9, '支付金额'], [Timestamp('2020-04-05 00:00:00'), 428.9, '支付金额'], [Timestamp('2020-04-06 00:00:00'), 210.6, '支付金额'], [Timestamp('2020-04-07 00:00:00'), 218.6, '支付金额'], [Timestamp('2020-04-08 00:00:00'), 286.7, '支付金额'], [Timestamp('2020-04-09 00:00:00'), 3 12.6, '支付金额'], [Timestamp('2020-04-10 00:00:00'), 548.3, '支付金额'], [Timestamp('2020-04-11 00:00: 00'), 543.9, '支付金额'], [Timestamp('2020-04-01 00:00:00'), 11.55652173913043 5, '客单价'], [Timestamp('2020-04-02 00:00:00'), 11.473076923076924, '客单价'], [Timestamp('2020-04-03 00:00:00'), 9.26307692 3076923, '客单价'], [Timestamp('2020-04-04 00:00:00'), 6.081081081081082, '客单价'], [Timestamp('2020-04-05 00:00:00'), 9.207462686567164, '客单价'], [Timestamp('202 0-04-05 00:00:00'), 9.323913043478826, '客单价'], [Timestamp('2020-04-06 00:00:00'), 13.1625, '客单价'], [Timestamp('2020-04-07 00:00:00'), 12.144444444444444, '客单价'], [Timestamp('2020-04-08 00:00:00'), 11.468, '客单价'], [Timestamp('2020-04-09 00:00:00'), 11.577777777777778, '客单价'], [Timestamp('2020-04-10 00:00:00'), 11.422916666666666, '客单价'], [Timestamp('2020-04-11 00:00:00'), 11.5723404255319 14, '客单价']]]

图 8-19　y3 列表中的数据

的数据；"singleaxis_opts = opts. SingleAxisOpts（pos_

top = '30 ',pos_bottom = '50 ',type_ = ' time '）"的作用是设置坐标轴，其中，参数"pos_top = '30 '"设置坐标轴距离顶部的距离。"pos_bottom = '50 '"设置坐标轴距离底部的距离。"type_ = ' time '"用来设置坐标轴类型，主要有三种类型可选，"' value '"类型为数值轴，适用于连续数据，"' category '"类型为类目轴，适用于离散的类目数据（为该类型时必须通过 data 设置类目数据），"' time'"类型为时间轴，适用于连续的时序数据。

第 42 行代码：作用是设置柱形图的标题及位置。set_global_opts（）函数用来设置全局配置，tooltip_opts = opts. TooltipOpts（）用来设置提示框项。其中，参数"trigger = ' axis '"用来设置触发类型为数据项触发，"axis_pointer_type = ' line '"用来设置指示器类型（即看到的图表中时间对应的垂直虚线），"line"为直线指示器，还可以设置为"' shadow '"（阴影指示器）、"' cross '"（十字准星指示器）。

第 43 行代码：作用是将图表保存成网页格式文件。render（）函数的作用是保存图表，默认将会在根目录下生成一个 render. html 的文件。此函数可以用 path 参数设置文件保存位置。代码中将图表保存到 e 盘"练习"文件夹下"图表"文件夹内的"河流图-流量统计 . html"文件中。

8.4.2　代码为我所用——零基础制作自己的河流图

套用代码 1：制作自己的柱形表

1）将案例第 05 行代码中的"e:\练习\图表\店铺每日核心数据 . xlsx"更换为其他文件名，可以对其他工作簿数据制作图表，注意要加上文件的路径。

2）将案例第 06 行代码中"日期"修改为数据中日期对应列标题。

3）将案例第 09 和 13 行代码中的"访客数"更换为统计客户访问量的列标题。

4）将案例第 15 和 19 行代码中的"成交家数"更换为统计客户成交数据的列标题。

5）将案例第 21 和 25 行代码中的"转化率（%）"更换为统计客户访问转化率数据的列标题。

6）将案例第 27 和 31 行代码中的"支付金额"更换为统计成交额数据的列标题。

7）将案例第 33 和 37 行代码中的"客单价"更换为统计客单价数据的列标题。

8）将案例第 43 行代码中的"e:\\练习\\图表\\河流图-访问数据分析.html"更换为需要的图表名称。注意文件的路径。

套用代码 2：制作不同主题风格的柱形表

1）在案例第 40 行代码中，修改"ThemeType. INFOGRAPHIC"参数，可以修改柱形的主题风格，如修改为"ThemeType. ROMANTIC"。

2）修改案例第 42 行代码中的"axis_pointer_type =" line""的值为"cross"，可以修改图表指示器的形状。

8.5 案例 5：Tableau 制作电商运营数据分析——仪表板

对于电商行业来说，数据分析显得尤为重要，网站成交金额（GMV）、转化率、复购率等都需要电商运营人员实时关注，精细化运营和数据驱动的理念是目前电商行业自身增长的重要因素。下面通过 Tableau 来分析电商日常运营数据，并通过仪表板来呈现数据可视化图表。

8.5.1 连接电商运营数据

首先在 Tableau 程序首页单击"连接"窗格中的"Microsoft Excel"选项，然后从打开的"打开"对话框中选择工作簿文件，单击"打开"按钮，如图 8-20 所示。

图 8-20 连接数据

8.5.2 制作网站访客分析图表

接下来制作网站访客分析图表。

1）在"数据源"窗格中的左下角单击"工作表 1"按钮，打开工作表窗格。接着双击"工作表 1"名称，将工作表名称修改为"客户访问量分析"，如图 8-21 所示。

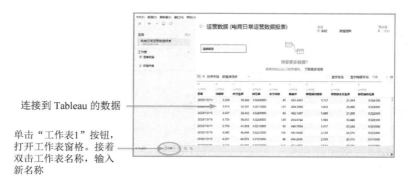

连接到 Tableau 的数据

单击"工作表 1"按钮，
打开工作表窗格。接着
双击工作表名称，输入
新名称

图 8-21 打开"工作表 1"窗格

2）构建图表。将"数据"窗格中的"日期"字段拖到"列"功能区，然后再将"数据"窗格中的"访客数"字段拖到"行"功能区。接下来在"列"功能区中的"年（日期）"上单击右键，然后右键菜单中的"天"选项，将日期设置为以天为单位，如图 8-22 所示。

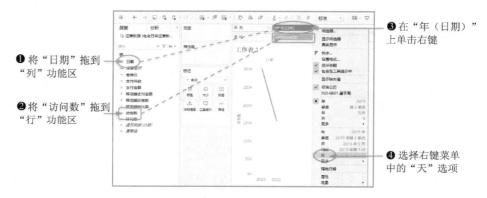

❶将"日期"拖到
"列"功能区

❷将"访问数"拖到
"行"功能区

❸在"年（日期）"
上单击右键

❹选择右键菜单
中的"天"选项

图 8-22 构建图表

3）设置折线图的颜色和大小。单击"标记"选项卡中的"颜色"按钮，从弹出的设置对话框中单击颜色块设置折线颜色，拖动"不透明度"下面的滑块调整折线透明度，单击"标记"右侧的图形按钮可以设置折线样式。接着再单击"大小"按钮，拖动滑块可以调整折线的粗细，如图 8-23 所示。

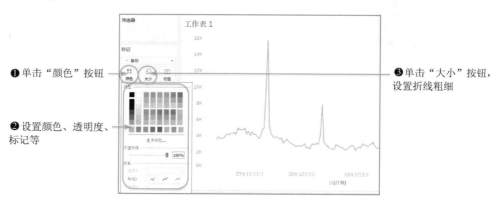

❶单击"颜色"按钮

❷设置颜色、透明度、
标记等

❸单击"大小"按钮，
设置折线粗细

图 8-23 设置折线颜色和大小

4）设置标记线。在视图区单击鼠标右键，选择右键菜单中"标记线"子菜单下的"显示标记线"命令。之后再在视图区单击鼠标右键，选择右键菜单中"标记线"子菜单下的"编辑标记线"命令，打开"标记线"对话框。在此对话框中，取消勾选"Y轴"复选框，再选择"始终"单选按钮和"标签"栏下的"无"单选按钮，最后单击"确定"按钮，如图8-24所示。

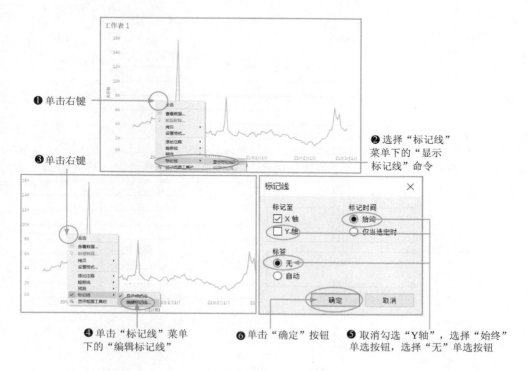

图 8-24　设置标记线

5）设置标记标签。在折线图中折线的拐点上单击右键，然后选择右键菜单中"标记标签"菜单下的"始终显示"命令。以同样的方法再设置其他几个突出的拐点，如图8-25所示。

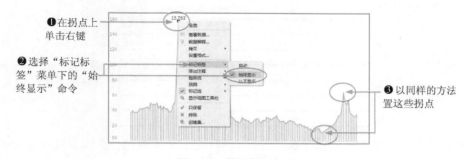

图 8-25　设置标记标签

6）设置参考线。在窗口左侧单击"分析"窗格，然后将"自定义"栏下的"参考线"选项拖到视图区，别松开鼠标，这时会弹出对话框，移动鼠标使"总和（访客数）"中的"表"栏变为橙色（表面设置表中访客数的参考线），然后松开鼠标，会打开"编辑参考线、参考区间或框"对话框，如图8-26所示。

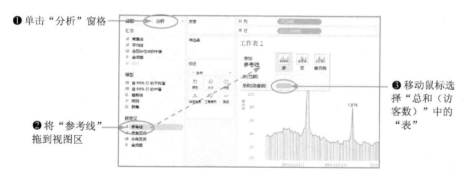

图 8-26　设置参考线（一）

7）在打开的"编辑参考线、参考区间或框"对话框中，单击"线"栏下"标签"下拉按钮，选择"自定义"选项，接着单击最右侧的三角按钮后选择"计算"选项，然后在"＜计算＞"右侧输入"："，之后再次单击此三角按钮，选择"值"选项。接着单击"格式设置"栏下的"线"下拉按钮，设置参考线颜色为红色，再设置形状、粗细等。最后单击"确定"按钮，如图8-27 所示。

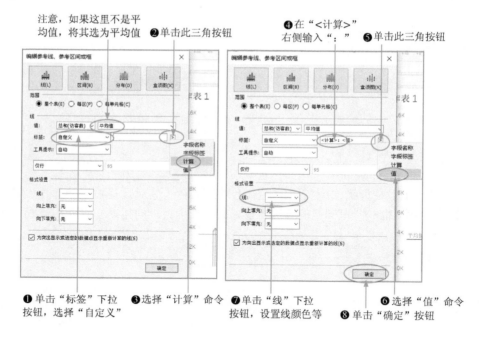

图 8-27　设置参考线（二）

8）设置坐标轴。在下方坐标轴标题"日（日期）"上单击右键，选择右键菜单中的"编辑轴"命令，打开"编辑轴［日（日期）］"对话框。在此对话框中，将"标题"栏中的"日（日期）"删除，然后关闭对话框，如图8-28 所示。

9）设置标签及标题格式。在视图区标签上单击右键，选择右键菜单中的"设置格式"命令，然后在左侧打开的设置字体格式窗格中，单击"字体"下拉按钮，设置字体、字号、颜色等格式，所有标签设置方法相同。设置标题时，在标题"工作表 1"上单击右键，选择"编辑标题"命令，打开"编辑标题"对话框。接着在此对话框中输入标题名称，然后选中标题文本，再设置其字体、颜色等格式，如图 8-29 所示。

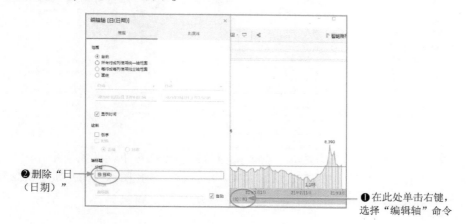

❷删除"日
（日期）"

❶在此处单击右键，
选择"编辑轴"命令

图 8-28　编辑坐标轴

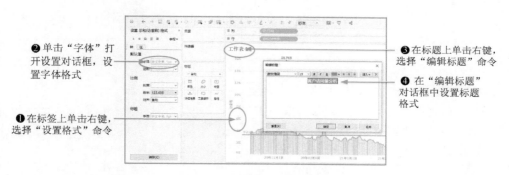

❷单击"字体"打
开设置对话框，设
置字体格式

❶在标签上单击右键，
选择"设置格式"命令

❸在标题上单击右键，
选择"编辑标题"命令

❹在"编辑标题"
对话框中设置标题
格式

图 8-29　设置标签及标题格式

8.5.3　制作客户成交分析图表

1）在 Tableau 程序左下角单击"新建工作表"按钮，新建一个工作表，然后双击新建的工作
表名称，将名称修改为"客户成交分析"，如图 8-30 所示。

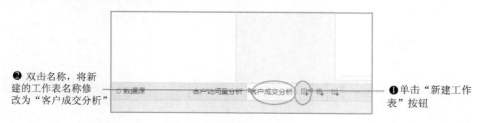

❷双击名称，将新
建的工作表名称修
改为"客户成交分析"

❶单击"新建工作
表"按钮

图 8-30　新建工作表

2）制作图表。将"数据"窗格中的"支付金额"字段拖到"列"功能区，再将"移动端支
付金额"字段拖到"列"功能区；接着将"日期"字段拖到"行"功能区，再将"日期"字段
拖到"行"功能区。然后在"行"功能区最右侧的"季度（日期）"上单击右键，选择右键菜单
中的"周数"命令，将日期设置为周，如图 8-31 所示。

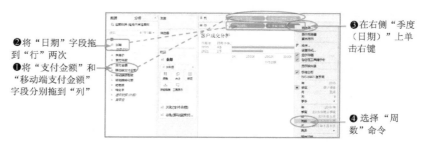

②将"日期"字段拖到"行"两次

①将"支付金额"和"移动端支付金额"字段分别拖到"列"

③在右侧"季度（日期）"上单击右键

④选择"周数"命令

图 8-31　制作图表

3）选择智能推荐图表。单击右侧的"智能推荐"然后单击最下面的条形推荐图。之后利用工具栏中的"交换行和列"按钮（或按〈Ctrl + W〉组合键）调整图形方向，如图 8-32 所示。

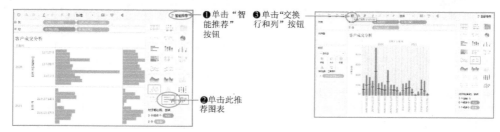

①单击"智能推荐"按钮

②单击此推荐图表

③单击"交换行和列"按钮

图 8-32　选择智能推荐图表

4）调整图形。单击"标记"选项卡中的"颜色"按钮，调整图形的颜色，单击"大小"按钮，调整图形粗细，如图 8-33 所示。

5）设置标签及标题格式。在视图区标签上单击右键，选择右键菜单中的"设置格式"命令，然后在左侧打开的设置字体格式窗格中，单击"字体"下拉按钮，设置字体、字号、颜色等格式，所有标签设置方法相同。设置标题时，在标题"工作表 1"上单击右键，选择"编辑标题"命令，打开"编辑标题"对话框。接着在此对话框中输入标题名称，然后选中标题文本，再设置其字体、颜色等格式，如图 8-34 所示。

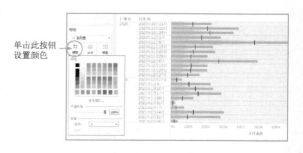

单击此按钮设置颜色

图 8-33　设置图像颜色大小

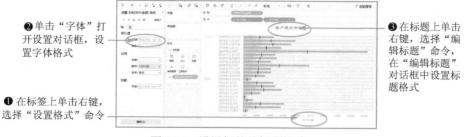

②单击"字体"打开设置对话框，设置字体格式

①在标签上单击右键，选择"设置格式"命令

③在标题上单击右键，选择"编辑标题"命令，在"编辑标题"对话框中设置标题格式

图 8-34　设置标签及标题格式

8.5.4　制作转化率分析图表

1）在 Tableau 程序左下角单击"新建工作表"按钮，新建一个工作表，然后双击新建的工作

表名称，将名称修改为"转化率"对比，如图8-35所示。

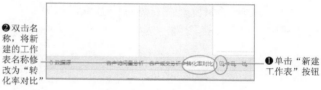

❷双击名称，将新建的工作表名称修改为"转化率对比"　　　❶单击"新建工作表"按钮

图8-35　新建工作表

2）制作图表。将"数据"窗格中的"日期"字段拖到"列"功能区，接着将"转化率"字段拖到"行"功能区，再将"移动端转化率"字段拖到"行"功能区。然后在"行"功能区最右侧的"总和（移动端转化率）"上单击右键，选择右键菜单中的"双轴"命令，将图表坐标轴设置双轴，如图8-36所示。

❶将"日期"字段拖到"列"
❸将"移动端转化率"字段拖到"行"
❷将"转化率"字段拖到"行"
❹在右侧"总和（移动端转化率）"上单击右键
❺选择"双轴"命令

图8-36　制作图表

3）在"列"功能区中"年（日期）"上单击右键，选择右键菜单中的"天"命令。接着在视图区左侧坐标轴标题上单击右键，选择"同步轴"命令，如图8-37所示。

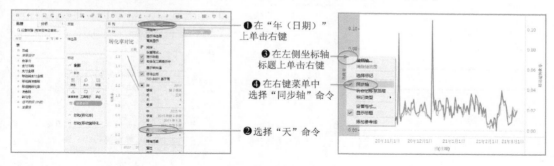

❶在"年（日期）"上单击右键
❸在左侧坐标轴标题上单击右键
❹在右键菜单中选择"同步轴"命令
❷选择"天"命令

图8-37　设置同步轴

4）在"标记"选项卡中单击"自动"下拉按钮，选择"区域"命令，将图表类型设置为区域。单击"颜色"按钮，再在弹出的对话框中拖动"不透明度"滑块，将不透明度设置100%，如图8-38所示。

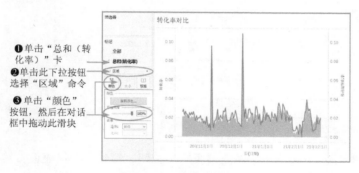

❶单击"总和（转化率）"卡
❷单击此下拉按钮选择"区域"命令
❸单击"颜色"按钮，然后在对话框中拖动此滑块

图8-38　设置图表类型

5）设置图形颜色。在右侧图例上双击鼠标，打开"编辑颜色［度量名称］"对话框，在此对话框中先单击左侧图例，然后再单击颜色块，之后单击"确定"按钮，如图 8-39 所示。

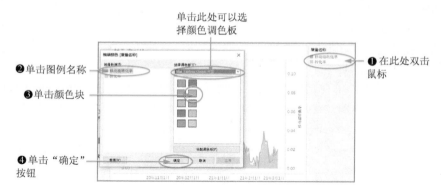

图 8-39　设置图形颜色

6）在右侧坐标轴标题位置单击右键，取消勾选右键菜单中的"显示标题"复选框，取消显示右侧坐标轴标题。接下来在标签位置单击右键，选择"设置格式"选项，然后在左侧的设置字体格式窗格中单击"字体"下拉按钮，从打开的对话框中设置标签颜色、字体、字号等格式。最后双击顶部的标题，在打开的"编辑标题"对话框中输入新标题，并设置标题的字体格式，如图 8-40 所示。

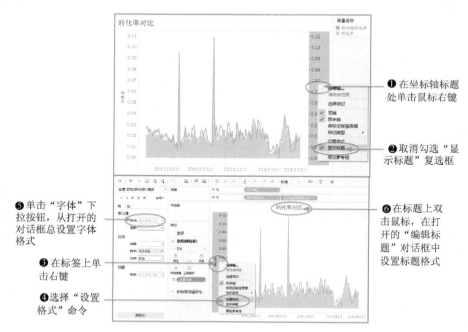

图 8-40　设置标签及标题

8.5.5　制作电商运营数据分析仪表板

1）在 Tableau 程序左下角单击"新建仪表板"按钮，新建一个仪表板，然后双击新建的仪表板名称，将名称修改为"电商运营数据分析仪表板"，如图 8-41 所示。

❷双击名称，将新建的仪表板名称修改为"电商运营数据分析仪表板"

❶单击"新建仪表板"按钮

图 8-41　新建仪表板

2）构建仪表板。先单击"仪表板"窗格"大小"栏中的下拉按钮，然后设置容器的宽度和高度。再将"仪表板"窗格"对象"栏中的"空白"选项拖到容器中。接着将"工作表"栏中的 3 个工作表拖到容器中，并排列好，如图 8-42 所示。

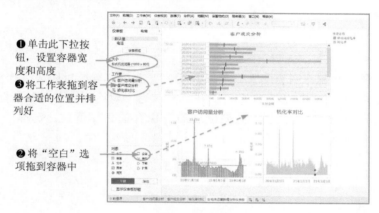

❶单击此下拉按钮，设置容器宽度和高度

❸将工作表拖到容器合适的位置并排列好

❷将"空白"选项拖到容器中

图 8-42　构建仪表板

3）单击"布局"窗格，然后在容器中单击选中容器或工作表，接着在"布局"窗格中单击"边界"下拉按钮，设置容器或工作表边框颜色；再单击"背景"下拉按钮，设置容器或工作表背景颜色及透明度，如图 8-43 所示。

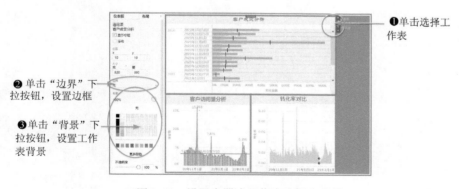

❶单击选择工作表

❷单击"边界"下拉按钮，设置边框

❸单击"背景"下拉按钮，设置工作表背景

图 8-43　设置容器或工作表边框和背景

8.5.6　导出图像保存工作簿

1）在制作好仪表板后，可以将仪表板或工作表图表导出为图像，再插入到 PPT 等文件中。

选择"仪表板"菜单中"导出图像"命令，然后在打开的"保存图像"对话框中输入图像名称后，单击"保存"按钮（一般默认图像格式为 png 格式）。接着切换到工作表中，选择"工作表"菜单"导出"子菜单中的"图像"命令，在打开的"导出图像"对话框中单击"保存"按钮，然后在打开的"保存图像"对话框中输入图像名称后单击"保存"按钮，如图 8-44 所示。

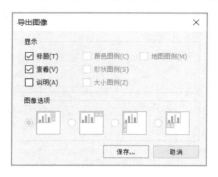

图 8-44　"导出图像"对话框

2）保存工作簿。将制作图表的工作簿保存后，下次可以继续对图表工作簿进行修改编辑。选择"文件"菜单中的"另存为"命令，打开"另存为"对话框。在此对话框中，输入工作簿的名称，然后单击"保存"按钮。下次要继续编辑保存的工作簿时，选择"文件"菜单中的"打开"命令，然后选择保存的工作簿即可打开之前保存的工作簿。

第9章 统计调查报告必会图表

9.1.1 影响客户购买产品因素的调查图表代码详解

本例通过制作影响客户购买产品因素的调查图表，来讲解占比情况图表的制作方法，本例主要讲解水球图表的制作方法。

具体为使用 Python 程序 Pyecharts 模块中的 Liquid() 函数来绘制。如图 9-1 所示为影响客户购买产品因素的调查图表。

图 9-1 影响客户购买产品因素的调查图表

具体代码如下。

```
01  from pyecharts import options as opts          #导入 Pyecharts 模块中的 Options
02  from pyecharts.charts import Grid, Liquid       #导入 Pyecharts 模块中的 Grid, Liquid
03  l1 = Liquid()                                   #指定 l1 为水球图的方法
04  l1.add('品牌知名度',[0.35],center =['12%','50%'],background_color ='Ivory',color =
    ['SlateBlue'])                                  #制作第 1 个水球图形
05  l1.set_global_opts(title_opts = opts.TitleOpts(title ='品牌知名度',pos_left ='6%',
    pos_bottom ='15%', title_textstyle_opts = opts.TextStyleOpts(font_size =26)))
                                                    #设置第 1 个水球图形的标题
06  l2 = Liquid()                                   #指定 l2 为水球图的方法
07  l2.add('促销活动',[0.27],center =['34%','50%'],background_color =' Ivory',color =
    ['SlateBlue'])                                  #制作第 2 个水球图形
08  l2.set_global_opts(title_opts = opts.TitleOpts(title ='促销活动',pos_left ='30%',pos_
    bottom ='15%', title_textstyle_opts = opts.TextStyleOpts(font_size =26)))
                                                    #设置第 2 个水球图形的标题
09  l3 = Liquid()                                   #指定 l3 为水球图的方法
10  l3.add('实际功效',[0.20],center =['56%','50%'],background_color =' Ivory',color =
    ['SlateBlue'])                                  #制作第 3 个水球图形
11  l3.set_global_opts(title_opts = opts.TitleOpts(title ='实际功效',pos_left ='52%',pos_
    bottom ='15%', title_textstyle_opts = opts.TextStyleOpts(font_size =26)))
                                                    #设置第 3 个水球图形的标题
12  l4 = Liquid()                                   #指定 l4 为水球图的方法
13  l4.add('明星代言',[0.1],center = ['78%','50%'],background_color =' Ivory',color =
    ['SlateBlue'])                                  #制作第 4 个水球图形
14  l4.set_global_opts(title_opts = opts.TitleOpts(title ='明星代言',pos_left ='74%',pos_
    bottom ='15%', title_textstyle_opts = opts.TextStyleOpts(font_size =26)))
                                                    #设置第 4 个水球图形的标题
```

```
15   g = Grid(init_opts = opts.InitOpts(width ='100%'))
                                        #指定 g 为组合图的方法并设置画布宽度
16   g.add(l1, grid_opts = opts.GridOpts())    #添加第 1 个组合图形
17   g.add(l2, grid_opts = opts.GridOpts())    #添加第 2 个组合图形
18   g.add(l3, grid_opts = opts.GridOpts())    #添加第 3 个组合图形
19   g.add(l4, grid_opts = opts.GridOpts())    #添加第 4 个组合图形
20   g.render(path ='e:\\练习\\图表\\多水球-调查报告.html')
                                        #将图表保存到"多水球-调查报告.html"文件
```

代码详解

第 01 行代码：作用是导入 Pyecharts 模块中的 Options，并指定模块的别名为"opts"。

第 02 行代码：作用是导入 Pyecharts 模块下 charts 子模块中的 Grid 和 Liquid。

第 03 行代码：作用是指定 l1 为水球图的方法。

第 04 行代码：作用是制作第 1 个水球图形。代码中"add()"函数的作用是用于添加图表的数据和设置各种配置项。代码中"'品牌知名度'"用来设置水球上面的标签，如果不想添加标签，则引号中空白即可；"[0.35]"为制作水球的数据，数据可以添加多个，比如"[0.35,0.5]"，添加几个数据就会制作几个波浪（颜色不同的波浪）；"center = ['12%','50%']"用来设置水球的中心在画布中的位置，第 1 个参数为水平方向位置，第 2 个参数为垂直方向位置；"background _color = 'Ivory'"用来设置水球背景颜色；"color = ['SlateBlue']"用来设置波浪的颜色，如果有多个数据，可以添加多个颜色元素。

第 05 行代码：作用是设置第 1 个水球图形的标题及格式。代码中"set_global_opts()"函数用来设置系统配置项。其参数"title_opts = opts.TitleOpts()"函数用来设置标题及格式，它的参数中"title ='品牌知名度'"用来设置水球标题名称；"pos_left ='6%'"用来设置水球标题距离画布最左侧的距离，用百分比来表示；"pos_bottom ='15%'"用来设置水球标题距离画布最底部的距离，用百分比来表示；"title_textstyle_opts = opts.TextStyleOpts(font_size = 26)"用来设置标题文本的格式，其中"font_size = 26"用来设置字体大小。

第 06 行代码：作用是指定 l2 为水球图的方法。

第 07 行代码：作用是制作第 2 个水球图形。代码中各个函数及函数的参数的意思和第 04 行代码中意思相同。

第 08 行代码：作用是用来设置第 2 个水球图形的标题及格式。代码中各个函数及函数的参数的意思和第 05 行代码中意思相同。

第 09 行代码：作用是指定 l3 为水球图的方法。

第 10 行代码：作用是制作第 3 个水球图形。代码中各个函数及函数的参数的意思和第 04 行代码中意思相同。

第 11 行代码：作用是设置第 3 个水球图形的标题及格式。代码中各个函数及函数的参数的意思和第 05 行代码中意思相同。

第 12 行代码：作用是指定 l4 为水球图的方法。

第 13 行代码：作用是制作第 4 个水球图形。代码中各个函数及函数的参数的意思和第 04 行代码中意思相同。

第 14 行代码：作用是设置第 4 个水球图形的标题及格式。代码中各个函数及函数的参数的意思和第 05 行代码中意思相同。

第 15 行代码：作用是指定 g 为组合图的方法并设置画布宽度。代码中，"init_opts = opts.InitOpts （width = '100% '）"用来设置画布的宽度和高度，"width = '100% '"用来设置画布宽度，用百分比来表示。

第 16 行代码：作用是添加第 1 个组合图形。"add()"函数的作用是添加图表的数据和设置各种配置项。"l1"为要组合的图形；"grid_opts = opts. GridOpts()"用来设置直角坐标系网格配置项，此处默认空白即可。

第 17～19 行代码：作用是分别添加第 2 个、第 3 个、第 4 个组合图形，同第 16 行代码。

第 20 行代码：作用是将图表保存成网页格式文件。render()函数的作用是保存图表，默认将会在根目录下生成一个 render. html 文件。此函数可以用 path 参数设置文件保存位置。代码中将图表保存到 e 盘"练习"文件夹下"图表"文件夹内的"多水球-调查报告 . html"文件中。

9.1.2 代码为我所用——零基础制作自己的多水球图

套用代码1：制作自己的水球图

1）将案例第 04 行和 05 代码中的"品牌知名度"和"0. 35"，修改为要制作水球图的标签名称、水球标题和数据。

2）将案例第 07 行和 08 行代码中的"促销活动"和"0. 27"，修改为要制作水球图的标签名称、水球标题和数据。

3）将案例第 10 行和 11 行代码中的"实际功效"和"0. 2"，修改为要制作水球图的标签名称、水球标题和数据。

4）将案例第 13 行和 14 行代码中的"明星代言"和"0. 1"，修改为要制作水球图的标签名称、水球标题和数据。

5）将案例第 20 行代码中的"e:\\练习\\图表\\多水球-调查报告 . html"更换为需要的图表名称。注意文件的路径。

套用代码2：制作不同样式的水球图

1）修改案例第 04 行、07 行、10 行、13 行代码中的"background_color = 'Ivory '"的参数"Ivory"为其他颜色（如修改为 red），可以改变水球背景颜色，修改"color = ［'SlateBlue'］"的参数"SlateBlue"，可以改变水球波浪的颜色。

2）修改案例第 05 行、06 行、11 行、14 行代码中"font_size = 26"的参数"26"，可以改变水球标题文本大小。

3）修改案例第 04 行、07 行、10 行、13 行代码中的"center = []"的参数，可以改变各个水球的位置。

4）如果只想创建 3 个水球，删除第 12、13、14、19 行代码即可。同时要调整其他几个水球的"center = ［]"的值，来调整 3 个水球的位置。还要调整第 05 行、06 行、11 行、14 行代码中的"pos_left = '',pos_bottom = ''"的值，来调整水球标题的位置。

9.2 案例2：求职中最困扰的因素调查——象形柱图

9.2.1 求职中最困扰的因素调查图表代码详解

本案例通过制作求职中最困扰的因素调查图表，来讲解数量统计情况图表的制作方法，本例主要讲解象形柱图的制作方法。

具体为使用 Python 程序 Pyecharts 模块中的 PictorialBar() 函数来绘制。如图 9-2 所示为求职中最困扰的因素调查图表。

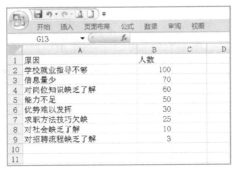 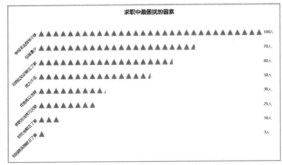

图 9-2　求职中最困扰的因素调查图表

具体代码如下。

```
01  import pandas as pd                              #导入 Pandas 模块
02  from pyecharts import options as opts            #导入 Pyecharts 模块中的 Options
03  from pyecharts.charts import PictorialBar        #导入 Pyecharts 模块中的 PictorialBar
04  from pyecharts.globals import SymbolType         #导入 Pyecharts 模块中的 SymbolType
05  df = pd.read_excel(r'e:\练习\图表\求职中最困扰的因素.xlsx')   #读取制作图表的数据
06  data = df.sort_values(by = ['人数'])              #对数据按"人数"列进行排序
07  data_x = data['原因']                             #选择数据中的"原因"列数据
08  x = data_x.values.tolist()                       #将所选"原因"列数据转换为列表
09  data_y = data['人数']                             #选择数据中的"人数"列数据
10  y = data_y.values.tolist()                       #将所选"人数"列数据转换为列表
11  p = PictorialBar()                               #指定 p 为象形柱图的方法
12  p.add_xaxis(x)                                   #添加象形柱图 x 轴数据
13  p.add_yaxis(",y,label_opts = opts.LabelOpts(position = 'right',color = 'MidnightBlue',
    formatter = '{c}人'), symbol_size = 18, symbol_repeat = 'fixed',symbol_offset = [0, 0],is
    _symbol_clip = True, symbol = SymbolType.TRIANGLE)
                                                     #添加 y 轴数据制作象形柱图,并设置象形图形
14  p.reversal_axis()                                #将象形柱图设置为横排
15  b.set_global_opts(title_opts = opts.TitleOpts(title = '求职中最困扰的因素',pos_left =
    '40%'),xaxis_opts = opts.AxisOpts(is_show = False), yaxis_opts = opts.AxisOpts(axis-
    tick_opts = opts.AxisTickOpts(is_show = False), axisline_opts = opts.AxisLineOpts
    (linestyle_opts = opts.LineStyleOpts(opacity = 0)),axislabel_opts = opts.LabelOpts
    (rotate = 45)))                                  #设置柱形图的标题及坐标轴
16  p.render(path = 'e:\\练习\\图表\\象形图-调查报告.html')
                                                     #将图表保存到"象形图-调查报告.html"文件
```

代码详解

第 01 行代码：作用是导入 Pandas 模块，并指定模块的别名为"pd"。

第 02 行代码：作用是导入 Pyecharts 模块中的 Options，并指定模块的别名为"opts"。

第 03 行代码：作用是导入 Pyecharts 模块下 charts 子模块中的 PictorialBar。

第 04 行代码：作用是导入 Pyecharts 模块下 globals 子模块中的 SymbolType。

第 05 行代码：作用是读取 Excel 工作簿中的数据。代码中 "read_excel()" 函数的作用是读取 Excel 工作簿，"r" 为转义符，用来将路径中的 "\" 转义。如果不用转义符，可以用 "\\" 代替 "\"。

第 06 行代码：作用是对读取的数据按 "人数" 列进行排序（排序的目的是按自己需要的顺序制作象形柱图），默认为升序。"sort_values()" 函数的作用是排序。

第 07 行代码：作用是选择排序后数据中的 "原因" 列数据。

第 08 行代码：作用是将选择的 "原因" 列数据转换为列表。代码中 tolist() 函数用于将矩阵（matrix）和数组（array）转化为列表（制作柱形图表时需要用列表形式的数据）。 "data_x. values" 用于获取数据中的数据部分。

第 09 行代码：作用是选择数据中的 "人数" 列数据。

第 10 行代码：作用是将所选 "人数" 列数据转换为列表。

第 11 行代码：作用是指定 p 为象形柱图的方法。

第 12 行代码：作用是添加柱形图 x 轴数据，即将数据中 "原因" 列数据添加为 x 轴数据。

第 13 行代码：作用是添加 y 轴数据制作象形柱图，并设置象形图形。""" 用来设置系列名称，如果不想设置可为空；"y" 为添加的系列数据；"label_opts = opts. LabelOpts(position = ' right ',color = ' MidnightBlue ',formatter = '｛c｝人')" 用来设置标签样式，参数中 "position = ' right '" 用来设置标签位置，"color = ' MidnightBlue '" 用来设置标签颜色，"formatter = ' ｛c｝ 人'" 用来设置标签格式，"｛c｝" 表示数据项；"symbol_size = 18" 用来设置象形元素尺寸；"symbol_repeat = ' fixed '" 用来设置指定图形元素是否重复，"fixed" 为使图形元素重复，即每个数据值用一组重复的图形元素表示，还可以设置为 "true" 等；"symbol_offset = ［0,0］" 用来设置图形相对于原本位置的偏移，0 表示不偏移；"is_symbol_clip = True" 用来设置是否剪裁图形元素；"symbol = SymbolType. TRIANGLE" 用来设置图形元素的类型，"TRIANGLE" 为三角形，还可以设置成 circle（圆形）和 rect（矩形）等。

第 14 行代码：作用是将柱形图设置为横排柱形图。

第 15 行代码：作用是设置柱形图的标题及位置。set_global_opts() 函数用来设置全局配置，opts. TitleOpts() 用来设置图表的名称。其中，"title = '求职中最困扰的因素'" 用来设置图表名称，"pos_left = '40％'" 用来设置图表名称位置，即距离最左侧的距离；"xaxis_opts = opts. AxisOpts(is_show = False)" 用来设置 x 坐标轴，"is_show = False" 的意思是不显示横坐标轴；"yaxis_opts = opts. AxisOpts()" 用来设置 y 坐标轴，参数 "axistick_opts = opts. AxisTickOpts(is_show = False)" 用来设置坐标轴刻度，"is_show = False" 的意思是不显示坐标轴刻度；"axisline_opts = opts. AxisLineOpts(linestyle_opts = opts. LineStyleOpts(opacity = 0))" 用来设置坐标轴轴线，参数 "linestyle_opts = opts. LineStyleOpts(opacity = 0)" 用来设置坐标轴轴线样式，"opacity = 0" 的意思为透明度为透明；"axislabel_opts = opts. LabelOpts(rotate = 45)" 用来设置标签样式，"rotate = 45" 的意思是顺时针旋转 45°。

第 16 行代码：作用是将图表保存成网页格式文件。render() 函数的作用是保存图表，默认将会在根目录下生成一个 render. html 文件。此函数可以用 path 参数设置文件保存位置。代码中将图表保存到 e 盘 "练习" 文件夹下 "图表" 文件夹内的 "象形图-调查报告 . html" 文件中。

9.2.2 代码为我所用——零基础制作自己的象形柱图

套用代码1：制作自己的象形图

1）将案例第 05 行代码中的 "e:\练习\图表\求职中最困扰的因素 . xlsx" 更换为其他文件

名，可以对其他工作簿数据制作图表，注意要加上文件的路径。

2）将案例第06行代码中的"人数"修改为数据中要排序的列标题（如果不想排序，可以删除此行，但需要同时将第07和09行中的"data"修改为"df"）。

3）将案例第07行代码中的"原因"更换为作为象形柱图 x 轴数据的列的列标题。

4）将案例第09行代码中的"人数"更换为作为象形柱图 y 轴数据的列的列标题。

5）将案例第15行代码中的"求职中最困扰的因素"更换为需要的图表名称。

6）将案例第16行代码中的"e:\\练习\\图表\\象形图-调查报告.html"更换为需要的图表名称。注意文件的路径。

套用代码2：制作不同形状的象形图

1）将案例第13行代码中"symbol = SymbolType. TRIANGLE"的"TRIANGLE"更换为其他图形元素（如改为"DIAMOND"菱形），可以改变象形图元素形状。

2）修改案例第15行代码中"xaxis_opts = opts. AxisOpts(is_show = False)"中的"False"为"True"，可以显示 x 坐标轴。

3）修改案例第15行代码中"yaxis_opts = opts. AxisOpts(axistick_opts = opts. AxisTickOpts(is_show = False)"中的"False"为"True"，可以显示 y 坐标轴。

4）修改案例中第15行代码中"axislabel_opts = opts. LabelOpts(rotate = 45)"中"45"，可以改变标签文本方向。

9.3　案例3：公司各省市办事处统计——多瓣玫瑰图

9.3.1　公司各省市办事处统计图表代码详解

上一案例中讲解了数量统计图表的制作方法，本案例将通过制作公司各省市办事处统计图表，继续讲解数量统计情况图表制作方法，本例主要讲解玫瑰图的制作方法。

具体为让 Python 程序自动读取 e 盘"练习\ 图表"文件夹"玫瑰图数据.xlsx"工作簿中的数据。然后使用 Pyecharts 模块中的 Pie()函数来绘制。如图 9-3 所示为公司各省市办事处统计分析图。

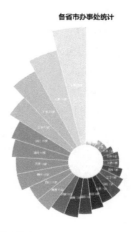

图 9-3　公司各省市办事处统计分析图

具体代码如下。

```
01  import pandas as pd                                   #导入 Pandas 模块
02  from pyecharts import options as opts                 #导入 Pyecharts 模块中的 Options
03  from pyecharts.charts importPie                       #导入 Pyecharts 模块中的 Pie
04  df = pd.read_excel(r'e:\练习\图表\玫瑰图数据.xlsx')    #读取制作图表的数据
05  x = df['省份']                                        #选择数据中的"省份"列数据
06  y = df['办事处']                                      #选择数据中的"办事处"列数据
07  p = Pie(init_opts = opts.InitOpts(width ='600px',height ='800px'))
                                                          #指定 p 为饼图的方法并设置画布尺寸
08  p.add(series_name =",data_pair =[list(z) for z in zip(x,y)], radius =['15% ','120%
    '],rosetype ='area',is_clockwise = False, label_opts = opts.LabelOpts(position =' in-
    ner',font_size =7,color ='white',formatter ='{b} {c}家'))
                                                          #添加数据制作玫瑰图形
09  p.set_colors(list(df['颜色']))                        #设置玫瑰图形各扇形颜色
10  p.set_global_opts(title_opts = opts.TitleOpts(title ='各省市办事处统计',pos_left =
    '37% '),legend_opts = opts.LegendOpts(is_show = False))    #设置玫瑰图的标题及位置
11  p.set_series_opts(itemstyle_opts = opts.ItemStyleOpts(border_color = 'white'))
                                                          #设置玫瑰图扇形边框颜色
12  p.render(path ='e:\\练习\\图表\\玫瑰图-各省办事处统计.html')
                                                          #将图表保存到"玫瑰图-各省办事处统计.html"文件
```

代码详解

第 01 行代码：作用是导入 Pandas 模块，并指定模块的别名为"pd"。

第 02 行代码：作用是导入 Pyecharts 模块中的 Options，并指定模块的别名为"opts"。

第 03 行代码：作用是导入 Pyecharts 模块下 charts 子模块中的 Pie。

第 04 行代码：作用是读取 Excel 工作簿中的数据。代码中"read_excel()"函数的作用是读取 Excel 工作簿，"r"为转义符，用来将路径中的"\"转义。如果不用转义符，可以用"\\"代替"\"。

第 05 行代码：作用是选择数据中的"省份"列数据。

第 06 行代码：作用是选择数据中的"办事处"列数据。

第 07 行代码：作用是指定 p 为饼图的方法并设置画布尺寸。代码中"init_opts = opts. InitOpts (width ='600px',height ='800px')"用来设置画布宽和高，"width ='600px'"用来设置画布宽度，"height ='800px'"用来设置画布高度。

第 08 行代码：作用是添加数据制作玫瑰图形。代码中"add()"函数的作用是添加图表的数据和设置各种配置项。"series_name =""用来设置系列名称，如果不想设置，可以空着；"data_pair =[list(z)for z in zip(x,y)]"用来添加制作图表的数据，"[list(z) for z in zip(x,y)]"用来将数据 x 和 y 创建为一个以省份和办事处组成的元组为元素的列表。其中"list(z)"用来创建一个列表 z，zip()函数返回一个以元组为元素的列表，"for z in zip(x,y)"遍历"zip(x,y)"形成的元组，然后存储在 z 变量中；"radius =['15%','120%']"用来设置饼图内圆半径和外圆半径，第 1 个参数用来设置内圆半径，第 2 个参数用来设置外圆半径；"rosetype ='area'"用来设置成南丁格尔图，并设置为"area"模式，即所有扇区圆心角相同，仅通过半径展现数据大小，还可以设置为"radius"模式（通过扇区圆心角展现数据的百分比，通过半径展现数据的大小）；"is_clock-wise = False"用来设置饼图的扇区是否为顺时针排列，"False"表示不顺时针排列；"label_opts =

227

opts. LabelOpts(position =' inner ',font_size =7, color =' white ', formatter =' ｛b｝｛c｝ 家')"用来设置标签样式，参数"position =' inner '"表示标签在内部显示，"font_size =7"用来设置标签字体大小，"color =' white '"用来设置标签颜色，"formatter ='｛b｝｛c｝家'"用来设置标签格式，｛b｝为数据项名称，｛c｝为数据。

第 09 行代码：作用是设置玫瑰图形各扇形颜色。"list（df［'颜色'］)"的意思是先读取数据中的"颜色"列数据，然后存成列表。

第 10 行代码：作用是设置柱形图的标题及位置。set_global_opts()函数用来设置全局配置，opts. TitleOpts()用来设置图表的名称。其中，"title ='各省市办事处统计'"用来设置图表名称，"pos_left ='37%'"用来设置图表名称位置，即距离最左侧的距离；"legend_opts = opts. LegendOpts (is_show = False)"用来设置图例样式，"is_show = False"表示不显示图例（默认是显示图例)。

第 11 行代码：作用是设置柱形图标签。"set_series_opts()"用来设置系统配置，"itemstyle_opts = opts. ItemStyleOpts(border_color = ' white ')"用来设置玫瑰图扇形边框颜色，参数"border_color = ' white '"用来边框颜色，"white"为白色。

第 12 行代码：作用是将图表保存成网页格式文件。render()函数的作用是保存图表，默认将会在根目录下生成一个 render. html 文件。此函数可以用 path 参数设置文件保存位置。代码中将图表保存到 e 盘"练习"文件夹下"图表"文件夹内的"玫瑰图-各省办事处统计. html"文件中。

9.3.2 代码为我所用——零基础制作自己的多瓣玫瑰图

套用代码 1：制作自己的玫瑰图

1）将案例第 04 行代码中的"e:\练习\图表\玫瑰图数据. xlsx"更换为其他文件名，可以对其他工作簿数据制作图表，注意要加上文件的路径。

2）将案例第 05 行代码中"省份"修改为数据中要作为图表标签的列标题。

3）将案例第 06 行代码中"办事处"修改为数据中要作为图表数据的列标题。

4）将案例第 09 行代码中的"颜色"修改为数据中要采用的颜色的列标题。

5）将案例第 10 行代码中的"各省市办事处统计"更换为需要的图表名称。

6）将案例第 12 行代码中的"e:\\练习\\图表\\玫瑰图-各省办事处统计. html"更换为需要的图表名称。注意文件的路径。

套用代码 2：制作不同形状颜色的玫瑰图

1）修改数据中"颜色"列中颜色的代码，可以修改玫瑰图各扇形的颜色。

2）修改案例第 08 行代码中，"font_size =7"的值"7"，可以改变标签文字大小，修改"color =' white '"的值"white"，可以改变标签文本的颜色。

3）修改案例第 11 行代码中"border_color = ' white '"的值"white"为其他颜色，可以改变玫瑰图扇形边框颜色。

9.4 案例 4：运动项目消耗热量调查——雷达图

9.4.1 运动项目消耗热量调查图表代码详解

本案例通过制作运动项目消耗热量调查图表，来讲解针对不同对象的多个项目统计情况图表制作方法，本例主要讲解雷达图的制作方法。

具体为让 Python 程序自动读取 e 盘 "练习 \ 图表" 文件夹 "运动项目消耗热量调查 . xlsx" 工作簿中的数据。然后使用 Pyecharts 模块中的 Radar() 函数来绘制。如图 9-4 所示为运动项目消耗热量调查图表。

具体代码如下。

```
01  import pandas as pd                                    #导入 Pandas 模块
02  from pyecharts import options as opts                 #导入 Pyecharts 模块中的 Options
03  from pyecharts.charts import Radar                    #导入 Pyecharts 模块中的 Radar
04  df = pd.read_excel(r'e:\练习\图表\运动项目消耗热量调查.xlsx')    #读取制作图表的数据
05  data_y1 = df['男性']                                  #选择数据中的"男性"列数据
06  y1_list = data_y1.values.tolist()                    #将选择的"男性"列数据转换为列表
07  data_y2 = df['女性']                                  #选择数据中的"女性"列数据
08  y2_list = data_y2.values.tolist()                    #将选择的"女性"列数据转换为列表
09  y1 = []                                               #创建空列表 y1
10  y2 = []                                               #创建空列表 y2
11  y1.append(y1_list)                                    #将 y1_list 列表添加到 y1 列表中
12  y2.append(y2_list)                                    #将 y2_list 列表添加到 y2 列表中
13  r = Radar()                                           #指定 r 为雷达图的方法
14  r.add_schema(schema = [opts.RadarIndicatorItem(name = "走步", max_ = 350),
            opts.RadarIndicatorItem(name = "慢跑", max_ = 350),
            opts.RadarIndicatorItem(name = "骑行", max_ = 350),
            opts.RadarIndicatorItem(name = "游泳", max_ = 350),
            opts.RadarIndicatorItem(name = "打球", max_ = 350),
            opts.RadarIndicatorItem(name = "瑜伽", max_ = 350)],
        splitarea_opt = opts.SplitAreaOpts(is_show = True, areastyle_opts =
     opts.AreaStyleOpts(opacity = 1)))      #设置雷达指示器配置项
15  r.add(series_name = '男性', data = y1, linestyle_opts = opts.LineStyleOpts (color =
    "#DC143C"), areastyle_opts = opts.AreaStyleOpts(opacity = 0.5), color = '#FF69B4')
                                          #制作并设置第 1 个雷达图形
16  r.add(series_name = '女性', data = y2, linestyle_opts = opts.LineStyleOpts (color =
    "#0000FF"), areastyle_opts = opts.AreaStyleOpts(opacity = 0.5, color = '#00FFFF'))
                                          #制作并设置第 2 个雷达图形
17  r.set_series_opts(label_opts = opts.LabelOpts(is_show = True))    #设置雷达图标签
18  r.set_global_opts(title_opts = opts.TitleOpts(title = '运动项目消耗热量调查', pos_left =
    '40%'), legend_opts = opts.LegendOpts(pos_left = '43%', pos_bottom = 0))
                                          #设置雷达图标题及图例
19  r.render(path = 'e:\\练习\\图表\\雷达图-运动项目消耗热量调查.html')
                            #将图表保存到"雷达图-运动项目消耗热量调查.html"文件
```

代码详解

第 01 行代码：作用是导入 Pandas 模块，并指定模块的别名为 "pd"。

第 02 行代码：作用是导入 Pyecharts 模块中的 Options，并指定模块的别名为 "opts"。

第 03 行代码：作用是导入 Pyecharts 模块中 charts 子模块中的 Radar。

第 04 行代码：作用是读取 Excel 工作簿中的数据。代码中 "read_excel()" 函数的作用是读取 Excel 工作簿，"r" 为转义符，用来将路径中的 "\" 转义。如果不用转义符，可以用 "\ \" 代替 "\"。

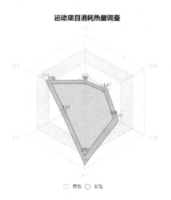

图 9-4 运动项目消耗热量调查图表

第 05 行代码：作用是选择数据中的 "男性" 列数据。

第 06 行代码：作用是将选择的 "男性" 列数据转换为列表。代码中 tolist() 函数用于将矩阵（matrix）和数组（array）转化为列表。"data_y1. values" 用于获取数据中的数据部分。如图 9-5 所示为转换为列表的 y1_list 中的数据。

$$[115, 231, 132, 330, 198, 132]$$

图 9-5 转换为列表的 y1_list 中的数据

第 07 行代码：作用是选择数据中的 "女性" 列数据。

第 08 行代码：作用是将选择的 "女性" 列数据转换为列表。

第 09 行和 10 行代码：作用是创建 y1 和 y2 空列表，用于后面存放制作图表的数据。

第 11 行代码：作用是将 y1_list 列表添加到 y1 列表中，如图 9-6 所示为添加后 y1 列表中的数据。

第 12 行代码：作用是将 y2_list 列表添加到 y2 列表中。

$$[[115, 231, 132, 330, 198, 132]]$$

图 9-6 y1 列表中的数据

第 13 行代码：作用是指定 r 为雷达图的方法。

第 14 行代码：作用是设置雷达指示器配置项。代码中 "schema" 用来设置雷达指示器配置项列表。列表中 "opts. RadarIndicatorItem（name = " 走步",max_ = 350）" 用来设置指示器的名称、最大值、最小值和颜色，有几个指示器就向列表中添加几个元素；"splitarea_opt = opts. SplitAreaOpts()" 函数用来设置分隔区域配置项，其参数 "is_show = True" 用来设置是否显示分隔区域，"areastyle_opts = opts. AreaStyleOpts(opacity = 1)" 用来设置分隔区域的样式，"opacity = 1" 设置分隔区域透明度，1 为不透明。如图 9-7 所示为分隔区域。

第 15 行代码：作用是制作并设置第 1 个雷达图形。代码中 "add()" 函数的作用是添加图表的数据和设置各种配置项。"series_ name ='男性'" 用来设置系列名称，用于 tooltip 的显示和 legend 的图例筛选；"data = y1" 用来添加数据项；"linestyle_opts = opts. LineStyleOpts(color = " #DC143C")" 用来设置雷达图

图 9-7 分隔区域

形线条样式，参数"color =" #DC143C""用来设置颜色；"areastyle_opts = opts. AreaStyleOpts（opacity = 0.5）"用来设置区域填充样式，参数"opacity = 0.5"用来设置区域填充透明度；"color ='#FF69B4'"用来设置雷达图形颜色。

第 16 行代码：作用是制作并设置第 2 个雷达图形。其参数功能与第 15 行代码相同。

第 17 行代码：作用是设置雷达图的标签。"set_series_opts()"用来设置系统配置，"label_opts = opts. LabelOpts（is_show = True）"用来设置柱形图标签格式（位置、颜色以及是否显示等）。参数"is_show = True"用来设置标签是否显示，如果设置为"False"则不显示标签。

第 18 行代码：作用是设置雷达图的标题及图例。set_global_opts()函数用来设置全局配置，opts. TitleOpts()用来设置图表的名称。其中，"title ='运动项目消耗热量调查'"用来设置图表名称，"pos_left = '40%'"用来设置图表名称位置，即距离最左侧的距离；"legend_opts = opts. LegendOpts(pos_left ='43%',pos_bottom = 0)"用来设置图例，"pos_left ='43%'"用来设置图例位置，即距离最左侧的距离，"pos_bottom = 0"用来设置图例距离最底部的距离。

第 19 行代码：作用是将图表保存成网页格式文件。render()函数的作用是保存图表，默认将会在根目录下生成一个 render. html 文件。此函数可以用 path 参数设置文件保存位置。代码中将图表保存到 e 盘"练习"文件夹下"图表"文件夹内的"雷达图-运动项目消耗热量调查. html"文件中。

9.4.2 代码为我所用——零基础制作自己的雷达图

套用代码 1：制作自己的雷达图

1）将案例第 04 行代码中的"e:\练习\图表\运动项目消耗热量调查. xlsx"更换为其他文件名，可以对其他工作簿数据制作图表，注意要加上文件的路径。

2）将案例第 05 行代码中"男性"修改为要制作雷达图的数据列标题。

3）将案例第 07 行代码中"女性"修改为要制作雷达图的数据列标题。

4）将案例第 14 行代码中的"跑步、骑行、健身中心、游泳、爬山、打球"等修改为数据中索引列的名称。

5）将案例第 15 行代码中"男性"修改为雷达图图例的名称。

6）将案例第 16 行代码中"女性"修改为雷达图图例的名称。

7）将案例第 18 行代码中的"运动项目消耗热量调查"更换为需要的图表名称。

8）将案例第 19 行代码中的"e:\\练习\\图表\\雷达图-运动项目消耗热量调查. html"更换为需要的图表名称，注意文件的路径。

套用代码 2：制作不同形状的雷达图

1）修改案例第 14 行中的"areastyle_opts = opts. AreaStyleOpts(opacity = 1)"的参数"opacity = 1"的值，可以改变雷达图分隔区域显示样式，如果想改变分隔区域颜色，可以添加"color ='#00FFFF'"的参数来设置颜色，"#00FFFF"为十六进制颜色代码。

2）修改案例第 15 行中的"linestyle_opts = opts. LineStyleOpts (color ='#DC143C')"参数"color ='#DC143C'"的值"#DC143C"，可以改变雷达图线条颜色。

3）修改案例第 16 行中的雷达图形线条样式参数（同 2）步），可以改变雷达图线条颜色。

4）修改案例第 17 行代码中"is_show = True"参数为"False"，可以取消雷达图中标签显示。

9.5 案例 5：Tableau 制作民众体育锻炼调查图表——甘特图

本案例通过制作民众体育锻炼调查图表来讲解用 Tableau 制作甘特图表的方法。

9.5.1 连接民众体育锻炼调查数据

首先在 Tableau 程序首页选择"连接"窗格中的"Microsoft Excel"选项，然后从打开的"打开"对话框中选择工作簿文件，单击"打开"按钮，如图 9-8 所示。

9.5.2 制作网站访客分析图表

接下来开始制作网站访客分析图表。

1）在"数据源"窗格中的左下角单

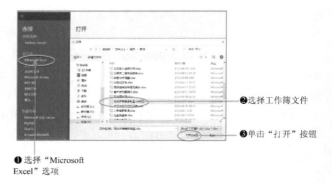

图 9-8 连接数据

击"工作表 1"按钮，打开工作表窗格。接着双击"工作表 1"名称，将工作表名称修改为"民众体育锻炼调查分析"，如图 9-9 所示。

图 9-9 打开"工作表 1"窗格

2）构建图表。将"数据"窗格中的"运动项目"字段拖到"行"功能区，然后再分别将"老年人"字段、"中年人"字段、"青年人"字段拖到"列"功能区，如图 9-10 所示。

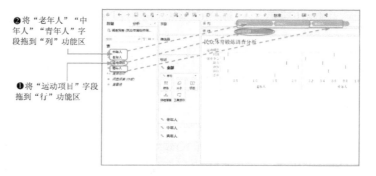

图 9-10 构建图表

3）设置图表类型。单击"标记"选项卡"全部"卡中的"自动"下拉按钮，然后选择"甘特条形图"选项。接着设置标签，将"数据"窗格中的"运动项目"字段拖到"标记"选项卡中"全部"卡下的"标签"按钮上，如图9-11所示。

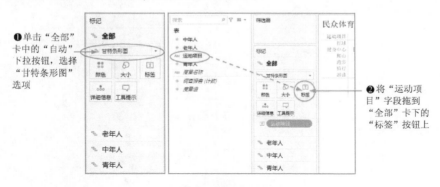

图9-11　设置图表类型和标签

4）设置图形颜色及标签格式。单击"标记"选项卡"老年人"卡中的"颜色"按钮，在颜色对话框中设置颜色，再单击"标签"按钮，在对话框中单击"字体"下拉按钮，然后设置标签字体格式。接着再单击"标记"选项卡"中年人"卡、"青年人"中的"颜色"按钮、"标签"按钮设置颜色和标签字体格式，如图9-12所示。

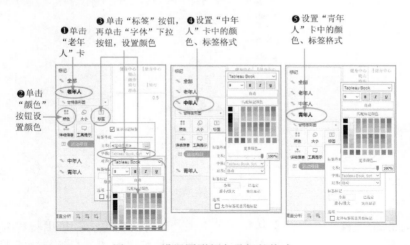

图9-12　设置图形颜色及标签格式

5）设置标签及标题格式。在视图区标签上单击右键，选择右键菜单中的"设置格式"命令。然后在左侧的"设置字体格式"窗格中单击"字体"下拉按钮设置颜色等格式，如图9-13所示。提示：如果不想显示标签文本，可以将标签设置为白色。

9.5.3　导出图像保存工作簿

1）在制作好图表后，可以将图表导出为图像，再插入到PPT等文件中。单击"工作表"菜单下的"导出"菜单，再选择"图像"命令，然后从打开的"导出图像"对话框选择要显示的内容及图表布局，并单击"保存"按钮。接着从打开的"保存"对话框中输入文件名称，单击"保存"按钮，如图9-14所示。

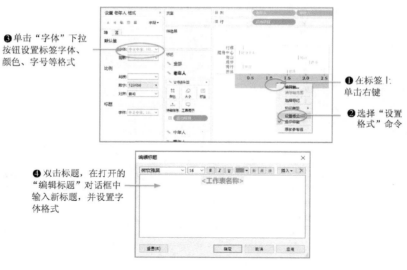

❸ 单击 "字体" 下拉
按钮设置标签字体、
颜色、字号等格式

❶ 在标签上
单击右键

❷ 选择 "设置
格式" 命令

❹ 双击标题，在打开的
"编辑标题" 对话框中
输入新标题，并设置字
体格式

图 9-13　设置标签及标题格式

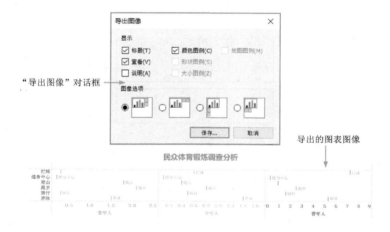

"导出图像" 对话框

导出的图表图像

图 9-14　导出图表图像

2）保存 Tableau 文件。选择 "文件" 菜单下的 "另存为" 命令，可以将数据源及工作表保存为 Tableau 文件，在下次编辑时，直接打开保存的文件可以继续进行编辑制作图表，如图 9-15 所示。

图 9-15　保存 Tableau 文件